GS&J 탐구 1

한국농업이 가야 할 제3의 길

이정환 편저

도서출판 해남

진실을 보기 위하여

우리 나라는 선진통상국가를 향해 질주하고 있다. 2004년 칠레와 자유무역협정을 체결한 이후 3년이 안 되어 15개국과 협상을 타결하였고, 미국, 인도, 캐나다와 협상을 하고 있다. 이제 곧 EU 25개국과의 협상이 시작될 것이며, 머지않아 중국과도 자유무역협정을 추진하게 될 것이다.

그러나 1994년 우루과이라운드 협상, 칸쿤과 홍콩에서 있었던 도하 개발어젠더(DDA) 회의, 2003년 한·칠레 FTA 협상과 비준, 2004년 쌀관세화 유예연장 협상과 비준과정에서 경험하였듯이 농업문제는 항상 치열한 쟁점이 되고 정치문제가 되어 왔다. 선진통상국가 전략이 현실성을 가지려면 농업문제의 벽을 넘을 수 있는 방안이 제시되지 않으면 안 되며, 그런 의미에서 농업문제는 더 이상 농업인의 문제가 아니라 국가적 관심사라고 하지 않을 수 없다.

지금 한편에서는 한·미 자유무역협정이 체결되면 한국 농업은 붕괴한다고 믿고 있고, 그래서 반드시 저지해야 한다고 주장한다. 다른 한편에서는 농업도 이를 계기로 과감한 구조조정을 단행하여 경쟁력을 향상시켜야 한다고 주장한다. 앞의 주장을 믿는 사람들은 협정에 반대해야 농업인 편이라고 생각하고, 뒤의 주장을 지지하는 사람들은 구조조정을 외면하고 시장개방에 반대하는 것은 비합리적이라고 비판한다. 이런 갈등을 극복하고 세계화와 한국 농업이 같이 갈 수 있는 제3의 길은 없는가? 이것이 이 책에서 추구하는 것이다.

진실을 보아야 답이 보인다. 과연 한·미 FTA가 체결되면 한국

농업은 붕괴하는가? 우리가 집착하는 많은 농업보호조치들이 정말 기대하는 효과를 발휘하고 있는 것인가? 구조조정으로 농업문제가 해결될 수 있을까? 미국과 EU가 왜 농업을 보호하기 위해 오랜 세월 많은 노력을 기울이고 DDA 협상의 결렬위험을 마다하지 않고 있을까? 농업과 농촌에 새로운 부가가치 창출의 기회는 없는 것인가? 이러한 기본적인 의문을 따져 진실을 보려고 한다.

그런 생각에 의기투합하여 준 필자 여러분, 그리고 이 책이 나올 수 있도록 도와 주신 이우재 마사회 회장님과 흔쾌히 출판을 맡아 주신 도서출판 해남의 노현철 사장님께 감사드린다.

GS&J인스티튜트
이 정 환

차　례

제 2 부

미국과 유럽연합이 간 길에서 배운다

제 3 장

· 김한호 ·

미국의 농가소득지지: 가격보장에서 소득보전까지

제 7 장

· 서진교 ·

한·미 FTA 협상의 쟁점과 대안

제 4 부

이제 가치혁신의 길을 찾아 나서야 한다

제 8 장

· 황 의 식 ·

농산물 신수요 · 신시장 창출의 길

제 9 장

· 강 신 겸 ·

농촌공간의 부가가치 창출의 길

제 1 부

세계화와 한국 농업은 동거할 수 없는가

이 정 환

1 세계화와 한국 농업: 오해와 진실

1 한국 농업에 대한 믿음

한국은 지난 40여 년간 세계사상 유례없는 고도성장으로 1인당 GDP가 1960년대 초에는 100달러 수준이었으나 2005년에는 1만 6,000달러에 달하였고, 경제·사회·문화 각 방면에서 선진국 수준에 접근하고 있다. 그러나 선진국보다 5~7배나 빠른 경제성장과 산업구조 변환의 후유증이 나타나 농촌인구의 급격한 감소와 노령화, 도·농 간의 소득격차 등 여러 가지 문제가 농업·농촌에 퇴적되었다. 더욱이 1989년 BOP조항[1] 졸업으로 촉발된 농산물시장 개방이 우루과이라운드(UR)협정을 계기로 본격화되면서 농가경제를 더욱 압박하여 왔다.

최근 농가의 평균소득수준은 도시근로자가구의 78% 수준에 머물고, 특히 영세 고령농가의 소득이 정체되거나 도리어 감소추세를 보여 농가 간 소득격차가 대폭 확대되었다. 5분위 소득비율[2]을 보면 1994년 4.4배에서 2005년 9.3배로 증가하여 도시가구의 5.4배보다 월등히 높아 저소득농가문제가 심각한 상황에 있다.

그 동안 부채대책이 반복되었고, 현재도 연간 8,000억~9,000억 원의 재정자금이 부채대책에 사용되고 있으나 2005년 호당 부채규모는 2,721만 원에 이른다. 상환유예조치로 부채문제가 일단 수면 아래로 내려갔으나 언제든지 중요한 현안으로 떠오를 수 있는 시한폭탄으로 잠복하고 있다.

이런 가운데 집약축산과 과잉시비로 농촌지역의 강과 시냇물, 더

[1] BOP조항이란 국제수지 적자를 이유로 수입을 제한할 수 있는 권한을 규정한 GATT 제18조 B항을 지칭하는 것이다. 우리 나라는 1989년 10월 이 조항에 의한 수입규제를 할 수 없게 되어 농산물시장 개방이 본격화되기 시작하였다.

[2] 5분위 소득비율이란 최상위 20% 소득계층의 평균소득을 최하위 20% 소득계층의 평균소득으로 나눈 소득격차를 나타낸 지표이다.

나아가 바다까지 심하게 오염되고 있다. 화학비료와 가축분뇨 등을 통한 NPK 비료성분 투입량은 연간 약 99만 톤으로, 질소 86.4%, 인 106%, 칼리 64.4%가 초과공급되어 연간 약 35만~45만 톤의 비료성분이 하천과 바다의 오염원으로 작용하고 있다. 대규모 집약축산으로 총환경부하 중 축산부문의 기여율(BOD기준)은 한강 48%, 낙동강 43%, 금강·만경강 50%, 영산강·섬진강 57%를 차지하고 있는 것으로 알려져 있다.[3]

또한 무질서한 토지이용으로 농촌의 경관이 훼손되고 있다. 경제성장에 따른 다양한 토지수요 증가로 도시 주변지역에서는 기반시설과 공공시설을 갖추지 못한 소규모 개발이 산발적으로 진행되고, 순농촌지역에서는 소규모 공장이나 건물이 무질서하게 들어서고 있다. 1998~2000년간 농지전용이 모두 16만 건이나 이루어졌는데, 그 평균면적은 450평에 불과하여 소규모 분산전용이 무질서하게 이루어지고 있음을 나타내고 있다.[4]

이와 같이 고도압축성장과 시장개방의 문제가 퇴적되어 있는 가운데 '선진통상국가'를 지향하는 국가발전전략이 추진되고 있어 농업·농촌의 위기감은 한층 고조되고 있다.

한국은 '통상'을 통해 선진국에 진입한다는 '선진통상국가' 전략 아래 2004년 이후 거대경제권과의 자유무역협정(FTA)을 적극 추진하고 있다. 칠레와의 자유무역협정(FTA)이 힘겹게 발효된 지 2년 만에 싱가포르, EFTA 4개국(스위스, 노르웨이, 리히텐슈타인, 아이슬란드), 아세안 10개국 등 모두 15개국과의 협상타결을 거쳐, 현재 캐나다, 인도, 그리고 세계 최대 경제대국 미국과의 FTA 추진으로 비약하고 있다. 미국과의 협상이 성공하든 실패하든 이제 곧 유럽연합(EU) 25개국과 협상이 시작되고, 머지않아 중국과의 FTA, 일본을 포함한 동북아지역 자유무역협정이 현안으로 제기될 것으로 전망된다.

---

[3] 이정환 외(2003).

[4] 이정환 외(2003).

그러나 1994년 우루과이라운드 협상, 칠레와의 FTA 협상과 비준, 2004년의 쌀 관세화 유예연장 협상, 그리고 현재 진행중인 미국과의 FTA 협상에서 보는 바와 같이 농업문제는 항상 치열한 정치사회적 쟁점이 되고 많은 갈등과 고통을 불러온다. 따라서 '선진통상국가'라는 국가적 전략은, 이 전략이 농업문제와 조화할 수 있는 조건을 찾아 낼 수 있느냐가 그 현실성을 결정하는 관건이 될 것이다. 요컨대, '선진통상국가' 전략이 실현되려면 농업문제의 벽을 넘을 수 있는 현실적 방안이 제시되지 않으면 안 되며, 그런 의미에서 농업문제는 국가적 최대 관심사라고 할 수 있다.

과연 선진통상국가 전략이 농업문제의 벽을 넘을 수 있을까? 이 질문에는 두 가지 믿음이 대립하고 있다. 첫 번째는 국경보호가 무너지면 한국 농업은 붕괴한다는 믿음이다. 이 믿음은, 한국 농업은 경쟁력이 약하여 국경보호가 존립의 필수조건이라는 생각에 기초하고 있다. 특히, 미국은 세계 최대의 농산물 수출국으로 FTA가 체결되는 경우, 대부분의 농산물시장이 미국 농산물에 잠식되어 한국 농업과 농촌은 붕괴될 것이라고 믿는다. 따라서 미국 등과의 FTA는 결코 수용할 수 없다고 주장한다.

이에 대립하는 두 번째 믿음은 미국과의 FTA를 포함한 시장개방에 의한 농업의 피해는 그리 큰 것이 아니고, 농업문제는 과감한 구조조정으로 해결해야 한다는 생각이다. 즉, 영세소농구조를 개혁하여 농업의 경쟁력을 향상시켜 문제를 풀어 나가야 하고, 풀 수 있다고 생각한다. 또한 쌀 등 전통적 농산물 중심의 구조를 신상품 중심으로 개편하고 수출농업으로 돌파구를 찾아야 한다고 주장한다.

어느 믿음이 맞는 것인지는 이 두 가지 주장이 과연 정확한 현실인식에 기반하고 있는 것인가를 검토해 보아야 알 수 있을 것이다. 진실을 보아야 답이 보이기 때문이다. 진실을 보면, 우리가 지금 FTA의 거부냐 농업붕괴냐 중에 하나를 선택해야 하는 것인지, 개방의 피해가 크다고 하면 농업인 편이고 적다고 하면 반농업인인지, 협상을 반대하면 농업편이고 찬성하면 반농업적인지 하는 물음에도 답할 수 있게 될 것이다.

2 한국 농업문제의 진실

2.1. 국경보호가 무너지면 한국 농업은 붕괴하는가

먼저 FTA 또는 DDA에 의해 국경보호가 철폐되면 한국 농업은 붕괴될 것인가를 검토해 보자.

한국은 다른 나라에 비해 관세수준이 높다. 쌀은 아직도 수입이 제한되고 있고, 쌀 이외의 모든 농산물은 수입이 자유화되었지만 평균관세율이 55%로 일본의 24%, 중국의 38%보다 높다.

그런데 평균관세율보다 더 중요한 것은 100% 이상의 고율관세품목이 28개(쌀 포함)나 되어 다른 어느 나라보다 고율관세품목이 많다는 것이다. 이와 같은 두 가지 사실이, 우리 나라는 관세에 의한 국경보호수준이 높고 그만큼 관세철폐의 영향이 클 수밖에 없으므로, 관세가 철폐되면 우리 나라 농업은 치명적 타격을 입게 된다는 주장의 근거가 되고 있다.

그러나 고율관세품목 중 연간 부가가치 생산액규모가 2,000억 원 이상으로 농업 총부가가치의 1%를 넘는 품목은 〔그림 1-1〕에 나타나 있듯이 쌀 이외에 고추, 인삼, 마늘, 대두, 감귤, 양파, 우유 등 8개 품목에 불과하다. 나머지 20개 품목의 면면을 보면 팥, 녹두, 메밀, 생강, 고구마, 밤, 잣, 대추, 매니옥 등 연간 부가가치 생산액이 1,000억 원에도 미치지 못하거나 국내생산이 거의 없는 품목이므로 관세가 철폐된다고 하더라도 우리 나라 농업에 미치는 영향은 미미할 것

그림 1-1 농산물별 관세수준과 부가가치 규모

관세율 / 부가가치 비중	0~50%	50~100%	100~400%	400% 이상
35% 이상				쌀
5~10%			고추	
4~5%	쇠고기			
2~4%	돼지고기, 사과		우유	
1~2%	포도, 수박, 딸기, 오이, 참외, 무, 대두, 파, 배	연초	마늘, 감귤	인삼, 양파, 대두
1% 미만	상추, 느타리버섯, 호박, 닭고기, 복숭아, 시금치, 양송이, 자두, 참다래, 유사, 바나나, 망고, 자몽, 파인애플, 오렌지	들깨, 떫은감	밤, 천연꿀, 감자, 쌀보리, 옥수수, 땅콩, 겉보리, 메밀, 전분류	참깨, 고구마, 맥주맥, 대추, 생강, 팥, 녹차, 잣, 녹두, 기타 곡물, 매니옥

주: 고추의 부가가치 1조 1,030억 원, 우유 6,490억 원, 인삼 3,850억 인, 마늘 3,830억 원, 감귤 3,350억 원, 대두 2,130억 원, 양파 2,240억 원.
자료: 한국농촌경제연구원(2006).

이다.

더욱이 일부 품목은, 수요는 많으나 국내생산이 부족하여 양허관세와 관계없이 거의 모든 수입량을 3% 내외의 저율관세만 부담하고 수입하도록 하고 있으므로 관세철폐의 영향이 거의 없을 것으로 생각된다. 예를 들면, 고율관세의 대표적 품목인 사료용 옥수수의 관세는 328%, 착유용 대두는 487%, 주정원료로 쓰이는 매니옥은 887%, 기타 곡물류는 800% 수준의 관세를 부과하는 것으로 되어 있으나 우리나라의 필요에 의해 거의 전 수입량에 대해 무관세 또는 3% 정도의 관세만을 부과하고 있다. 또한 저율관세로 수입할 수 있는 쿼터(TRQ)가 설정되어 있음에도 실제로 쿼터량만큼 수입이 이루어지지 않고 있는 품목도 관세가 실질적인 수입제약이 되지 않고 있다고 추정된다. 이런 품목에는 관세가 385%인 고구마, 219%인 밤, 567%인 잣, 144%인 감귤 등이 포함된다.

요컨대, 우리 나라가 고율관세품목이 많다는 데에는 상당한 거품이 끼어 있다. 우리 나라의 농산물 평균관세가 높게 나타나는 것도 이렇게 생산액이 미미한 품목의 관세가 턱없이 높기 때문이기도 하므로 평균관세에도 거품이 있다고 할 수 있다. 나머지 농산물의 관세는 20~50% 수준이어서 그렇게 높다고 할 수 없고, 그만큼 관세의 국경보호효과가 크지 않은 것으로 나타났다. 거의 모든 과일, 채소, 축산물은 관세가 높지 않으므로 〔표 1-1〕에서 보는 바와 같이 관세가 철폐되는 경우 수입원가가 15~30% 하락하는 데 머물 것으로 추정된다. 우리가 의식하지 못하였지만 2001~2005년 사이 환율하락으로 수입농산물의 수입원가가 22~26%나 하락하였던 것을 생각하면 15~30%의 수입원가 하락은 우리가 이미 경험하고 있는 수준이라는 것을 알 수 있다.

이제 우리가 따져 보아야 할 것은, 채소·과일·축산물의 수입원가가 15~30% 낮아지면 우리 나라 농산물의 가격이 얼마나 떨어질 것인가 하는 점이다.

표 1-1 주요 농산물 관세철폐효과 추정

구분		양허관세 (2004, %)	양허관세 부과가격 (원/kg)	무관세가격 (원/kg)	수입가격 하락률 (%)
채소류	배추	27	316	249	21
	딸기	45	2,230	1,538	31
과일류	사과	45	1,659	1,144	31
	배	45	1,405	969	31
	포도	45	2,466	1,701	31
축산물	쇠고기	40	4,743	3,388	29
	돼지고기	22.5	2,574	2,101	18
	닭고기	18	1,553	1,316	15

가락동 도매시장의 경락가격을 보면 같은 국내산 농산물이라도 등급에 따라 사과가격은 5.5배, 배는 3.6배, 수박은 5.6배, 오이는 5.2배의 차이가 나는 것으로 나타났고, 그 격차는 점차 확대되어 왔다. 이것은 채소와 과일은 같은 국내산도 산지와 등급에 따라 도매가격에 몇 배의 차이가 날 만큼 소비자가 품질에 민감하다는 것을 나타낸다. 이와 같은 사실은 수입농산물의 수입원가가 15~30% 낮아졌을 때 국내산의 수요가 얼마나 떨어질 것인가는 거의 전적으로 소비자가 수입품의 품질을 어떻게 생각하느냐에 달렸음을 의미한다. 만약 소비자가 수입품의 품질이 달라 국내산을 대체하기 어렵다고 생각한다면 국내산 농산물수요는 직접적인 영향을 받지 않고 그대로 유지될 수 있을 것이다. 국내외산의 품질차이와 소비자의 신뢰 여부가 관세철폐에 의한 수입원가 하락보다 훨씬 더 중요하다는 말이다.

그런데 우리 나라 소비자는 국내산 농산물과 수입농산물을 분명히 차별하여 서로 대체성이 매우 낮은 것으로 나타났다. 만약 소비자가 국산농산물과 수입농산물이 비슷하여 대체할 수 있다고 생각한다

그림 1-2 국내산 포도와 수입포도 가격의 상관관계

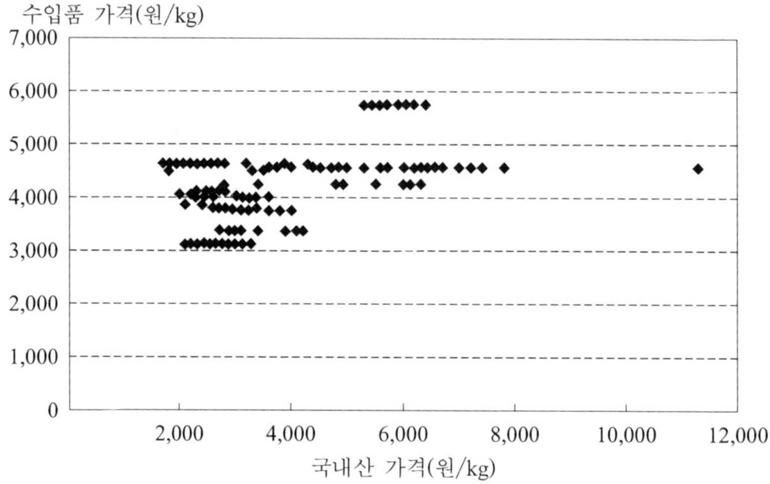

주: 1) ◆는 일별가격을 나타냄.
2) 2003년 10월~2005년 11월 사이 가락동 도매시장 경락가격의 일별가격임.
자료: 농수산물유통공사.

면 두 상품의 가격수준이 비슷하거나 비슷하지 않더라도 가격이 같이 움직여야 한다. 다시 말하면, 국산농산물의 가격이 오르면 수입품의 가격도 상승하고 국산품의 가격이 낮아지면 수입품의 가격도 떨어져야 한다. 그러나 포도와 감귤의 경우 그런 현상은 나타나지 않고 있다. [그림 1-2]는 국내산 포도와 미국산 수입포도의 가락시장 경락가격의 관계를 나타낸 것이다. 만일 국내산 포도와 미국산 포도가 서로 쉽게 대체된다면 두 가격의 등락은 비슷하여야 하고, 따라서 모든 좌표의 점들이 우상향하는 선상에 나타나야 한다. 그러나 그림에서 보는 바와 같이 모든 좌표는 넓게 분산되어 있는데, 이것은 미국산 포도가 국내산 포도를 거의 대체하고 있지 않음을 의미한다.

국내산 감귤과 수입오렌지 사이의 관계에서도 비슷한 결과가 나

그림 1-3 국내산 감귤과 수입오렌지 가격의 상관관계

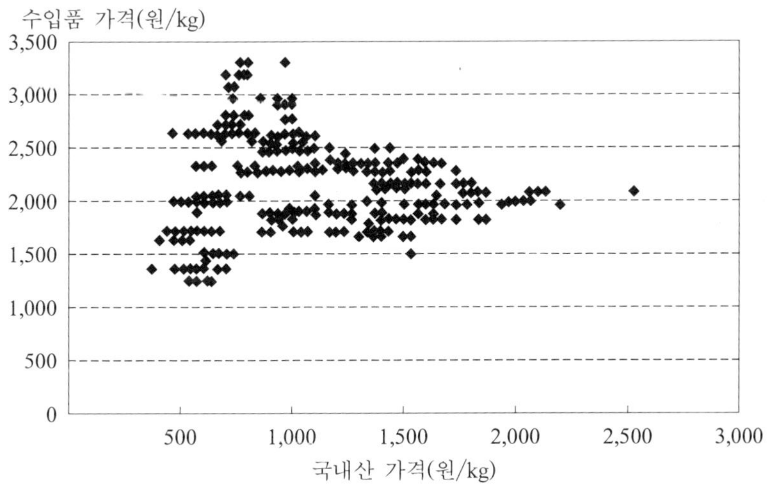

주: 1) ◆는 일별가격을 나타냄.
2) 2001년 1월~2005년 2월 사이 가락동 도매시장 경락가격의 일별가격임.
자료: 농수산물유통공사.

왔다. 〔그림 1-3〕에서 보는 바와 같이 국내산 감귤과 수입오렌지의 가격 사이에는 뚜렷한 관계를 발견할 수 없고, 따라서 수입오렌지가 국내산 감귤을 별로 대체하지 못하는 것으로 나타났다.

한우고기와 수입쇠고기 사이의 대체성도 매우 낮은 것으로 보인다. 〔그림 1-4〕는 1992~2005년 사이에 한우고기와 수입쇠고기의 공급량이 변함에 따라 한우고기의 가격이 어떻게 변해 왔는지를 보여주고 있다. 1992년부터 1998년 사이 한우고기의 공급량이 증가함에 따라 한우고기 가격은 지속적으로 하락하였으나 1998년부터 공급량이 감소하자 가격은 즉시 상승세로 반전되었다. 쇠고기 수입량이 큰 폭으로 증가하였으나 한우고기의 가격상승세에 거의 영향을 주지 못한 것으로 보인다. 2002년 이후 한우고기 공급량 감소가 멈추자 가격

그림 1-4 쇠고기 공급량과 가격변화

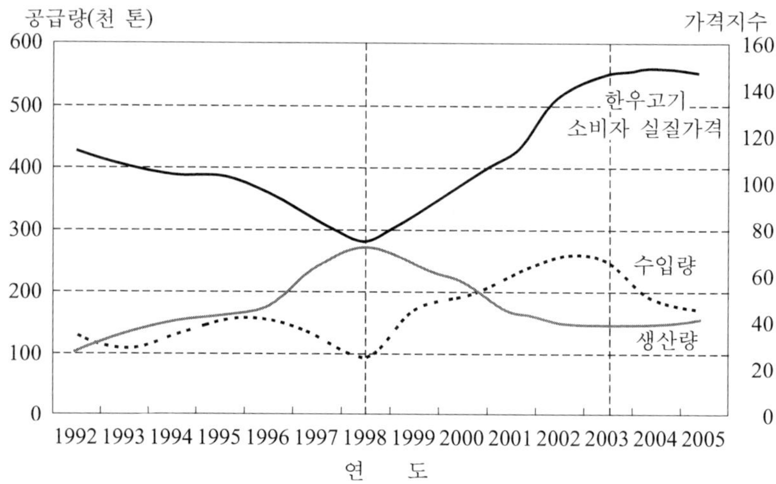

주: 소비자가격은 소비자물가지수로 디플레이트한 것임.
자료: 소비자가격은 KOSIS, 생산량 및 수입량은 농림부(2006).

도 상승세를 멈추었고, 2005년 공급량이 소폭 증가하자 수입량은 감소하였지만 가격은 하락세를 나타냈다. 요컨대, 수입쇠고기가 한우고기를 거의 대체하지 못하고, 한우고기 가격은 수입량과 관계없이 한우고기 공급량에 따라 결정되고 있음을 의미한다.

이상의 분석결과를 요약하면 다음과 같다. 첫째, 우리 나라가 고율관세품목을 28개나 가지고 있지만 그 중 20개 품목은 생산액이 아주 적어 관세철폐의 영향이 미미할 것이다. 둘째, 거의 모든 채소와 과일, 축산물의 관세는 20~40%밖에 안 되므로 관세철폐의 효과는 수입원가를 15~30% 정도 낮추는 데 머물러 그 효과가 그리 크지는 않다. 반면 같은 국내산 농산물도 그 등급에 따라 가격이 3~6배나 차이가 날 만큼 소비자가 품질에 민감하므로 15~30%의 수입원가 하락이 국내산에 미치는 영향은 국내외산 사이에 품질차이가 있는 한 미미할 것이다. 셋째, 국내산 농산물과 수입농산물은 품질차이가 크고 대체성이 매우 낮아 수입농산물이 국내산 가격에 큰 영향을 주지 못하고 있다. 따라서 FTA 등에 의해 농산물의 관세가 철폐되더라도 몇 가지 중요 농산물에 예외 또는 장기유예와 같은 특별조치가 허용된다면 파급영향은 생각보다 크지 않을 수 있다.

실제로 한·미 FTA로 쌀 이외의 모든 주요 농산물의 관세가 철폐되더라도 농업생산액이 1조 8,660억 원, 5.6% 감소되는 데 그치는 것으로 추정된 것은 놀라운 것이 아니다.[5] 더욱이 대부분 과일과 축산

표 1-2 청과물과 축산물의 수입가능 지역

품목		수입가능 지역
과일류	사과, 배, 복숭아	없음
	포도	미국, 일본, 칠레, 뉴질랜드
	감귤, 감	미국, 일본, 뉴질랜드
	단감	일본, 뉴질랜드
과채류	수박, 오이	없음
	참외	일본, 우즈베키스탄
	딸기, 토마토	일본
	호박	일본, 뉴질랜드
축산류	쇠고기	(미국), 호주, 뉴질랜드, 멕시코
	돼지고기	미국, 캐나다, 호주, 뉴질랜드, 일본, 동·서유럽 국가
	산양고기, 양고기	호주, 뉴질랜드
	사슴고기	호주, 뉴질랜드
	가금육	덴마크, 영국, 프랑스, 호주, 브라질, 일본, 태국(열처리된 것 중국, 미국)

5 물론 품목 간의 대체효과가 충분히 고려되지 못한 반면 국내의 적응과 조정효과 등도 감안되지 못하였으므로 어느 정도의 오차가 있을 것이다(한국농촌경제연구원, 2006).

물은 〔표 1-2〕에서 보는 바와 같이 검역제도에 의해 수입이 제한되고 있으므로 관세는 실질적 수입억제기능을 하고 있지 않고, 따라서 관세감축이 곧바로 수입증가로 이어질 수도 없다. 가령 사과의 경우 비록 한·미 FTA가 체결되더라도 검역문제가 해결될 때까지 수년간은 수입이 이루어질 수 없고, 따라서 관세감축은 실질적 의미를 갖지 못한다.

그러면 일부에서 주장하듯이 한·미 FTA의 영향은 크게 우려하지 않아도 되는 것인가? 그렇지는 않다.

2.2. 한국 농업이 직면한 시련

한·미 FTA 이후 나타나는 농업부문의 시련은 두 가지로 말할 수 있다. 첫 번째는 비록 한·미 FTA에 의해 농업이 치명적 타격을 받는 것은 아니지만 쌀의 관세화와 겹쳐져 농업부문 소득감소가 상당히 크게 나타날 수도 있다는 것이고, 두 번째는 이와 같은 농업부문의 장기적 소득감소는 우리 나라가 처음으로 경험하는 것이라는 점이다.

한·미 FTA가 농업소득에 미치는 영향은 타결조건에 따라 다르나 한·미 FTA가 중위수준의 관세철폐를 조건으로 타결된다고 가정하는 경우,[6] 이행 초년도의 소득감소액은 1,600여억 원에 불과하나 10년 후에는 1조 3,000억 원(2004년 소득규모의 8.5%)에 이를 것으로 추정되었다.

또한 2015년에는 한·미 FTA와 관계없이 쌀이 관세화되어 자유롭게 수입될 수 있게 되고, 그 때 수입쌀의 국내판매가격은 80kg당 12만~13만 원 수준이 될 것으로 추정된다. 만일 소비자가 국내산 쌀

[6] 쌀은 2004년 협상결과 이상의 추가개방이 없고, 그 외 주요 24개 품목 중 20%는 관세가 5년 사이, 60%는 10년 사이, 20%는 20년 사이에 점진적으로 철폐되는 것으로 가정하였으며, 소득감소는 KREI의 가격 및 생산액 감소자료를 이용하여 추정하였다(한국농촌경제연구원, 2006).

그림 1-5 농업부문 총소득 감소요인 전망

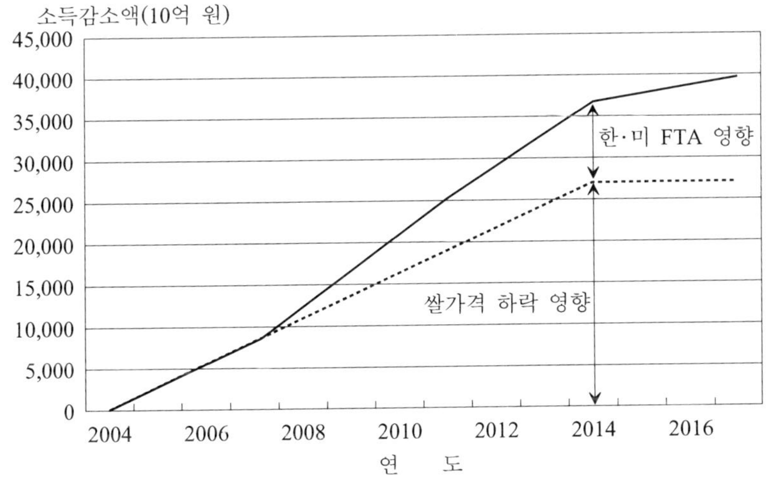

과 수입쌀을 똑같이 인식한다면 국내산 쌀가격은 수입 쌀가격과 같아질 것이고, 그에 따라 농업소득이 약 2조 7,000억 원 감소되는 것으로 추정되고 있다.[7]

두 가지 소득감소요인이 동시에 나타날 수밖에 없으므로 농업부문 소득이 2004년보다 2009년에 1조 7,000억 원, 2014년에 3조 7,000억 원, 2017년에는 4조 원까지 감소할 수도 있음을 의미한다. 현재의 소득규모가 16조 원 정도이므로, 2017년에는 소득규모가 2004년보다 25%나 줄어들 수도 있다는 것이다. 이것은 농업부문에 매우 어려운 시련이 될 것이다.

이와 같은 농업부문 소득감소의 무게는 [그림 1-6]에 잘 나타나 있다. 1996년까지는 농업생산이 증가하고 가격도 상승하여 농업부문

[7] 이와 같은 추정은 국내산 쌀가격이 수입 쌀가격과 같은 수준이 된다는 것을 가정한 것이므로 가격차별의 정도에 따라 실제 소득감소액은 달라진다. 서진교 외 (2004) 참고.

그림 1-6 농업부문 총소득규모(명목) 변화 추이와 전망

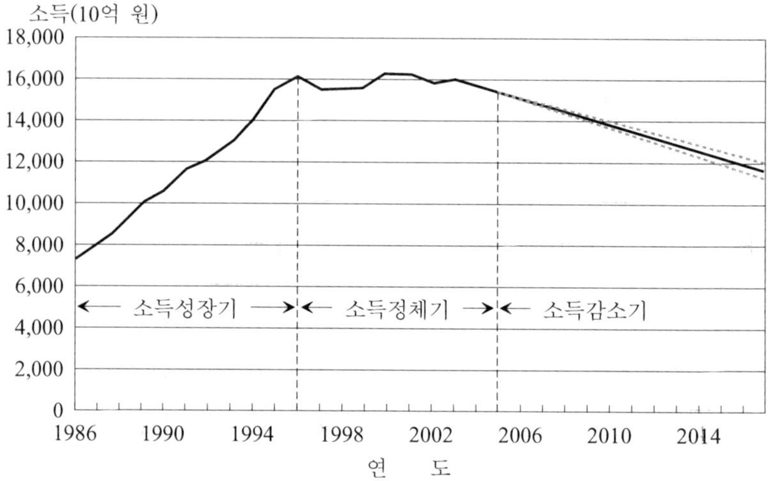

주: 국민계정의 농업부문 '영업잉여'로서 정부보조금이 포함된 농업소득에 해당된다.
자료: 한국은행, 『국민계정』.

의 총소득규모가 지속적으로 증가하였으나, 그 후 2005년까지 생산은 소폭 증가하지만 농산물가격이 하락하여 농업부문 총소득이 정체되었고, 이것이 농가의 소득문제와 부채문제 등을 일으킨 배경이 되었다고 할 수 있다. 앞으로 농업 총소득규모가 앞에서 추정한 대로 감소하게 된다면 농업부문은 이제까지 경험하지 못한 장기적 소득감소기에 접어든다는 것을 뜻하고, 국민소득이 증가하는 것을 고려하면 이와 같은 농업부문 소득감소는 한국 농업에 대단히 큰 시련이 될 것임에 틀림없다. 그러면 농업구조 개선으로 이 시련을 극복할 수 있을까?

2.3. 농업구조조정의 꿈과 현실

한국은 1989년 이른바 BOP 졸업으로 농산물시장 개방이 본격화

되면서 농업구조 개선과 경쟁력 향상이 농정의 중심축을 이루어 왔다. 또한 프랑스, 독일 등 유럽 각국에서도 1960년대 말부터 1980년대 중반까지 농업구조 개선은 농정의 핵심 콘텐츠였고, 일본에서는 현재도 농정의 기본방향이 되고 있다.[8]

이러한 농업구조 개선은 고령농, 영세소농 등 효율성이 낮은 농가가 영농을 포기하고, 그 자원과 기회가 대농에게 집중되어야만 이루어질 수 있다.

그러나 쌀농업의 경우를 예로 보면, 〔그림 1-7〕과 〔그림 1-8〕에

그림 1-7 10a당 자작소득과 임대소득의 분포(2004년)

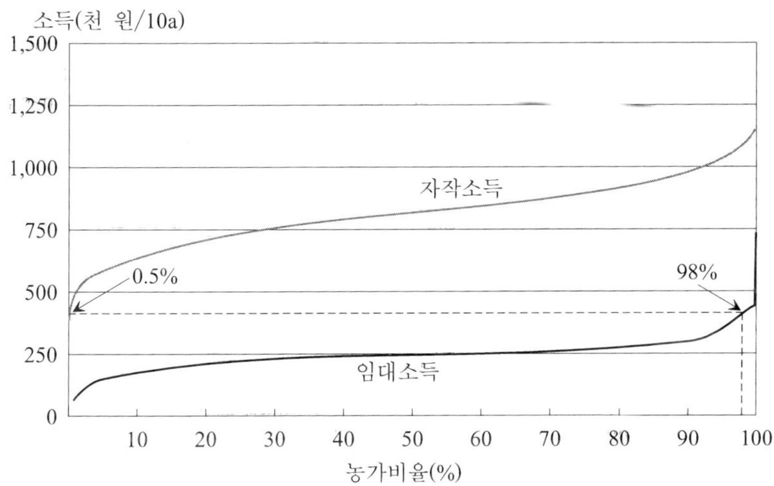

주: 1) 2004년 쌀생산비조사 농가별 자료를 분석한 것이다.
2) 10a당 자작지 소득=(소득+임차지 토지용역비)/경작면적, 10a당 임대소득=자작지 토지용역비/자작지 면적으로 추계하였다. 여기서 자작지 토지용역비는 인근지역의 임대차료 수준으로 평가하고 있으므로 임대시 얻을 수 있는 소득수준을 나타낸다고 할 수 있다.

자료: 통계청(2004).

8 이정환(1998), pp. 190~238.

그림 1-8 자작지 임대시 10a당 소득감소(2004년)

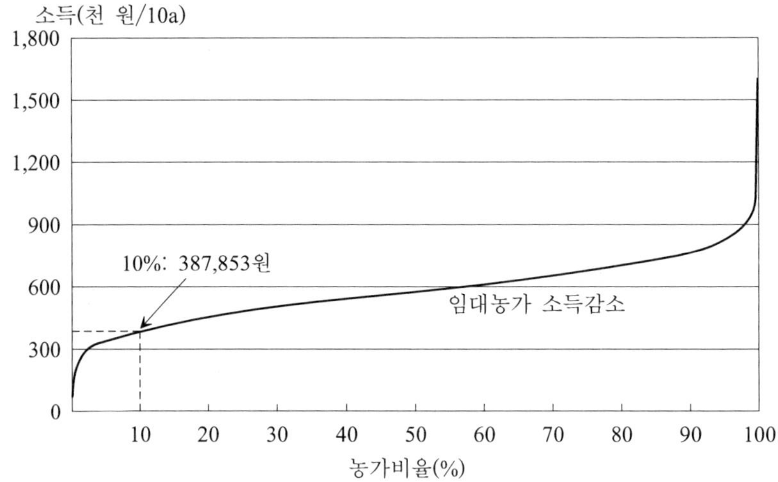

자료: 통계청(2004).

서 보는 바와 같이 자작을 포기하고 임대하는 경우 얻을 수 있는 10a당 임대소득이 40만 원 이상이 되는 경우는 2%에 지나지 않는 반면, 자작소득이 10a당 40만 원 이하인 농가는 0.5%에 불과하므로 임대소득이 자작소득보다 많은 경우는 거의 없다고 보아야 한다. 이것은 10a당 소득이 가장 낮은 농가도 자작소득이 임대소득보다는 높으므로 영농을 포기하려면 30만 원의 소득감소를 감수하지 않으면 안 된다는 것을 나타낸다([그림 1-8] 참조).

농지를 매각하고 영농을 포기하는 경우 매각대금의 이자소득은 높지만 상당한 자산가치 손실을 각오하지 않으면 안 된다. 왜냐하면, 농지매각대금은 인플레이션에 의해 가치가 축소되는 반면, 1990년 이후 농지가격은 연평균 7~8% 상승한 데서 알 수 있듯이 농지의 가치는 지속적으로 상승할 가능성이 높기 때문이다.

이러한 조건 아래서 영농을 포기하더라도 소득이 감소하지 않으려면 새로운 취업을 통해 감소된 소득 이상을 보전할 수 있어야 한다. 그러나 기존 농업인이 성공적으로 전직할 가능성은 어느 나라에서나 연간 1~2%에 머물고, 특히 40세 이상의 중고령 농업취업자가 93% 이상인 우리 나라의 경우 전직확률은 더 낮을 수밖에 없다.[9]

새로운 취업이 안 된다면 영농포기에 의한 소득감소분을 정부가 보전하여 소득감소를 막아 주는 조건이 있어야 한다. '경영이양직불제도'가 이와 같은 조건을 충족시키기 위한 것으로, 현재 5년 이상 임대하는 경우 1ha당 298만 원을 일시금으로 지급하고 있으나 소득감소를 보전하기에는 턱없이 부족하다.[10] 현재 지급규모의 9배에 상당하는 연간 390만 원을 지급하여도 소득감소가 보전되는 농가는 10% 수준에 머물러 큰 효과를 나타내기 어려운 것으로 생각된다. 결국 정부가 보조금을 지급하여 영농포기를 촉진하는 것은 현실적으로 비용이 너무 많이 들 뿐만 아니라, 현재 부가가치 생산활동을 하는 인력에게 많은 보조금을 주어 유휴화시키는 것이 되어 바람직하지도 않다.

따라서 영농포기는 노동력 상실, 노령화, 사망 등과 같은 불가피한 이유로 소득감소 또는 자산가치 손실을 감수하더라도 영농을 포기할 수밖에 없는 조건이 있어야 한다. 즉, 영농포기는 자연적 요인에 의해 결정되는 일종의 외생변수로서 경제상황이나 정책에 관계없이 농업인력의 연령구조에 따라 일정한 수준을 나타내게 된다. 〔그림 1-9〕를 보면 실제로 1970년 이후 농가경제활동인구, 농업취업자, 농업경영주의 10년간 연평균감소율은 큰 변화 없이 0.5%p 내에서 완만히 변동하는 안정된 수준을 보였다.

일부에서는 시장이 개방되어 농산물가격이 하락하면 영세소농이 탈락하여 농업구조에 큰 변화가 올 것으로 생각한다. 그러나 시장개방이 이루어져도 농업구조에 빅뱅(big-bang)은 오지 않는다. 〔그림 1-

[9] 이정환(1998), pp. 67~80.

[10] 일시금 298만 원은 이자율 4%의 경우 연간 44만 원씩 8년간 지급한 것과 같은 수준이 된다.

그림 1-9 농업인력 증감률의 10년 이동평균치

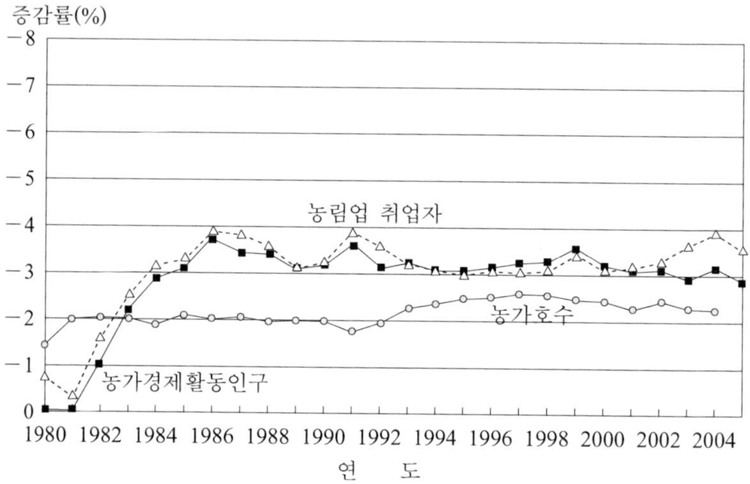

주: 1) 표본변경이 있었던 1994년 이전 통계치는 1995년을 기준으로 3.8% 축소조정하였다.
2) 표본변경이 있었던 1984년과 외환위기로 경제활동인구가 일시 증가하였던 1998년의 증감률은 전후 2개년간의 평균치로 조정하였다.
자료: 2004 경제활동인구연보, kosis.

10]은 쌀가격이 30% 하락하는 경우 규모별로 10a당 소득이 어떻게 변하게 되는가를 나타낸 것인데, 가격이 30%나 떨어져도 소득이 마이너스가 되는 농가는 거의 없고 소득감소율이 규모 간에 큰 차이가 없음을 알 수 있다.

이 결과는 시장이 개방되어도 규모 간의 경쟁력구조에 큰 변화가 없고, 소농이 쉽게 영농을 포기하지도 않을 것임을 암시한다. 도리어 대농은 기계·설비투자, 농지구입 등으로 부채가 많아 재무구조가 취약하므로, 농산물가격이 급격히 하락하는 경우 이른바 레버리지효과[11]

[11] 부채비율이 높은 기업이 호황시에는 수익률이 높으나 불황기에는 수익률이 급격히 떨어지는 현상을 지칭하는 것이다(전찬익, 1997).

그림 1-10 쌀가격 30% 하락시의 소득분포 변화

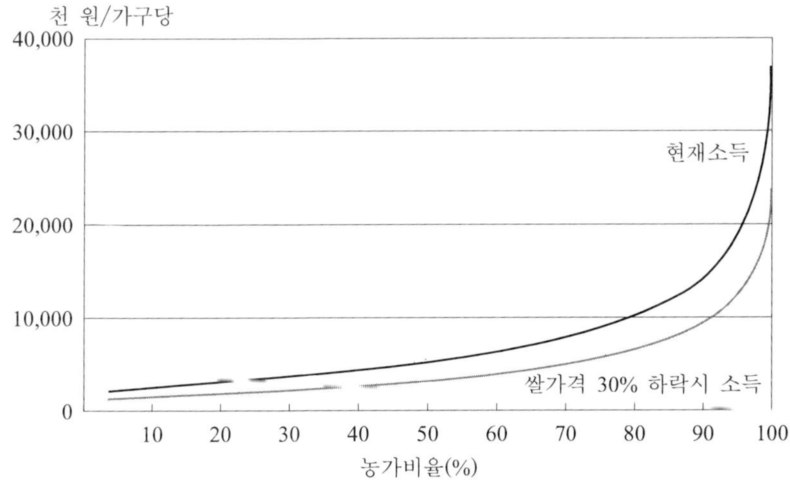

주: 쌀가격이 하락하면 그만큼 조수입과 토지순수익이 감소하고, 토지순수익이 감소하는 만큼 임대차료가 감소한다고 가정하여 소득을 산출하였다(GS&J, 「쌀소득보전직불제는 유효한 정책수단인가?」, 2006).
자료: 통계청, 쌀생산비 2004 농가별 자료.

에 의해 먼저 경영위기에 직면하게 될 가능성이 높다.

〔표 1-3〕을 살펴보면 10ha 이상 대농의 부채/소득 비율은 1.65로 소농의 0.76보다 월등히 높고, 농업소득이 감소하면 그 비율이 1.90으로 증가하는 것을 알 수 있다. 따라서 시장개방으로 농산물가격이 하락하면 영세소농이 대량 탈농하기 전에 부채비율이 높은 대농이 먼저 상환문제에 봉착하게 될 것으로 추정된다.

또 다른 일각에서는 60세 이상의 고령 농업경영주가 1990년에는 31%였으나 2004년에는 60%로 늘어났으므로, 10년 내에 대부분이 은퇴기에 접어들면서 농업구조에 큰 변화가 일어날 것으로 기대하고 있다.

그러나 〔표 1-4〕에서 보는 바와 같이 노령경영주의 잔존율[12]은

표 1-3 경영규모와 재무구조

	부채/소득 비율		부채/유동자산
	현재	농업소득 20% 감소시	
0.5ha 이하	0.76	0.78	0.48
0.5~1.0ha	0.71	0.75	0.44
1.0~1.5ha	0.76	0.82	0.43
1.5~2.0ha	0.81	0.89	0.43
2.0~3.0ha	1.08	1.22	0.62
3.0~5.0ha	1.10	1.23	0.68
5.0~7.0ha	1.26	1.43	0.71
7.0~10.0ha	1.27	1.45	0.73
10ha 이상	1.65	1.90	1.09

자료: 통계청, 『농가경제조사』, 2004.

표 1-4 노령경영주의 5년 후 잔존율

(단위: %)

	1990/1~1995/6	1998/9~2003/4	일본(1995~2000)[1)]
55~59세	89.6	96.4	n.a.
60~64세	81.0	93.8	97.8[2)]
65세 이상	58.8	64.4	85.7[3)]
70세 이상	n.a.	n.a.	58.0

주: 1) 남자 잔존율임.
2) 60~64세는 1990~1995 잔존율임.
3) 65~70세의 잔존율임.
자료: 통계청, 『농업기본통계조사』; 일본 농림성, 『통계데이터베이스』.

매우 높고 점점 상승하는 경향을 보이고 있다. 이 표에 의하면 65세 이상의 경영주가 5년 후에도 영농을 계속하는 비율이 최근 64%로 높아졌다.

12 잔존율이란 어떤 연령계층의 경영주가 5년 후에도 경영주로 남아 있는 비율을 의미한다.

표 1-5 노령경영주의 남녀별 5년 후 잔존율(1998/9~2003/4)

(단위: %)

	남 자	여 자
50~54세	99.5	115.0
55~59세	93.4	112.1
60~64세	89.8	111.9
65세 이상	62.9	69.4

자료: 통계청, 『농업기본통계조사』.

이렇듯 노령경영주의 잔존율이 높은 것은, 농업경영주가 고령화되어도 영농포기 시기를 최대한 늦추며 영농을 지속하려 할 뿐만 아니라, 배우자가 영농을 승계하는 경향이 높기 때문이다. 만약 경영주가 아니었던 농업인이 경영승계로 경영주가 되는 비율이 높으면 잔존율이 100%를 넘게 되는데, [표 1-5]를 보면 노령 여성경영주의 잔존율이 100%를 훨씬 상회하여 상당한 여성 배우자가 경영을 승계하고 있음을 알 수 있다. 이와 같이 노령경영주의 잔존율이 높은 것은 일본에서도 똑같이 나타나, [표 1-4]에서 보는 바와 같이 65~70세 농업종사자의 5년 후 잔존율이 86%나 되고, 70세 이상인 종사자의 잔존율도 60%에 근접하여 우리 나라보다도 더 높다.

이와 같은 노령경영주의 잔존율을 반영하여 경영주 연령별 농가수를 예측해 보면 [그림 1-11]에서 보는 바와 같이 2019년에도 60세 이상의 고령농가수는 56만 호(2004년 73만 호)나 되고, 그 중에는 70세 이상의 경영주도 32만 호가 될 것으로 보여 고령농가의 숫자가 줄기는 하지만 일부에서 기대하는 빅뱅은 나타나지 않을 것으로 생각된다

획기적 구조개선이 어렵다면 농업은 세계화를 거부할 수밖에 없는가? 제3의 길은 없는가?

그림 1-11 노령경영주의 추이와 전망

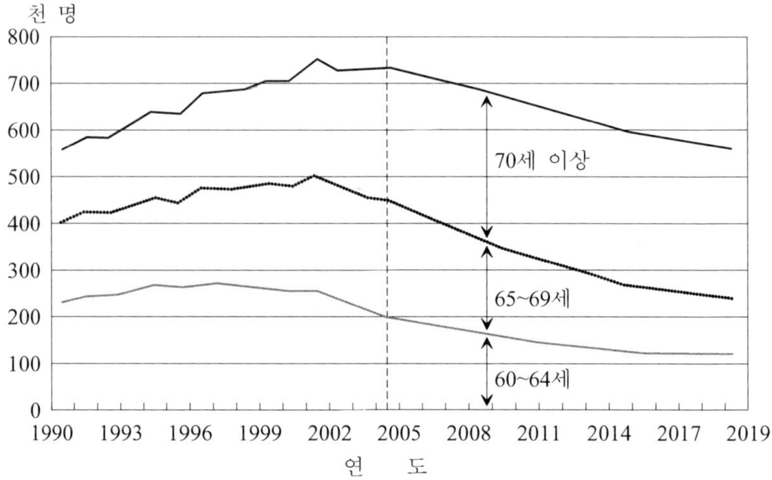

참고문헌

김창길 외, 『친환경농업체제로의 전환을 위한 전략과 추진방안』, 한국농촌경제연구원, 2004.

______, 『지역단위 양분총량제 도입 세부 시행방안 연구』, 한국농촌경제연구원, 2005.

농림부, 『농림업 주요 통계』, 농림부, 2006.

농림성(일본), 『통계데이터베이스』, 2006.

송주호 외, 『가축 사육두수 총량제의 도입 방안에 관한 연구』, 한국농촌경제연구원, 2004.

서진교 외, 『2004년 쌀 재협상 전략 수립에 관한 연구』, 한국농촌경제연구원, 2004.

이정환, 『농업의 구조전환 그 시작과 끝』, 한국농촌경제연구원, 1998.

이정환 외, 『농업·농촌의 비전과 농정』, 한국농촌경제연구원, 2003.

______, 『한국농업의 현실과 비전』, 한국농촌경제연구원, 2003.

전찬익, 『농가부채 구조분석』, 농협조사부, 1997.

통계청, 『쌀생산비 조사』, 2004.

______, 『경제활동인구연보』, 각 연도.

______, 『농업기본통계조사』, 각 연도.

한국농촌경제연구원, 『주요 농산물별 파급영향 및 민감품목 선정방향』, 2006.

이 정 환

2 제3의 길: 대타협과 블루오션

1. 세계화와 한국 농업의 동거를 위한 대타협
2. 농업의 구조조정은 활발히 진행
3. 농산물의 신수요·신시장 폭발
4. 농촌공간에 대한 수요폭발
5. 새로운 비전

1 세계화와 한국 농업의 동거를 위한 대타협

한국 농업이 시장개방의 충격을 견디고 세계화에 연착륙하기 위해서는 무엇보다 정부가 협상에서 쌀을 비롯한 초민감품목에 대해서는 예외 또는 충분한 유예조치를 확보하되 충분한 유예조치 확보에 실패한 품목은 수입급증에 대비한 안전장치를 받아 내야 한다. 여기서 안전장치란 특별긴급관세제도(특별세이프가드, SSG)를 의미하는 것으로 수입이 급증하는 경우 일시적으로 관세를 높여 수입을 규제하는 장치이다(이 제도에 대해서는 제7장에서 다시 논의한다).

그림 2-1 협상과 국내대책을 통한 농가소득 안정 보장

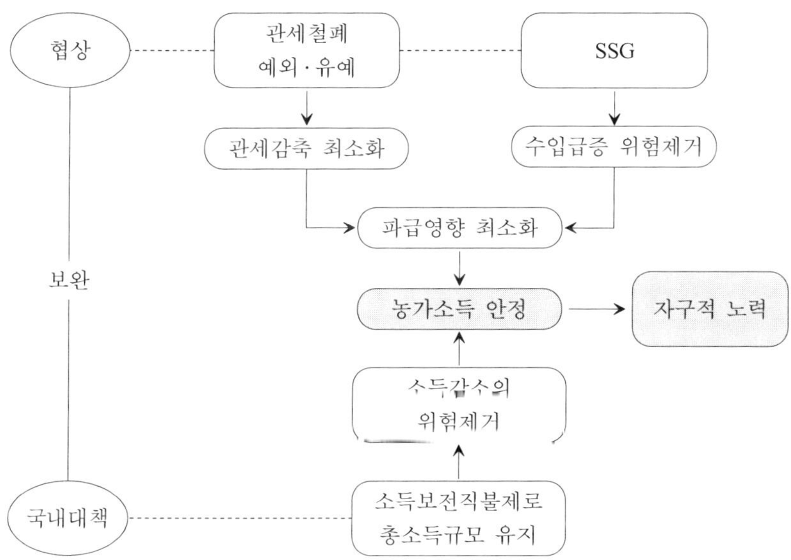

한편, 협상을 유리하게 이끌어 가려면 상대방에게 적절한 이득을 제공하되 우리에게는 아픔이 적은 카드를 준비하여야 하며, 우리에게 실익이 크지 않은 것은 과감히 양보하여 협상력을 높여야 한다. 실리 있는 협상추진을 위한 대안은 제7장에서 상세히 검토될 것이나, 가령 사료용 옥수수의 관세할당량(TRQ)을 조정하면 우리 나라에 별 영향 없이 미국의 수출이 3억 달러 이상 늘어날 수 있으므로 이 카드를 적극 활용하여야 한다. 관세할당(TRQ)제도 중 DDA 협상에서 어차피 폐지 또는 개선되어야 할 사항은 상대방 요구를 적극 수용할 필요가 있다. 또한 관세구조가 불합리하여 실질적인 보호효과를 발휘하지 못하는 경우가 적지 않으므로 관세감축률을 낮추려고만 하지 말고 관세구조를 개선하여 실효성을 높이는 조치도 필요하다(이 점은 제5장에서 다룬다).

다음은 정부가 농업인의 소득안정을 보장해야 한다. 협상타결 후, 협정 이행과정에서 농산물가격이 급격히 하락하면 앞에서 분석한 대로 단순히 농업소득이 감소하는 데 머물지 않고 부채의존도가 높은 대농이 경영위기에 빠질 우려가 있다. 따라서 정부가 소득감소부분을 직접지불방식으로 보전하여 경영을 안정시켜 주어야 한다. 이 때 어디까지 소득을 보전할 것인가가 쟁점이 되겠지만, 가령 농업부문의 총소득규모가 감소하지 않도록 한다는 것을 약속할 수 있을 것이다.

시장가격 하락시 농가소득을 안정시키기 위한 정부의 직접지불 지원은 미국, EU, 캐나다, 일본 등 선진국에서 오래 전부터 시행되어 왔으며, 최근에는 농정의 핵심 수단으로 자리잡고 있다(이 점은 제3, 4장 및 부록에서 상세히 논의된다). 소득보전방식은 2006년부터 시행하기 시작한 쌀소득보전직불제도와 같이 품목단위로 할 수도 있고, 캐나다와 EU에서 하는 바와 같이 농가단위로 할 수도 있을 것이나, 소득보전규모는 2009년 1조 7,000억 원, 2014년 3조 7,000억 원, 2017년 4조 원 수준이 될 것으로 추정된다(〔그림 2-2〕 참조).

정부의 소득보전을 전제로 농업인은 협상을 정부에 일임하고 자

그림 2-2 농업부문 소득규모의 변화와 소득보전 소요

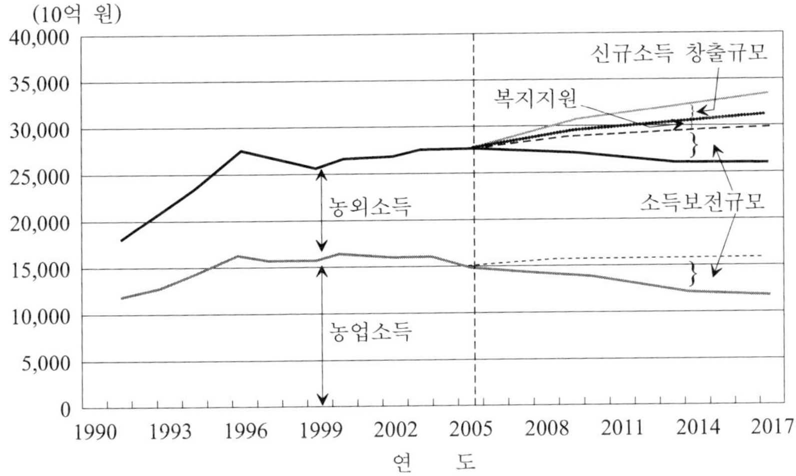

주: 1) 농업소득은 쌀가격 하락과 한·미 FTA의 영향을 고려한 추정치이다.
2) 농외소득은 과거추세에 의한 전망치이다.
3) 소득보전액은 농업부문 총소득규모 감소요인을 보전하기 위한 지원액을 의미한다.
4) 신규소득 창출은 새로운 상품과 시장개척을 통한 농업·농외소득 증가분을 나타낸다.
5) 복지지원은 '삶의 질 개선사업'의 농가복지 지원계획을 반영한다.

구적 노력으로 소득증대에 전념해야 한다. 1인당 국민소득이 2015년경 3만 달러를 넘어설 것으로 전망되므로, 이에 상응하는 농가소득 증가를 달성하려면 2017년까지 약 2조 4,000억 원의 새로운 부가가치가 창출되어야 할 것이다.[1] 이에 따라 농업인은 규모를 확대하고 품목별·지역별 조직화를 통해 새로운 부가가치를 창출하는 방안을 찾아 내는 데 전념해야 한다(이 문제는 제8장에서 다시 논의된다).

한편, 농민단체는 소득보전제도의 대상과 방법에 관한 대안을 마

[1] '농어촌 삶의 질 개선계획'에 의해 2009년까지 복지·교육 지원이 연간 약 600억 원씩 증가되고 있는 추세를 고려하였다

련하여 정부와 협의해야 한다. 이 때 관세철폐 예외 또는 장기유예조치를 받지 못한 품목에 우선적으로 특별긴급관세제도(SSG)와 소득보전직불제도를 적용하여 품목 간에 형평을 유지해야 하며, 소득보전제도는 되도록 생산과 연계되지 않도록 하여 영리에 기초한 농가의 선택을 왜곡시키지 않는다는 원칙을 지켜야 한다. 현재의 쌀소득보전제도와 같이 소득보전이 생산과 연계되면 농업생산을 자극하여 수급불균형을 불러옴으로써 또 다른 문제를 일으키게 되기 때문이다.[2]

이제 문제는 과연 2조 4,000억 원의 새로운 부가가치 창출이 가능한가 하는 점이다. 그 가능성을 구조개선, 농산물에 대한 신수요·신시장 창출, 농촌공간에 대한 새로운 수요창출 등 세 가지 측면에서 검토해 보기로 하자.

2 농업의 구조조정은 활발히 진행

첫 번째로 농업생산이 효율성이 높은 대농으로 점점 더 집중되는 구조조정이 활발히 이루어지고 있다는 것이다. 이것은 일견 앞에서 구조변화의 한계를 지적한 것과 모순인 것처럼 보인다. 그러나 앞서의 논점은, 농업의 구조변화 속도가 경영주의 노동력 상실이나 사망과 같은 자연적 요인에 의해 결정되므로 정책이 임의로 그 속도를 조정할 수 있는 것이 아니라는 것이었고, 지금 논하려 하는 것은 그런 자연적 요인에 의한 변화속도가 점점 더 빨라지고 있으며 효율성이 높은 대농으로 생산이 집중되는 방향으로 진행되고 있다는 점이다.

〔그림 2-3〕에서 보는 바와 같이 쌀생산농가의 규모별 토지순수

[2] 현재의 쌀소득보전직불제는 당년 벼재배면적을 기준으로 직불금을 지급하므로, 직불금을 받으려면 반드시 벼를 재배해야 한다. 그런 의미에서 생산과 연계되어 있다.

그림 2-3 쌀농가의 규모별 토지순수익

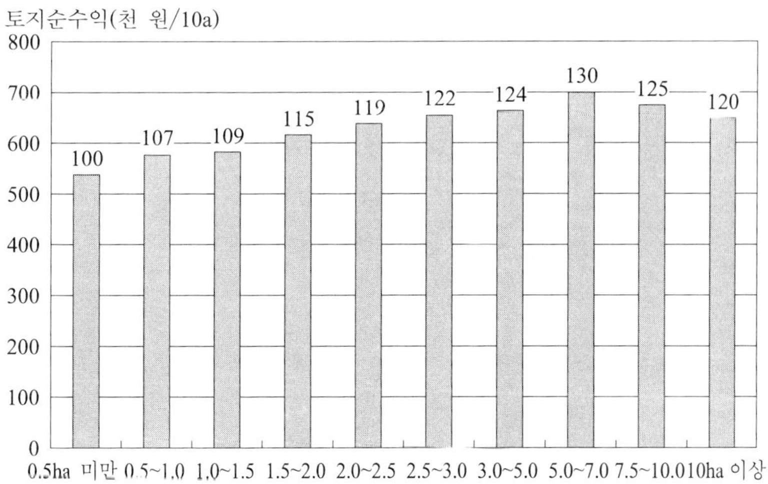

주: 막대 위의 수치는 0.5ha 미만 계층의 토지순수익을 기준으로 한 지수임.
자료: 이정환 외(2006).

익은 5~7ha 농가가 0.5ha 이하 농가보다 30%나 높고, 그만큼 농지 임대차시장에서 경쟁력이 높다고 할 수 있다.

또한 [그림 2-4]에서 보는 바와 같이 경영규모가 클수록 농가소득은 비례적으로 늘어나므로 규모확대는 농가소득을 증대시키는 중요한 수단이라고 할 수 있다.

이와 같이 경영규모가 확대될수록 생산의 효율성이 향상되고 소득이 증가하므로 시장경쟁을 통해 생산자원과 기회가 대농에게 집중되어 왔다. 논농업의 경우 경작규모가 3ha 이상인 대농의 경작면적 비중이 1990년에는 6.2%에 불과하였으나 2000년에는 20%로 늘어나 10년 사이에 대농집중도가 3.2배나 높아졌다. 한육우도 사육두수가 50마리 이상인 대농의 생산비중이 같은 기간 4.2%에서 26.8%로 6.4배나 증가하였고, 낙농도 6.2배 늘어나 50두 이상인 대농의 생산비중

그림 2-4 경작규모별 호당 쌀소득

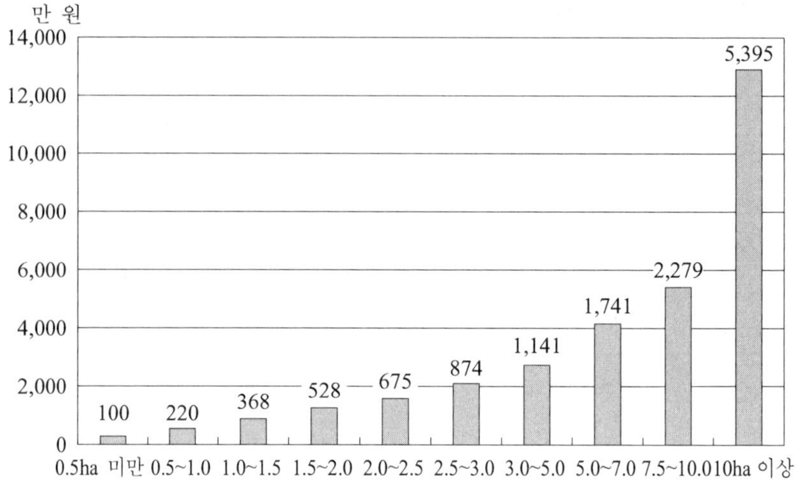

주: 막대 위의 수치는 0.5ha 미만 계층의 호당 소득을 기준으로 한 지수임.
자료: 이정환 외(2006).

표 2-1 농업생산의 대농집중 추세

(단위: %)

	1990(A)→2000(B)	B/A
경작지(3ha 이상) 비중	10.2→25.7	2.6배
논농업(3ha 이상) 비중	6.2→20.0	3.2배
한육우(50마리 이상) 비중	4.2→26.8	6.4배
낙농(50마리 이상) 비중	8.7→54.1	6.2배
양돈(1,000마리 이상) 비중	13.3→62.1	4.7배
시설농업(2,000평 이상) 비중	25.5→47.1	1.8배

은 54%가 넘는다. 현재 고령경영주가 많으므로 자연스럽게 영농포기비율은 높아지고 그만큼 생산의 대농집중현상은 앞으로 가속될 것

그림 2-5 **농업규모 분포(2000)**

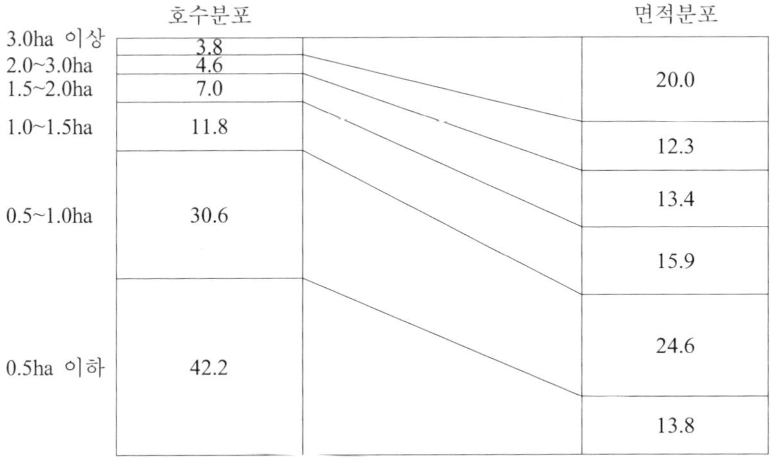

이다.

여기서 주목해야 할 것은 소농의 존재가 농업발전에 큰 걸림돌이 되지 않는다는 것이다. 논농업의 경우 경작규모가 0.5ha 이하인 소농이 전체 논농업 농가의 42%나 되지만 이들이 경작하는 면적은 14%에 지나지 않는다. 따라서 경작규모가 0.5ha 이하인 농가 40만 호가 당장 영농을 포기하더라도 나머지 농가의 평균경지면적은 500여 평 늘어나는 데 그치므로 영농규모에 획기적 변화가 나타나지 않는다. 다시 말하면, 소농의 존재가 우리 나라 농업의 효율성과 규모화에 결정적 영향을 미치고 있다고 할 수 없다.

3 농산물의 신수요·신시장 폭발

두 번째로는 농산물에 대한 신수요·신시장이 폭발하고 있다는 것이다. 소비자의 의식변화가 급진전되면서 농산물의 선택기준에 급격한 변화가 진행되고 있고, 이 변화를 재빠르게 이용하면 새로운 시장과 수요를 발견할 수 있을 것이다(이 문제는 제8장에서 다룬다). 이제까지는 소비자의 선택기준이 가격, 양, 모양 중심이었으나 앞으로는 안전성, 품질특성, 편의성, 건강성, 나아가 감성이 선택기준이 되고 있고, 그 선택기준이 수시로 미묘하게 변하고 있다. 이에 따라 소비자의 불만과 욕구를 통찰하여 소비자의 만족도를 높이되 추가적인 비용은 최소화하는 것이 소비자가치를 높이는 것이며, 이렇게 소비자가치를 높이는 것이 경쟁력 제고의 요체가 되고 있다.

또한 소비자의 변화하는 요구를 얼마나 신속·정확하게 산지에 전달할 수 있는가가 유통채널의 경쟁력을 결정하는 시대가 되었다. 과거에는 가격수준과 물량확보의 용이성에 따라 유통채널이 결정되었고, 그 결과 도매시장이 농산물유통의 대부분을 장악하였다. 그러나 도매시장은 소비자의 요구를 발견할 방법도 없고, 생산자에게 전달할 방법도 없으므로 서서히 경쟁력을 상실하고 있다. 이에 비해 대형슈퍼는 소비자의 변화를 매장에서 쉽게 발견할 수 있고, 그 변화를 산지에 전달하여 새로운 상품을 요구할 수 있으므로 그만큼 경쟁력이 높아질 수밖에 없다. 대형슈퍼뿐만 아니라 소비자의 변화를 산지에 전달할 수 있는 다양한 산지-소비자 직거래방식으로 유통채널이 변화되고 있다.

대형슈퍼는 소비자의 요구를 정확히 반영한 상품을 공급해 주기를 요구할 뿐만 아니라 품질이 항상 균일하고 필요한 만큼 상시 공급해 주기를 원할 것이다. 소비자조합과 같은 직거래선처의 요구도 크게 다르지 않을 것이다.

이상과 같은 소비자와 소매상의 요구를 만족시킬 수 있도록 산지 공급체제가 혁신을 이룬다면 수입농산물과의 경쟁을 극복하고 부가가치규모를 꾸준히 증내시킬 수 있을 것이다.

더욱이 인구가 13억이나 되는 중국의 경제발전에 따라 동북아시아 지역의 농산물 수요구조가 급변하였으며, 이것은 한국 농업에 새로운 시장을 형성하게 될 여지가 매우 크다. 이미 중국의 고급농산물 시장에 대한 선점경쟁이 치열해지고 있으며, 미국, 일본, 뉴질랜드산 고급과일이 중국 시장에 진출하여 시장을 넓혀 가고 있다.[3]

소비자의 요구에 맞는 상품을 생산하려면 상품화 과정에 변혁이 일어나야 한다. 과거에는 생산자가 생각하는 우수농산물을 우선 생산하고, 이것은 상품화한 후 판매경쟁을 하는 방식이었다. 이에 따라 상품화 노력이 생산자 중심적인 고품질화·규격화·선별·포장에 집중되어 비용은 상승하였으나, 소비자만족도가 그만큼 상승하지 못하고 판매처를 찾지 못하는 경우가 많았다. 그러나 앞으로는 먼저 소비자가치를 파악하고 이를 만족시킬 수 있는 상품화 계획을 수립한 후, 그에 따라 생산함으로써 모든 상품화 과정이 소비자로부터 출발하여야 한다. 따라서 소비자가치 파악을 위한 조사·연구가 매우 중요하게 될 것이다.

끝으로 신시장·신상품을 창출하려면 조직화가 필수적인 요건이 된다는 점을 지적하고자 한다. 앞에서 지적하였듯이 산지는 소비자에 대한 조사·연구로 소비자의 요구를 신속·정확히 파악할 수 있어야 한다. 또한 규모화로 대형소매상이나 소비자조합에 적시에 적량을 안정적으로 공급할 수 있어야 하며, 상품의 품질을 항상 균일하게 유지할 수 있는 품질관리시스템을 확립하고 있어야 한다. 그러나 아무리

[3] 권오복(2004).

대농이라도 이러한 요건을 개별 농가가 충족하기란 거의 불가능하므로 조직화가 필수적 요소가 된다. 이러한 조직화는 지역농협 중심이 될 수도 있고, 여러 지역농협이 출자한 독립법인이 중심이 될 수도 있으며, 소비지 유통기업 또는 산지의 유능한 농가가 중심이 될 수도 있다. 어느 경우에나 조직에는 유능한 경영인(CEO)이 가장 중요하고 앞으로 농업부문에서도 능력 있는 경영인에 대한 수요가 크게 증가할 것이다(이 문제는 제10장에서 다시 검토한다).

4 농촌공간에 대한 수요폭발

국민의 생활양식과 가치관이 빠르게 변함에 따라 쾌적한 여가, 휴양, 관광에 대한 수요가 폭발하고 있다. 소득수준이 일상생활의 편리함을 충족할 수 있는 수준을 넘으면 가장 중요한 것의 하나는 시간을 즐겁고 보람 있게 보내는 것이고, 대부분의 예술과 문화는 그런 요구를 충족시키기 위한 것이라고 할 수 있다. 그런 의미에서 앞으로 시간을 파는 산업은 어떤 첨단산업 못지않은 성장산업이 될 것이다. 최근에 나타난 해외관광의 급증은 이러한 수요폭발을 반영하는 것이며, 1970~1980년대 일본에서도 똑같은 현상이 나타났었다.

만약 농촌공간이 아름답고 안전하며, 그 지역의 문화나 농업과 연계되어 즐거움과 건강이 있는 공간이 된다면, 농촌지역에 여가수요가 크게 늘어 농촌은 새로운 부가가치 공간이 될 것이다(이 주제는 제9장에서 논의한다). 예컨대, 유럽의 관광수요 중 20%는 농촌관광이 차지하는 것으로 알려져 있으며, 우리 나라 농촌관광산업은 연 10% 이상 성장하는 성장산업이 될 수 있다.

그러나 농촌공간이 부가가치 창출공간이 되기 위해서는 도시민이 농촌공간에서 무엇을 진정으로 기대하고 있으며, 무엇을 필요로 하는지에 대한 통찰이 전제되어야 한다. 즉, 농산물의 상품화가 소비자에 대한 깊은 이해에서 출발하여야 하듯이, 농촌공간의 부가가치화도 소비자인 도시민의 마음을 읽어야 한다. 다시 말하면, 농촌관광이란 농촌공간을 생산공간 이상의 문화공간화하고, 농산물을 먹거리 이상의 문화상품화하고, 농촌체류를 새로운 체험문화화하는 것이어야 한다. 그렇게 되면 농촌에 체류하면서 체험하고, 소비하고, 휴식하는 것이 새로운 시민문화의 장르로 정착되어 농업과 농촌공간이 도시의 문화산업·레저산업·해외관광산업과 경쟁하는 산업이 될 수 있을 것이다.

5 새로운 비전

이상과 같은 변화가 성공적으로 이루어지면 농업인-정부-납세자 간에 새로운 관계가 형성될 것이다. FTA 또는 DDA 이행과정에 농산물가격이 하락하면 정부가 그 하락분을 보전하게 되므로 농업인의 소득과 경영은 위험에서 벗어나 안정될 것이다. 만약 정부가 협상을 통해 예외조치와 충분한 유예기간을 확보하게 된다면 정부의 재정부담이 감소하지만, 협상에 실패하면 그만큼 정부의 부담도 늘어나게 된다. 즉, 협상결과의 책임이 대부분 정부에 귀속되므로 농업인은 협상을 정부에 일임하고, 정부는 시장개방의 폭을 되도록 줄이도록 노력하게 되어 농업인과 정부의 대립구도가 해소될 것이다.

또한 재정부담이 늘어나면 곧 납세자의 부담으로 귀착되므로, 협상에 대해서 모든 납세자와 정치권이 관심을 갖게 될 것이다. 그리고 농업인은 가치혁신을 달성할 수 있도록 기업화, 조직화, 법인화 등을 통해 새로운 경영체를 형성하고 신경영체의 CEO를 중심으로 새로운 부가가치 창출기회를 찾아 나가며, 농민단체는 정부의 역할과 기능이 농업인의 필요와 요구를 반영하여 수행되도록 정책대안을 주도적으로 제시하고 정부와 협의하게 될 것이다.

정부는 이제까지 중점을 두어 온 생산과 연계된 다양한 경쟁력 제고정책과 구조개선정책을 정비하여, 경쟁력 향상과 구조조정은 경쟁력 있는 상품과 경영체가 시장에서 선택되는 과정을 통해 이루어지도록 한다. 그리고 생산 또는 영농을 조건으로 지급하는 모든 직접지불은 생산과 연계되지 않도록 개편하여 직접지불이 생산 또는 영농에 관한 농업인의 선택에 영향을 미치지 않게 해야 한다. 즉, 영농포기를 유도하기 위해 경영이양직불제를 운용하는 한편에서 자작을 해야만 논농업직불금을 지급하고, 쌀생산을 억제하기 위해 생산조정보조금을 지급하면서 벼를 재배해야만 쌀소득보전직불금을 지급하는 모순이 사라지도록 해야 한다. 따라서 정책의 패러다임을 '지원대상의 선택과 집중'에서 '정책의 선택과 집중'으로 전환해야 한다.

또한 정부는 농업인의 소득안정과 더불어 "국내산 농산물은 절대로 안전하다"는 것을 보장하는 농산물의 안전보장시스템과 농촌지역의 환경·경관 보전시스템을 확실하게 구축하고 엄격하게 관리·운용하는 일에 모든 역량을 집중해야 한다. 이것을 위하여 정부는 안전성 기준과 검사시스템, 역추적시스템을 확립하고 농업인은 조직화, 품질관리시스템과 인증, 리콜제도를 스스로 확립해야 한다. 안전성 이상의 고품질, 고가품, 명품은 정부가 보증하거나 지원할 필요가 없다. 왜냐하면, 고품질은 생산자와 소비자 사이에서 결정되고 관리될 일이기 때문이다. 이렇게 되면 농업은 단순히 농산물을 생산하는 데 머물지 않고 '건강을 파는 산업'이 되어 의약품·의료산업과 경쟁하는 산업이 될 수도 있을 것이다.

또한 정부는 환경보전을 위한 엄격한 규제와 보상시스템, 공간계획시스템을 확립하고, 지역주민은 자원순환형 농업과 지역 내 농업생산수준과 토지이용에 대한 자율관리시스템을 스스로 만들어 가야 한다. 이러한 것들을 통하여 “농산물은 수입할 수 있어도 농촌환경은 수입할 수 없다”는 인식이 정부, 농업인 모두에게 확산되어야 한다.

농업인들은 조직화를 통해 스스로 농산물의 상품화와 농촌공간의 부가가치화를 실현해야 한다는 데 공감하고, 사업의 성패는 농산물과 농촌공간에 대한 소비자의 마음을 통찰하는 데 있다는 인식을 같이 해야 한다. 그리고 안전한 식품과 아름답고 깨끗한 농촌공간의 보전이 농업·농촌의 존재이유임을 인식해야지만 농업·농촌의 새로운 가치에 대한 국민적 공감대가 형성되고 농촌관광이 새로운 시민문화로 정착될 수 있을 것이다.

앞으로 도시민과 소비자는 아름답고 깨끗하게 보전된 농촌, 안전이 보장된 기호에 맞는 농산물을 통해 삶의 질이 높아지고 농업·농촌을 위한 부담을 기꺼이 수용하게 될 것이다.

참고문헌

권오복 외, 『중국의 경제성장과 한국 농업·농촌의 새로운 기회』, 한국농촌경제연구원, 2004.

김영생, 『성공적인 농업 CEO의 경영전략』, 한국농촌경제연구원, 2005.

박시현 외, 『우리나라 농촌관광 발전 방향 및 방안』, 한국농촌경제연구원, 2003.

이정환·김병욱, 「농업구조정책의 꿈과 현실」, 『시선집중』 제24호, GS&J Institute, 2006.

이정환 외, 『쌀산업을 지배하는 원리』, GS&J Institute, 2006.

제 2 부

미국과 유럽연합이 간 길에서 배운다

김 한 호

3

미국의 농가소득지지: 가격보장에서 소득보전까지

1. 농가소득지지제도의 태동과 발전
2. 품목별 농가소득지지제도
3. 농가소득지지제도의 결과
4. 미국이 걸어온 길

1 농가소득지지제도의 태동과 발전

미국은 국가건설 초기 영농희망자에게 신개척 농지를 분배하는 방법을 둘러싸고, 되도록 많은 사람들에게 대규모 농지를 비싼 가격으로 분배하여야 한다는 주장과 소규모 농지를 싼 가격으로 분배하여야 한다는 주장이 맞서 논쟁이 전개되었다. 결국 1862년 자작농장법(Homestead Act)을 통해 저가 소규모 분배방식을 택하였고, 이것이 오늘날 미국의 대표적 영농형태인 가족농 형성의 토대가 되었다. 이후 미국의 농업정책은 가족농체제를 유지하는 데 궁극적인 목표를 두고 진개되어 왔으나, 정책수단은 시대적 상황을 반영하여 끊임없이 변하여 왔다.

1.1. 가격지지제도의 발전

(1) 융자제도에 의한 가격지지

미국의 농가소득지지제도는 1933년 농업조정법(Agricultural Adjustment Act) 제정을 통해 나타났다. 이 법률은 제1차 세계대전 이후 전반적인 경기침체와 연이은 대공황으로 농산물가격이 폭락하자 이에 대응한 응급임시조치였다고 할 수 있다. 그러나 이 제도는 그 후 70여 년간 반복된 농업법 제정으로 제도화됨으로써 미국 농정의 핵심으로 자리잡게 된다.

1933년 농업조정법에서는 융자단가(loan rate)라는 형태로 주요 농산물에 대한 최저가격제도가 도입되었다. 정부가 수요 농산물별로 기준연도의 구매력을 유지할 수 있는 패리티가격(parity price)을 융자단가로 설정하면, 농가는 수확기에 생산할 농산물을 담보로 이 융자단가에 의해 융자금을 수령한다. 시장가격이 융자단가 이하로 떨어지면 담보물로 융자금 상환을 대체할 수 있도록 하였으므로 결국 정부가 융자가격으로 수매하는 것과 같다. 이 제도에 의해 시장출하량이 자동적으로 조정되어 시장가격이 융자단가수준으로 근접하게 되므로 융자단가가 사실상 시장지지가격이 된다.

(2) 생산조정: 강제조정에서 자율조정으로 발전

그러나 농산물수요는 감소되고 생화학적 기술진보 등에 의해 지속적으로 공급이 늘어나는 상황에 있었으므로 최저가격 보장을 위해서는 국내수요와 해외수요를 합한 총수요를 초과하는 부분을 통제하는 것이 무엇보다 중요하였다. 따라서 융자단가 형태의 최저가격과 함께 공급통제가 실시되었다.

우선 1933년 농업조정법에서는 재배면적과 유통물량에 대한 직접규제를 시도하였다. 즉, 생산자와는 가격지지를 조건으로 재배면적 감축협약을 맺고, 유통업자와는 유통협약을 체결하여 생산과 유통물량을 동시에 통제하였다. 1938년 농업법에서는 경작지 및 유통할당제도가 도입된다. 국내외 수요를 충족할 만큼의 경작면적이 결정되고, 개인에게는 과거 실적에 따라 경작면적이 할당되었다. 그래도 공급초과가 예상되면 해당 품목의 전국 유통할당량을 공포하고, 개별 생산자에게는 과거의 실적에 따라 유통가능량이 할당되었다. 그러나 경작지 및 유통량 통제정책은 생산성 증가 등에 의한 단수증가 때문에 과잉공급문제를 해결할 수 없었다. 그래서 1956년에는 연간유보제도(annual acreage reserve)와 장기보존유보제도(long-term conservation reserve)로 구성되는 농지은행제도를 도입하여 생산자는 경작지를 보존용으로 전환하는 대신 보상금을 지급받았다. 그러나 이 제도 역시 단수증가에 따라 생산조정효과를 제대로 얻지 못하였고 고비용이 수반되어 1958년에 종식되었다.

그 때까지의 공급통제정책은 품목별 재배면적 통제를 목표로 하였으므로 농민들의 식부자율성이 극히 제한되었다. 그러나 1960년대에 들어와서 농민들의 식부자율성을 강조하는 방향으로 공급통제정책이 변형된다. 생산자의 식부결정권을 존중하여 1961년 농업법은 옥수수와 수수에 대해서 자율적 경작지전환제도를 도입하는데, 이는 휴경용도로 경작지를 전환하는 생산자에게 지불금을 지급하고, 나머지 경작지에 대해서는 식부품목 결정에 자율성이 인정되었다. 1965년 농업법에서는 유통할당제도를 완전히 폐지하고, 자율적 경작지전환제도 적용품목을 쌀과 면화로 확대하였다. 그러다가 1970년 농업법에서는 경지보류(set-aside)제도가 도입되었다. 즉, 작물별로 면적통제를 하지 않고, 농가별로 전체 경작지의 일정 비율을 농산물 생산에서 완전히 격리하였다. 규정된 비율만큼 경작을 보류할 경우, 생산자는 나머지 경작지에 무엇을 경작하는가에 대해서는 완전히 자율성을 보장받게 되었다. 그러나 이 제도 역시 나머지 식부지의 단수가 증가하여 휴경의 생산억제효과를 상쇄하였으므로, 과잉생산문제가 해결되지 않자 가격정책과 소득정책을 분리하게 된다.

1.2. 목표가격제도의 등장

(1) 부족분지불제도의 도입

앞에서 보았듯이 1970년대에 이르기까지 미국은 농산물공급을 통제하면서 최저가격을 보장해 줌으로써 농가소득을 지지해 주는 기조를 유지하였다. 그러나 정부의 지속적인 노력에도 불구하고 공급통제는 성공적이지 못하였고 정부부담은 가중되어 갔다. 이에 1973년 농업법에서는 가격정책과 소득정책을 분리하게 된다. 즉, 주요 농산물에 대해 목표가격(target prices)을 설정하고, 시장가격이 목표가격보다 떨어지면 부족액을 농가에 직접지급하는 부족분지불제도(deficiency payments)를 도입하여 농가소득을 보장해 주었다. 이 때 목표가격은 작물별 생산비수준을 반영하여 결정하였다. 한편, 융자가격 결정의 원칙이었던 패리티가격제도는 폐지되고 수급상황에 따라 신축적으로 조정토록 함으로써 시장지향성을 높였다.

부족분지불금=(목표가격－시장가격과 융자가격 중 높은 것)
×기준연도 단수×당년 식부면적

이 제도는 생산자가 생산비를 기준으로 수취가격을 보장받지만 시장가격은 수급에 따라 결정되므로 구매력을 기준으로 최저가격을 보장받던 제도에 비해서 훨씬 시장지향적인 조치였다. 그러나 목표가격과 융자단가가 의회에서 정치적으로 결정되어 계속 인상되었고, 당년 식부면적을 기준으로 부족분 지불규모가 결정되었으므로 과잉생산과 정부의 재고증가문제는 지속되었다.

(2) 재고감축을 위한 노력

과잉생산과 재고증가에 따른 정부부담의 가중은 농업정책에 대한 사회적 비판을 불러일으키고, 이는 자연히 시장지향성을 높여 정부부담을 경감하려는 조치로 연결되었다. 우선 1977년 농업법에서 농가보유제도(Farmer-Owned Reserve Program)를 도입하여 농가가 정부를 대신하여 재고를 보유하는 제도를 도입하였고, 1985년 농업법에서는 이른바 유통융자제도(marketing loan)를 도입하여 시장가격이 융자단가 이하로 하락할 때 농가가 담보물로 융자금 상환을 대체하는 대신 시장가격을 기준으로 한 상환단가를 적용하여 융자금보다 적은 금액을 현금상환함으로써 융자금이 청산된 것으로 하였다. 담보물은 농가가 시장에서 판매할 수 있도록 하였으므로 농민은 융자단가와 상환단가 차액만큼의 유통융자수익(marketing loan gains)을 얻게 된다. 또한 농가가 비록 융자금을 받지 않았더라도 시장에 농산물을 판매할 경우 정부는 융자단가와 시장가격의 차액을 농가에 보조하는 융자차액지불제도(loan deficiency payment)도 도입하였다. 이러한 조치는 정부재고 부담을 경감시키는 데 크게 기여한다.

그 밖에 1985년 농업법에서는 목표가격을 생산비와 관계없이 5년간 18% 인하하고, 융자단가는 과거 5개년 시장가격의 이동평균으로 하여 정치적 영향력을 배제하려 하였다. 아울러 그 해의 식부면적과 관계없이 기준연도 면적을 부족액 지불대상 면직으로 하여 부족분 지불제도가 식부면적 결정에 미치는 영향을 최소화하였다.

1.3. 시장지향성을 둘러싼 갈등과 농가소득지지

1996년 농업법은 WTO체제 등장과 UR 협정문 이행 등이 고려된 가장 시장지향적 농업법이다. 목표가격제도, 부족액지불제도, 경지유보제도, 비축제도 등은 폐지하고 과거 생산실적에 기초한 고정직접지불제도를 도입하였다. 이제 주요 소득정책으로는 종전의 융자제도와 새로 도입된 고정직접지불제도만이 남게 되었다.

고정직접지불제도는 경지유보제도를 폐지하는 대신 기준연도 면적의 85%에 대해 매년 정해진 금액을 지불하는 제도이다. 즉, 생산자가 생산자율계약(production flexibility contract: PFC)에 의해 품목별 직접지불금 단가, 대상면적과 단수 등을 기준연도 실적에 따라 미리 정하고, 그 후의 실제 생산품목이나 면적과 관계없이 고정지불금인 '생산자율계약직접지불금(PFC Payment)'을 받았다. 이는 직접지불금 단가, 대상면적과 단수 등을 기준연도 수준으로 고정하여 증산유인이 되지 않도록 하였던 것이다.

그러나 1990년대 말부터 농산물가격이 큰 폭으로 하락하여 융자제도와 직접지불만으로 농가소득수준을 유지하는 것이 어려워지자 긴급시장손실보전(market loss payment)이란 이름으로 1999~2001년 사이에 330억 달러를 농가에 긴급지원하였다. 1990년대 말의 농산물가격 하락으로 1996년 농업법의 이상이 사실상 포기된 상태에서 2002년 농업법 제정을 맞게 되었다.

2002년의 농업법에서는 다시 목표가격제도를 부활시켜 시장가격과 목표가격의 차액을 보전하는 가격보전직접지불제도(counter-cyclical payment: CCP)를 도입하였다. 따라서 현재 미국 농가는 유통융자제도에 의해 융자단가수준의 수취가격을 보장받고, 그 위에 생산자율계약직접지불을 승계한 고정직접지불제도에 의해 고정직불금을 받는다. 만약 농가수취가격과 고정직접지불 단가를 합한 금액이 2002년 농업법에서 설정된 목표가격보다 낮으면 그 차액은 가격보전직접지불제도에 의해 보장받을 수 있게 되었다.

이 중에서 가격보전직접지불제도가 문제가 되고 있다. 이 직불금이 당년 생산과 관계없이 기준연도 면적과 단수를 기준으로 지급되도록 하여 생산과의 연계관계를 차단하였다고는 하지만 당년 가격수준에 연동되어 지급액이 결정되기 때문이다. 따라서 2002년 농업법이 시장지향성을 포기하고 회귀적 가격지지제도를 도입함으로 개혁을 후퇴시켰다는 국내외 비판을 받고 있다.

1.4. 직접지불제도의 규모

미국은 농업부문 소득에서 정부의 직접지불이 차지하는 비중이 매우 크다. [표 3-1]에서 보는 바와 같이 연도에 따라 다소의 변동은 있으나 최근 5개년 평균을 보면 농가가 벌어들이는 순소득의 약 28%를 정부로부터 받는 직접지불이 차지한다.

한편, 정부직접지불금은 유통융자직불 등 품목지불정책과 환경보전지불정책으로 크게 구성되어 있다. 그리고 이 밖에 미국의 농업소득지원정책 가운데 중요한 위치를 차지하고 있는 것이 특별긴급지불(ad hoc and emergency program payments)제도이다. [표 3-2]에서 최근 5개년간의 평균지원금액을 보면 품목지불이 1조 2,487억 4,000만 달러로 전체의 73.9%, 환경보전직불이 2,424억 달러로 14.4%를 차지하고 긴급지원액이 나머지 11.7%를 차지하고 있다.

표 3-1 미국 농업부문 소득구성

(단위: 10억 달러)

항 목	2002	2003	2004	2005F	2006F	1996~2005 평균
현금소득계정:						
1. 현금수입	195.0	216.6	241.2	239.0	231.7	207.5
경종	101.0	111.0	117.8	114.1	109.4	104.2
축산	94.0	105.6	123.5	124.9	122.3	103.4
2. 정부직접지불	11.2	17.2	13.3	23.0	18.5	15.7
3. 농가관련 소득	14.8	15.7	17.2	17.5	18.0	14.6
4. 총현금소득(1+2+3)	221.0	249.5	271.7	279.5	268.2	237.8
5. 현금지출	171.6	177.9	186.2	196.7	203.5	173.4
6. 순현금소득(4−5)	49.5	71.6	85.5	82.8	64.8	64.4
정부직접지불 비율(2/6)	0.227	0.240	0.156	0.278	0.286	0.244
농가소득계정:						
7. 총현금소득(1+2+3)	221.0	249.5	271.7	279.5	268.2	237.8
8. 비화폐소득	12.3	12.8	13.6	14.5	15.5	11.8
9. 재고조정	−3.4	−2.5	7.0	−0.3	1.7	1.1
10. 통합소득(7+8+9)	229.9	259.8	292.3	293.6	285.4	250.8
11. 총지출	193.4	200.3	209.8	221.1	229.2	195.1
12. 순농가소득(10−11)	36.6	59.5	82.5	72.6	56.2	55.7
정부직접지불 비율(2/12)	0.307	0.289	0.161	0.317	0.329	0.282

자료: Economic Research Service, U.S. Department of Agriculture.

표 3-2 정부직접지불금의 정책수단별 분류

(단위: 백만 달러)

항 목	2002	2003	2004	2005	2006*	평균
생산탄력계약지불액(Production flexibility contract payments)[2]	3,499.8	−280.0	−3.9	−0.9	0.0	643
고정직접지불액 (Fixed direct payments)[3]	367.1	6,703.6	5,242.4	5,198.6	5,250.0	4,552.3
경기대응적 가격보전직접지불액 (Counter-cyclical payments)[4]	203.4	2,300.7	1,122.0	4,074.0	4,185.0	2,377.0
융자부족분지불액 (Loan deficiency payments)	1,196.7	576.3	2,859.9	5,041.0	1,782.0	2,291.2
유통융자수익 (Marketing loan gains)	459.7	198.1	130.4	365.6	278.0	286.4
상품증서교환이득 (Certificate exchange gains)	1,178.6	556.4	475.7	1,614.0	809.0	926.7
땅콩쿼터구매지불액 (Peanut quota buyout payments)	983.0	237.6	24.7	22.3	20.0	257.5
우유소득손실보상지불액(Milk income loss program payments)	859.6	913.0	206.0	9.7	600.0	517.7
담배전환지불액(Tobacco Transition Payment Program)	0.0	0.0	0.0	2,079.4	1,026.7	621.2
환경보전직접지불 (Conservation program payments)[5]	1,965.8	2,167.0	2,319.5	2,767.5	2,900.0	2,424
특별긴급지불액(Ad hoc and emergency program payments)	1,655.0	3,142.4	583.1	3,168.7	1,338.2	1,977.5
기타 지불액 (Miscellaneous program payments)	46.1	7.6	5.4	9.6	8.0	15.3
총직접지불액 (Total direct payments)[1]	12,414.9	16,522.8	12,965.3	24,349.5	18,196.9	16,889.8

주: * 추정치

1) 해당 연도에 농민에게 직접 지불된 자금만이 포함됨.
2) 2002년 농업법에 의하여 폐지됨.
3) 2005년의 고정직불금은 상품신용공사로부터 2004년에 지불된 2005년 작물에 대한 선지급액이 차감된 금액임. 2006년의 추정된 고정직불금은 상품신용공사로부터 2005년에 지불된 2006년 작물에 대한 선지급액이 차감된 금액임.
4) 2005년의 지불액은 2004년 작물에 대한 경기대응적 가격보전직접지불액에서 2004년에 지급된 2004년 작물에 대한 부분적인 지불액이 차감되어 있음.
5) 모든 종류의 환경보전직불금을 포함함.

자료: USDA/ERS.

1.5. 농산물 구매사업을 통한 농가소득지원

미국 의회가 추정한 2002년 농업법 시행기간 동안의 주요 정책별 예산지출 구성을 보면 지금까지 살펴본 품목정책이 연간 142억 달러로 전체 예산의 26% 정도를 차지한다. 반면에 전체 예산 가운데 약 71%에 해당되는 금액이 소비자 영양지원과 관련된 지출이다. 이것은 정부가 농산물을 구매하여 특정 소비자들에게 공급해 주는 사업으로 농산물 생산에 대한 직접보조보다 소비자 지원을 통해 소비를 확대하여 간접적으로 농업을 보호하는 효과를 지니고 있다. 이 제도는 소비자와 비농촌성향의 정치인들로부터 농업법에 대한 지원을 유도하는 효과도 지닌다.

한편, 2002년 농업법에서는 품목지원정책과는 별도로 매년 2억 달러 이상을 과일, 채소 등을 구매하는 데 지출하도록 하고 있는데,

그림 3-1 2002 농업법 지출구성 추정치(2002~2007, 평균 78억 달러)

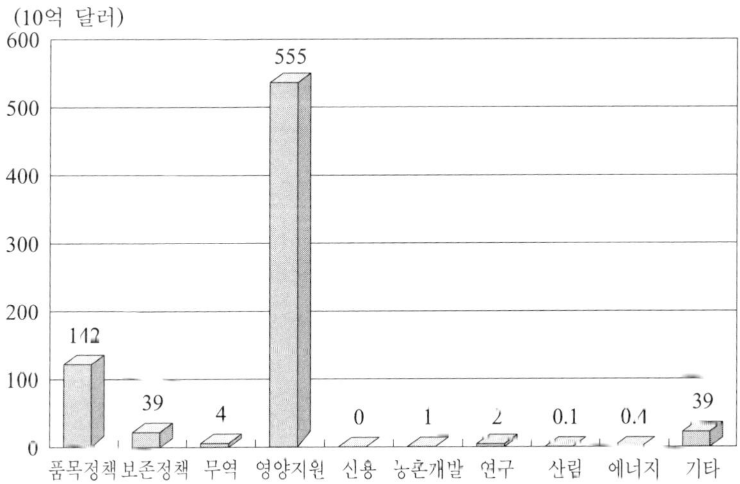

자료: 미국 의회 예산국 추정치.

이 제도는 1935년 농업법에서 유래된 제도이다. 이 제도에 따라 매년 미국 전체 관세수입의 30%를 농업부문을 지원하는 데 할당하도록 되어 있다. 이 때 지원형태는 매우 다양한데, 그 중에서 가장 대표적인 형태가 어린이 영양과 기타 국내식품 프로그램을 위한 식품구입이다. 이처럼 미국 정부는 미국 농산물에 대한 가장 큰 단일구매자가 되어 간접적으로 농가소득을 지지해 주고 있다.

2 품목별 농가소득지지제도

현재 미국의 품목별 농가소득지지제도는 직접지불을 통한 목표가격지지제도라고 요약할 수 있다. 앞에서도 보았듯이, 이 제도는 1973년부터 도입되어 오랫동안 시행되어 오다가 1996년 농업법에서 폐지되었다. 그러나 1990년대 후반 주요 농산물의 가격하락으로 농가경제가 어려움에 처하자 2002 농업법에서 이름만 달리한 채 사실상 부활하여 현재 시행중에 있다. 앞에서 이미 언급한 대로 현재 미국 농가는 주요 농산물에 대해 고정직접지불제도, 가격보전직접지불제도, 유통융자지원제도에 의한 유통융자수익 또는 융자차액지불제도에 의해 정부가 미리 정해 놓은 목표가격을 최소한 보장받는다. 이들 세 가지 지불제도가 어떻게 작용하여 생산자로 하여금 목표가격을 최소한 보장받게 해 주는지 다시 한번 정리해 보기로 하자.

2.1. 고정직접지불제도 (Fixed Direct Payment)

농민들은 단위생산량에 대해 매년 일정 금액을 직접지불금으로 받는다. 지불금액은 2002년 농업법에 규정된 직접지불단가(direct pay-

표 3-3 품목별 농가소득지원 기준단가

품 목		단 위	융자단가		고정직접 지불단가	목표가격	
			2002~2003	2004~2007	2002~2007	2002~2003	2004~2007
밀		부쉘	2.80	2.75	0.52	3.86	3.92
옥수수		부쉘	1.98	1.95	0.28	2.60	2.63
수수		부쉘	1.98	1.95	0.35	2.54	2.57
보리		부쉘	1.88	1.85	0.24	2.21	2.24
귀리		부쉘	1.35	1.33	0.24	1.40	1.44
면화	밭면화	파운드	0.52	0.52	0.07	0.72	0.72
	ELS면화	파운드	0.7977	0.7977	n.a	n.a	n.a
쌀		100파운드	6.50	6.50	2.35	10.50	10.50
대두		부쉘	5.00	5.00	0.44	5.80	5.80
기타 유지류		파운드	0.10	0.09	0.01	0.10	0.10
땅콩		톤	355.00	355.00	36.00	495.00	495.00
양모	등급화 양모	파운드	1.00	1.00	n.a	n.a	n.a
	비등급화 양모	파운드	0.40	0.40	n.a	n.a	n.a
앙골라염소털		파운드	4.20	4.20	n.a	n.a	n.a
꿀		파운드	0.60	0.60	n.a	n.a	n.a
병아리콩		100파운드	7.56	7.43	n.a	n.a	n.a
렌즈콩		100파운드	11.94	11.72	n.a	n.a	n.a
건완두		100파운드	6.33	6.22	n.a	n.a	n.a

ment rate), 기준연도 면적의 85%, 그리고 기준연도 단수의 곱으로 정해진다. 직접지불단가는 [표 3-3]과 같다.

이 제도는 앞에서도 보았듯이 1996년 농업법에서 생산자율계약에 의해 지불되던 고정지불금인 '생산자율계약직접지불금(PFC)'을 승계한 것이다. 품목별 직접지불금 단가, 대상면적과 단수 등은 기준연도 수준으로 고정되어 실제 생산품목이나 면적과 관계없이 지불금을 받는다. 따라서 농민들은 작목선택이 자유로운 식부자율성(planting flexibility)이 보장되는데, 다만 과일, 채소, 야생벼를 재배하는 것은 일반적으로 금지되었다. 이러한 과일, 채소, 야생벼 재배를 제한하는 식부자율성의 예외사항은 브라질과의 면화분쟁과정에서 생산연계효과를 지닌다는 이유로 WTO로부터 규정위배라는 판정을 받았다.

2.2. 유통융자제도

주요 농산물 생산자는 유통융자제도(Marketing Loan Program)하에서 특정 품목을 담보로 융자를 받을 수 있다. 수확기에 해당 품목의 시장가격이 〔표 3-3〕의 융자단가보다 낮으면 생산자는 시장가격을 상환단가(loan repayment rates)로 하여 융자금을 상환할 수 있다. 융자단가보다 낮은 상환단가를 적용하므로 그 차액은 생산자 입장에서는 정책에 따른 혜택이 되며, 이것을 유통융자수익(marketing loan gain)이라 한다. 또한 생산자는 융자금을 받지 않더라도 수확기에 해당 품목의 시장가격이 융자단가보다 낮을 때 유통융자수익에 해당되는 금액을 직접지불로도 받을 수 있는데 이를 융자차액직접지불(loan deficiency payments: LDPs)이라고 한다. 따라서 생산물단위당 유통융자수익과 융자부족분직접지불 금액은 동일하게 된다.

2.3. 가격보전직접지불

마지막으로 목표가격을 최소가격수준으로 지지하는 제도가 바로 2002 농업법에서 도입된 가격보전직접지불(counter-cyclical payment)이다. 대상품목의 시장가격에 고정직불금 단가를 가산한 금액이 2002년 농업법에 규정된 목표가격(〔표 3-3〕 참고)보다 낮을 때 시행되는 제도이다.

이 때 앞에서 본 고정직접지불제도에서와 같이 과거 기준기간의 식부면적과 단수를 곱하여 가격보전직접지불금액을 결정하게 된다. 가격보전직접지불은 가격 및 수량변수 모두가 과거 실적에 근거하는 고정직접지불과는 달리 현재가격에 연계되어 있다. 따라서 고정직접지불제도와는 달리 WTO에서 감축대상 정책으로 분류되고 있으나 현재 진행되고 있는 DDA협상에서 이 제도를 새로운 블루박스로 하여 농업생산액의 일정 비율범위 내에서 허용하는 안이 논의되고 있다.

2.4. 품목지불정책의 대상품목과 비대상품목

〔표 3-4〕에 나타난 바와 같이 2002년 농업법의 직접 지원대상 품목은 25개 품목인데, 이들이 농산물 총판매액에서 차지하는 비중을 보면 약 1/3이 된다. 이 가운데 고정직접지불, 유통융자지원, 가격보

표 3-4 정책대상 품목

분류		품목	참고
기본품목	식량작물	밀, 쌀	특별품목 가운데 땅콩이 기본품목으로 편입중에 있다
	사료작물	옥수수, 수수, 보리, 귀리	
	유지류	대두	
	기타 유지류	해바라기씨, 유채, 카놀라, 잇꽃(safflower), 아마인(flaxseed), 겨자씨(mustard seed), 크램비(crambe), 참깨	
	기타	밭면화(upland cotton)	
융사품목		양모, 앙골라염소털(mohair), 꿀, 병아리콩(small chickpeas), 렌즈콩(lentils), 건완두(dry peas)	기본품목은 자동적으로 융자품목이 된다
특별품목		땅콩, 낙농, 설탕	땅콩은 기본품목으로 편입중에 있다

전직접지불을 동시에 받을 수 있는 기본품목은 16개이다. 그리고 종전에 생산할당품목으로 지정되어 있던 땅콩에 대해 현재 할당권 구매를 통해서 기본품목으로 편입하고 있는 중이다.

한편, 육류, 가금류, 과일, 채소, 견과(nut), 건초(hay), 묘목류(nursery products) 등 미국 전체 농업생산액에서 약 2/3를 차지하는 품목은 농업법의 직접지원대상에서 제외된다. 이들 제외품목의 일부에 대해서는 다른 형태로 지원을 해 주는데, 대표적인 예를 보면 2000년도 사과재배 농가의 시장손실에 대한 9,400만 달러 지원, Section 32 프로그램에 의한 매년 2억 달러 이상의 과일, 채소구매사업 등이 있다.

2.5. 쌀생산 농가에 대한 소득지지 사례[1]

이제 구체적 예를 통해 미국의 농가소득지지제도의 운용원리를 보도록 하자.

가상적인 쌀생산 농가

- 정부가 설정한 기준
  - · 목표가격 $232/톤
  - · 융자단가 $143/톤
  - · 고정직불 $52/톤
- 사례농가의 생산실적
  - · 기준연도 단수 6.63톤/ha
  - · 기준연도 면적 10ha
  - · 당년 단수 7.77톤/ha
  - · 당년 경작면적 10ha

[1] 임송수(2006)에서 인용.

· 총수확량 10ha×7.77톤/ha=77.7톤

▪ 이 농가의 융자액

· 77.7톤 $143/톤=$11,111

(1) 시장가격 변화에 따른 지불단가 변화

융자차액지불단가는 〔그림 3-2〕에서 보는 바와 같이 시장가격과 융자단가($143/톤)의 차이이므로 시장가격이 융자단가보다 낮을수록 비례적으로 높아진다. 고정직불단가($52/톤)는 시장가격과 관계없이 일정하다. 가격보전직불단가는 시장가격이 목표가격($232/톤)에서 고정직불단가($52/톤)를 차감한 톤당 180달러보다 낮아질수록 높아져($180/톤-시장가격) 융자단가($143/톤) 이하가 되면 톤당 37달러로 일정하게 된다.

그림 3-2 시장가격 변화에 따른 쌀농업 지불단가 변화

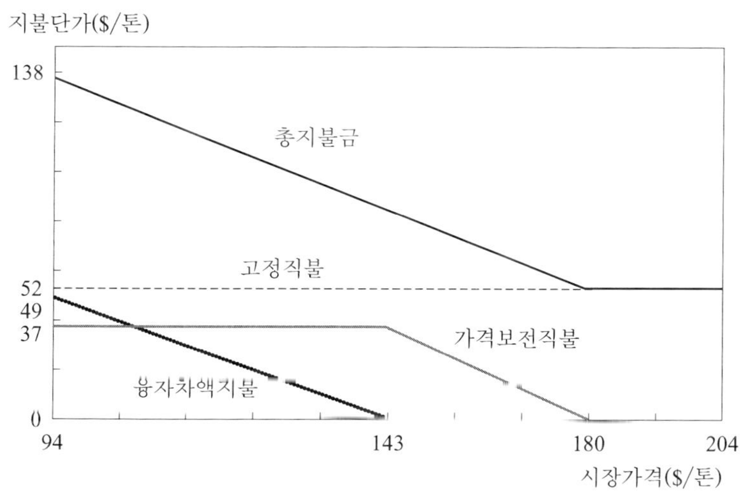

(2) 시장가격이 융자단가보다 낮은 경우 농가수취액 구성

시장가격이 톤당 120달러라고 가정, 먼저 시장가격수준과 관계없이 융자단가에 판매한 것과 같은 수입이 보장된다.

융자차액지불단가: $143－$120＝$23

융자차액지불금: $23×7.77톤/ha×10ha≒$1,787

시장판매수입: $120×77.7톤＝$9,324

다음으로 시장가격과 관계없이 기준연도 단수와 면적에 따라 고정직접지불금이 지급된다.

고정직접지불금: $52/톤×10ha×6.63톤×0.85＝$2,930

마지막으로 융자단가에 고정직불금을 합한 금액과 목표가격의 차액에 대해 기준연도 면적과 단수를 기준으로 가격보전직접지불금이 지급된다.

가격보전지불단가: $232/톤－($143/톤＋$52/톤)＝$37/톤

가격보전직접지불금: $37/톤×6.63톤×10ha×0.85＝$2,085

이제 농가 총수취액은 판매수입, 융자차액지불금, 고정직불금, 가격보전직불금의 합계액이 된다.

농가 총수취액: $9,324＋$1,787＋$2,930＋$2,085＝$16,126

따라서 이 경우 농가 총수취액 중 정부지원금이 42% 수준에 이르게 된다.

(3) 시장가격이 융자단가보다 높은 경우 농가수취액 구성

시장가격이 톤당 160달러라고 가정, 이 경우 융자차액지불금은 없고 시장가격에 따라 판매수입이 결정된다.

시장판매수입: $160/톤×77.7톤=$12,432

다음으로 고정직접지불금은 앞의 경우와 동일한 금액이 지급된다.

고정직불금: $52/톤×10ha×6.63톤×0.85=$2,930

마지막으로 가격보전직접지불금은 시장가격에 고정직불금을 합한 금액과 목표가격의 차액을 기준으로 지급된다.

그림 3-3 시장가격별 쌀농업의 소득구조(2005년 기준, $/톤)

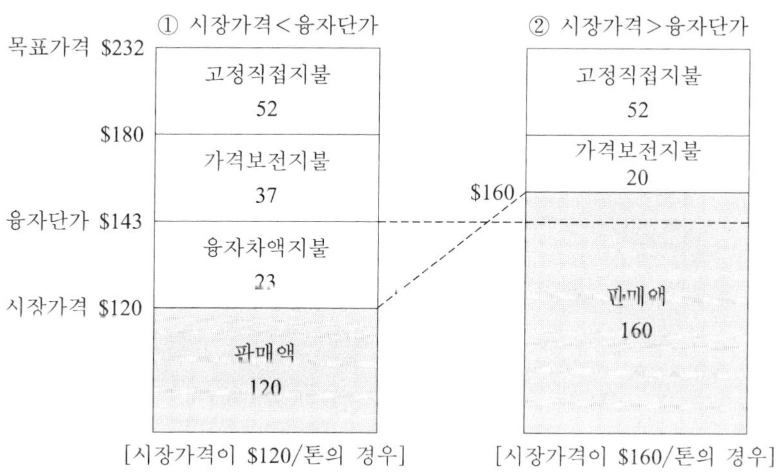

가격보전지불 단가: $232/톤－($160/톤＋$52/톤)＝$20/톤

가격보전직접지불금: $20/톤×10ha×6.63×0.85≒1,127

이제 농가 총수취액은 시장판매수입, 고정직불금, 가격보전직불금을 합한 금액이 된다.

농가수취 총액: $12,432＋$2,930＋$1,127＝$16,489

(4) 시장가격 변화에 따른 쌀농가 총수취액 변화

시장가격이 융자단가($143/톤) 이하이면 〔그림 3-4〕에서 나타난 대로 시장가격과 관계없이 이 농가의 총수취액은 $16,126가 된다. 그런데 시장가격이 융자단가(143$/톤)보다 높아지면 농가 총수취액은 소폭씩 증가하며, 톤당 180달러일 때 16,916달러까지 증가한다(1달러 상승할 때마다 21.3달러 증가). 그리고 시장가격이 톤당 180달러보다 높

그림 3-4 가격변동에 따른 쌀농가의 총수취액 변화(예시)

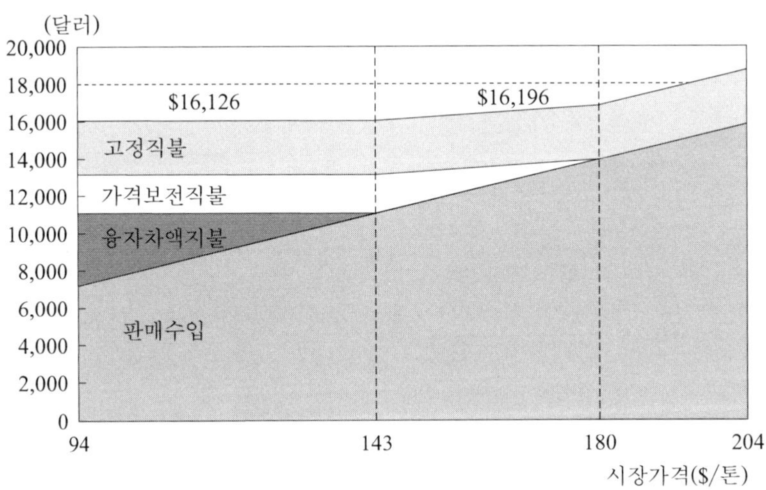

아지면 농가 총수취액은 판매수입 증가분만큼 늘어난다.

3 농가소득지지제도의 결과

앞에서도 언급하였듯이 1933년 농업조정법(Agricultural Adjustment Act) 제정으로 시작된 농가소득 지원정책은 대공황으로 인한 미국 농가소득의 침체에 대한 임시조치 성격이 강하였다. 그 이후 지난 70여 년간 미국의 농업은 내외부적으로 큰 변화를 경험하여 왔다. 그 결과 농가소득은 절대적 수준에서뿐만 아니라 상대적 수준에서도 크게 증가하여 현재 미국 농가는 비농가보다 가구당 연평균소득은 물론이고 가구당 평균순자산가치도 더 높다.

이러한 구조적 변화에도 불구하고 농업조정법 제정 이후 지금까지 여러 차례 농업법을 개정하여 왔지만 여전히 품목 중심의 가격과 소득지원정책은 그대로 유지되고 있다. 품목 중심의 소득지지정책이 공항기에 농업과 농가에 일정한 완충역할을 수행한 긍정적 측면이 있지만, 본래의 목적과는 다소 동떨어진 역할을 하고 있다는 비판이 일고 있다.

3.1. 농가경제 구조변화

(1) 농가소득 변화

경제발전에 따른 산업 간 구조조정을 경험한 대부분의 국가와 마찬가지로 미국 농업이 전체 생산과 고용에서 차지하는 비중은 급격히 감소하여 왔다. 현재 농가의 평균소득은 비농가 평균소득을 훨씬 상회하고 있는데, 그것은 농업생산성 향상에 따라 유휴노동력이 발생하

표 3-5 농가소득현황

연도	농가소득 (A)	농업소득 (B)	농외소득 (C)	일반 가계소득(D)	C/A	A/D
1960	4,054	1,913	2,141	6,227	0.53	0.65
1990	38,237	4,626	33,611	37,403	0.88	1.02
2000	62,223	2,872	59,351	57,135	0.95	1.09
2004	81,480	14,201	67,279	58,200	0.83	1.40
2005	81,420	14,637	66,782	56,194	0.81	1.45

자료: Agricultural Resource Management Survey(ARMS), USDA.

고 이들이 비농업부문에 취업한 결과 농외소득이 증가하였기 때문이다. 1960년에 농가소득 가운데 약 절반 정도의 비중을 차지하던 농외소득이 1990년대 말 이후에는 80% 이상을 차지하게 되었다.

1930년대 처음으로 농가소득 지원정책이 도입될 무렵 미국 농가 1인당 소득은 비농가 1인당 소득의 절반 정도였다. 이러한 농가와 비농가 간 소득불균형현상은 1970년대에 이르러 어느 정도 해소되었고, 1990년대 중반 이후 지금까지 농가 평균소득은 항상 비농가 평균소득보다 작게는 5% 크게는 45%나 많았다.

(2) 비농가보다 많은 농가 순자산가치

한편, 이용가능한 가장 최근의 자료를 가지고 농가와 비농가 간 순자산보유액을 비교해 보면 농가의 평균보유액이 비농가의 그것을 훨씬 상회하고 있다. 여기서 순자산액은 총자산가치에서 총부채를 차감한 것으로 가구당 부(wealth)의 수준을 의미한다.

부의 내용을 보면 농가는 영농관련 자산(business equity)에, 비농가는 거주용 주택(principal residence)에 치우쳐 있음을 알 수 있다. 영농관련 자산 가운데 농가의 부에 크게 영향을 미치는 것은 농지이다. 농지가격은 1980년대 초의 급격한 조정기를 제외하고는 1930년대 이후 지금까지 지속적으로 상승하여 왔는데, 이런 경향이 농지의 자산

표 3-6　가계별 평균자산구성

(단위: %)

	순자산 ($)	사업용 자산	주　　택	현금자산	은퇴계정	금융자산	기타 자산
농가 (1999)	590,897 (100)	54	12	7	9	7	11
비농가 (2000)	359,369 (100)	17	28	8	11	21	14

자료: USDA/ERS homepage, policy briefing room.

그림 3-5　농지가격 추이

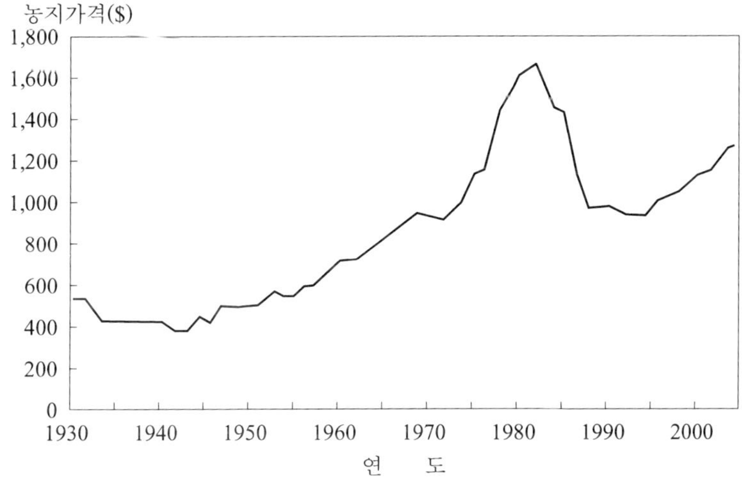

자료: USDA, Agricultural Statistics, several years.

가치 상승기대치를 높여 농가의 자산보유형태에 영향을 미쳐 왔다. 한편, 이와 같은 농지가격의 상승은 여러 가지 요인에 의한 것이지만 농산물 가격지지정책이 농지가격으로 전화되는 자본화 현상(capitalization)이 그 중 중요한 요인의 하나임에 틀림없다.

(3) 농업생산의 대농집중

미국 농업은 대부분 가족농에 의해서 경영되고 있으나 농업생산의 대농집중현상이 뚜렷이 나타나고 있다. 연간 농산물매출액이 10만 달러 이하인 소규모 가족농가가 전체 농가수의 약 84%를 차지하고 있지만, 전체 농업생산액의 13% 정도만을 담당하고 있다. 그 반면에 전체 농가수의 3.5%밖에 안 되는 연간 농산물매출액 50만 달러 이상인 대규모 농가는 전체 농업생산액의 57%를 차지하고 있다. 그리고 1980년대 말과 비교해 볼 때 이러한 농업생산의 대농집중현상은 더욱 심화되고 있다.

3.2. 소득지지정책의 효과

품목 중심의 정부지출은 대부분 농가소득 보장을 목표로 하는데, 품목의 생산규모에 비례하므로 〔그림 3-6〕에서 보듯이 정부지출의 영농규모별 분포가 생산액분포와 뚜렷이 비례하고 있음을 보여 주고 있다. 즉, 어느 구간계층에 지급되는 정부의 직접지불액 비중은 그 계층의 생산액 비중에 비례하는 것이다.

표 3-7 영농규모별 농업생산 비중(가족농만 포함)

농가판매규모	농가구성 비율(%)		농업생산액 비중(%)	
	1989년	2005년	1989년	2005년
10만 달러 미만	85.6	84.5	21.6	12.7
10만~25만 달러	9.5	7.8	20.7	14.0
25만~50만 달러	3.1	4.2	19.9	16.2
50만 달러 이상	1.8	3.5	31.6	57.1

자료: USDA, Economic Research Service, 2005 Agricultural Resource Management Survey에서 구성.

그림 3-6 매출액분포에 비례하는 정부지출

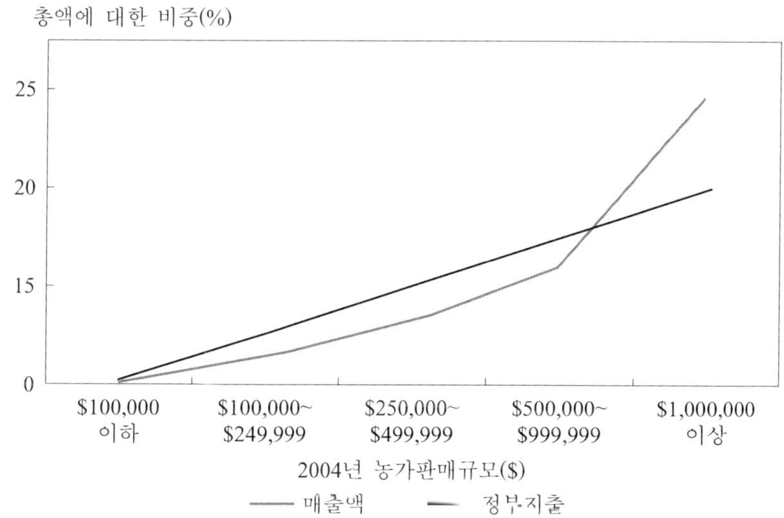

자료: Agricultural Resource Management Survey(ARMS), USDA.

그런데 농업생산이 현재 대규모 농가로 집중되고 있으므로 정부지출도 대규모 농가로 더욱 집중될 수밖에 없다. [그림 3-7]에서 보는 것처럼 1989년의 경우 연간 농산물 매출액이 10만~25만 달러 이하의 농가그룹에 집중되던 정부지출이 2005년에는 연간 매출액이 50만 달러 이상인 대규모 농가그룹에게 집중되고 있음을 보여 주고 있다.

농가소득은 영농규모에 비례하므로 정부지출의 대규모 농가집중 현상은 결과적으로 고소득 부농에게 정부지출이 집중되는 현상을 초래한다.

2005년의 경우를 보면, 연간 가구당 평균소득이 20만 달러 이상인 최고소득그룹에 속한 농가들은 소득지지 목적을 지닌 정부지출 총액의 21.2%를 분배받았는데, 이는 1989년 9.3%를 훨씬 상회하는 몫이다. 연간 가구당 평균소득이 5만~20만 달러 그룹 농가의 경우도 분

그림 3-7 정부지출의 대규모 농가 집중

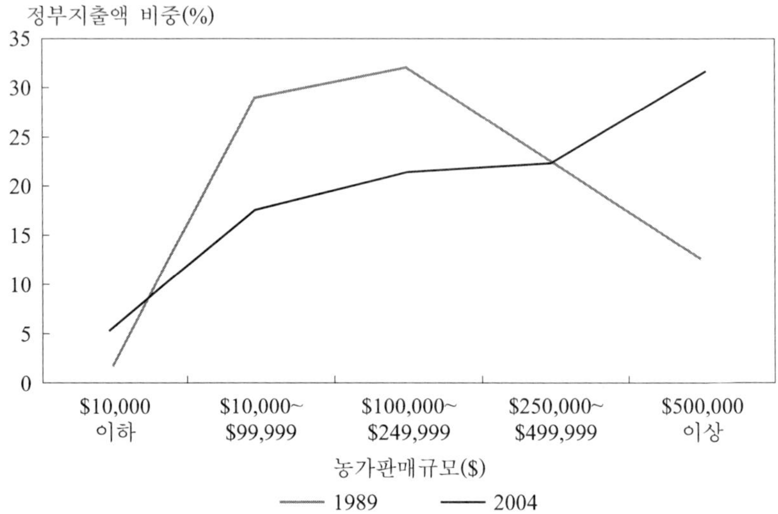

자료: Agricultural Resource Management Survey(ARMS), USDA.

배몫이 증가되는데, 전체적인 경향은 고소득농가 그룹일수록 분배몫 증가폭이 크다는 것이다. 반면에 연간 가구당 평균소득이 5만 달러 이하인 최저소득그룹에 속한 농가들의 분배몫은 급격히 하락하였다. 이는 최저소득그룹 농가로부터 상위소득그룹 농가로 정부지출이 이전되는 현상이 나타나고 있음을 나타낸다.

정부지출이 지역적으로도 불균형현상이 나타나고 있다. 전국 200만 농가 가운데 약 1/3에 해당되는 농가들이 정부보조를 받는데, 노스다코타의 경우는 전체 농가의 72%, 아이오와의 경우는 70%가 수혜대상이 되고 있다. 또한 10개 주(텍사스, 아이오와, 조지아, 알칸사스, 캘리포니아, 일리노이, 네브래스카, 미네소타, 캔사스, 미시시피)가 전체 정부지급액의 53%를 받는다.

품목 간 불균형문제도 심각하다. 미국 농산물 총판매액에서 차지

그림 3-8 최고소득농가로의 정부지출

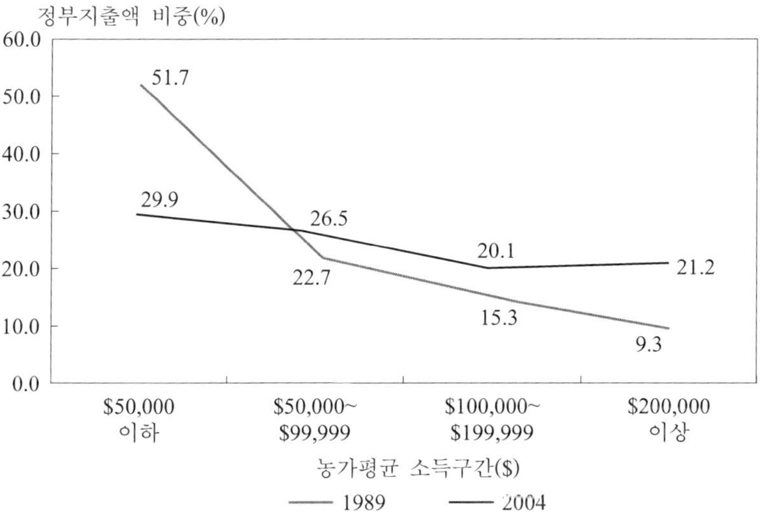

자료: USDA/ERS homepage, policy briefing room.

하는 비중을 보면 약 2/3에 해당하는 육류, 가금류, 과일, 채소, 견과(nut), 건초(hay), 묘목류(nursery products) 등과 같은 주요 품목은 농업법에 의한 직접지원 대상에서 제외되고 있다.

4 미국이 걸어온 길

미국은 1862년의 자작농장법(Homestead Act) 이래 가족농을 미국 농업의 기본이념으로 하여 왔고, 대공황의 충격을 방어하기 위해 1933년의 농업법에 의해 정부가 주요 농산물의 가격을 보장하기 시작한 이후 70년 이상 동안 농가소득 안정이 농정의 핵심 목표였다. 최근 농가지원정책은 대부분 직접지불형식으로 이루어져 직접지불금이 농업예산의 70%, 농업소득의 30% 내외를 차지할 정도로 미국의 농업정책은 직접지불 중심으로 시행되고 농가경제에 절대적 중요성을 가지고 있다. 따라서 미국의 생산자보조(PSE) 중 65%가 농가보조금으로 이루어져 있어 95%가 국경보호에 의해 이루어지고 있는 우리 나라와 대조적이다.

1933년부터 시작된 융자단가(loan rate)에 의한 가격지지제도는 지금도 중요한 정책수단이 되고 있으나 가격지지는 필연적으로 생산과잉과 정부재고 증가로 이어졌다. 이에 대한 해법으로 1973년에 지지가격수준은 낮추는 대신 목표가격제도를 도입하여, 농가수취가격이 이에 미달할 경우 그 차액을 직접지불방식으로 보전함으로써 시장기능에 의한 수급조절과 농가소득 안정이란 두 가지 목표를 동시에 달성하려 하였다. 그러나 목표가격은 정치적 요인에 의해 계속 인상되고 당년 생산면적에 따라 직접지불금을 지급하였기 때문에 목표가격제도가 강한 생산유인으로 작용하여 과잉생산을 해소하지 못하였다. 1996년 농업법에서 목표가격제도를 폐지하고 생산과 연계되지 아니한 고정직접지불제도를 도입하는 대개혁을 시도하였으나 농가소득 안정에 실패하고 2002년 농업법에서 다시 부활하는 퇴행이 일어났다. 그러나 과거와 달리 농가소득수준이 도시보다 높아졌을 뿐만 아니라 지원액의 대부분이 대농과 부농에 편중되고 농지의 자본화라는 역기능을 나타내고 있어 정책의 정당성에 의문이 제기되고 있다.

미국의 농업지원은 농가소득 안정정책에 머무르지 아니하고 저소득층에 대한 식품지원, 학교급식 등을 위하여 많은 농산물을 구매하고 있으며, 최근 이러한 용도의 예산지출이 농업부 총예산의 60%를 차지할 만큼 중요한 정부기능이 되고 있다. 특히, 1935년부터 법률에 의해 관세수입의 30%를 농업지원에 쓰도록 하고 있고, 그 대부분을 농산물 구매에 사용하고 있다. 또한 농산물 수출증대를 위한 지원과 원조를 통해 농산물 수요를 창출하는 노력을 하여 왔다.

앞으로도 미국 정부의 농가소득안정 지원과 수요창출활동은 지속될 것이나 생산과의 연관관계를 줄이고 분배의 공평성을 높이는 방향으로 진화할 것으로 생각된다. 특히, 기존의 소득지지정책 대상에서 제외되어 왔던 채소, 과일, 축산에 대한 지원이 늘어날 것으로 예상된다.

참고문헌

김한호, 「농가소득 지원제도: 미국의 목표가격 지지제도」, 『특별강좌』 4호, GS&J Institute, 2006a.

______, 「부자들의 잔치, 미국의 농가소득지지제도」, 『시선집중』 제20호, GS&J Institute, 2006b.

농림부, 「미국 농업법 현황 및 개정 동향」, 농림부 국제농업국 농업협상과, 2006.

배인태, 『미국의 농가소득 및 경영안정정책』, 농림부 국제농업국, 2006.

임송수, 「미국의 농가소득안정제도: 발전경과와 실태」, 『시선집중』 제11호, GS&J Institute, 2006.

Dimitri, Carolyn, Anne Effland, and Neilson Conklin, *The 20th Century Transformation of U.S. Agriculture and Farm Policy*, ERS/USDA Economic Information Bulletin, Number 3, June 2005.

Green, Robert C., *Program Provisions for Program Crops: A Database for 1961-90, Agriculture and Trade Analysis Division*, ERS/USDA, Staff Report, No. AGES 9010, March 1990.

Gundersen, Craig, *Betsey Kuhn, Susan Offutt, and Mitchell Morehart, A Consideration of the Devolution of Federal Agricultural Policy*, ERS/USDA, Agricultural Economic Report, No. (AER836), November 2004.

Jones, Jean Yavis, Charles E. Hanrahan, and Jasper Womach, *What is a Farm Bill?*, CRS Report for Congress, 2001.

Mishra, A. K. and C. L. Sandretto, "Stability of Farm Income and the Role of Nonfarm Income in U.S. Agriculture," *Review of Agricultural*

Economics, 24, 2002, pp. 208~221.

Monke, Jim, *Farm Commodity Policy: Programs and Issues for Congress*, CRS Report for Congress, 2006.

Moyer, Wayne and Tim Josling, *Agricultural Policy Reform: Politics and Process in the EC and USA*, New York and London, Harvester Wheatsheaf, Hemel Hemstead, 1990.

______, *Agricultural Policy Reform: Politics and process in the EU and US in the 1990s*, Ashgate Publishing Company, 2002.

Orden, David, *Key Issues for the Next Farm Bill: Is a Farm Program Buyout Possible?*, USDA Agricultural Outlook Forum, February 24, 2005, CRS Report for Congress, 2005.

Rawson, Jean M., *Specialty Crops: 2007 Farm Bill Issues*, CRS Report for Congress, 2006.

Ryan, J., C. Barnard, and R. Collender, "Government Payments to Farmers Contribute to Rising Land Values," *Agricultural Outlook*, 2001.

Thompson, Robert L., "Essentials for the 2007 Farm Bill in a Global Context," *Trade Policy Analysis*, Vol. 7, No. 6, Cordell Hull Institute, 2005.

Womach, Jasper, *Previewing a 2007 Farm Bill,* CRS Report for Congress, 2006.

USDA/ERS, "U.S. Farm Policy: The First 200 Years," *Agricultural Outlook*, March 2000.

______, "Briefing Rooms, Farm and Commodity Policy: Government Payments and the Sector," Feb. 2006.

USDA, "2007 Farm Bill Theme Papers," 2006.

미국 상원의회 홈페이지(www.senate.gov).

미국 하원의회 홈페이지(www.house.gov).

AFBF 홈페이지(www.fb.org).

OMB 홈페이지(www.whitehouse.gov/omb).
USDA 홈페이지(www.usda.gov).

이 명 헌

4

유럽연합의 농가소득지지: 부과금제도에서 단일직불까지

1 1992년 이전의 EU 공동농업정책

1.1. 농가소득정책의 태동

EU의 공동농업정책은 1950년대 이래 농산물에 대한 철저한 국경보호와 최저가격 보장, 그리고 수출보조금이라는 틀을 통하여 농업생산을 증대시켰을 뿐만 아니라 농업소득을 지지하고 안정시키는 데 기여하였다. 그러나 1980년대 들어서 집약생산과 생산과잉으로 많은 문제가 나타나고 있는 가운데 농업의 재정수요는 급증하고 우루과이라운드 협상이 시작되는 등 새로운 상황에 직면하게 되면서 정책개혁을 모색하게 되었다. 그 결과 1992년 이래 3차례에 걸친 농업정책 개혁을 위한 노력이 이루어져 왔다. 그 큰 흐름은 가격지지수준의 인하, 직접지불제의 도입 및 확대, 그리고 정책의 생산비연계(이른바 디커플링)라고 할 수 있다. 이하에서는 이와 같은 EU의 공동농업정책 변화의 큰 흐름을 정리하고, 그것이 우리 농업정책에 주는 시사점을 찾고자 한다.

1.2. 가변수입부가금에 의한 가격지지

EU의 공동농업정책은 유럽 통합의 핵심을 이루고 있었다. 1992년 개혁 이전 공동농업정책의 핵심은 역내 농산물가격의 수준을 역외 국제농산물시장과 분리하여 안정적으로 보장해 주는 것이었다. 이를 위하여 농산물별로 상호 밀접히 연관된 제도가격(制度價格)을 설정하여 시장을 관리하였다.

여러 제도가격들 중에서도 중심적인 것은 '목표가격'으로, 농업

그림 4-1 공동농업정책의 지지가격제도

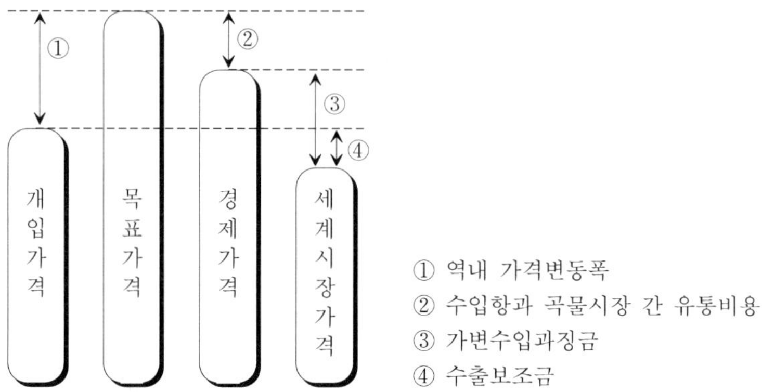

생산자에게 이른바 '타당한 소득'을 보증하는 수준으로 결정되었고 실제적으로는 역내 농산물가격의 상한선이 되었다. 이보다 5~10% 낮은 수준에 '개입가격'이 설정되었는데, 역내의 농산물 시장가격이 이 수준 밑으로 내려가게 되면 정부가 개입하여 농산물을 이 가격에 구매하게 되어 있었으므로 결국 최저가격의 역할을 하게 되었다. 이와 같은 최저가격을 보장하기 위한 대외적 장치가 가변(可變)수입부과금과 수출보조금제도였다. 즉, 목표가격에서 역내 유통비용을 뺀 경계가격을 설정하고, 이 경계가격과 세계시장가격의 차이를 수입부과금으로 징수하였다. 수입부과금은 세계시장가격 변화에 매일 연동되어 자동적으로 변경되었으므로, 결과적으로 수입되는 농산물의 통관 후 가격은 세계시장가격과 완전히 무관하게 되었다. 다른 한편으로 역내 농산물을 세계시장에 수출할 때는 수출보조금이 지급되어 역내의 높은 가격에도 불구하고 세계시장에서 경쟁이 가능하게 되어 있었다.

이와 같이 역외 시장의 영향을 차단시켜 주고, 최저가격을 확실하게 보장해 주는 공동농업정책은 생산자들에게 안정된 경영상황을 보장해 주어 투자와 증산을 유발하는 효과를 가지고 있었다.

2 1992년 개혁: 직접지불제의 전면적 도입

앞에서 본 공동농업정책은 농업생산자에게 확실하게 가격을 보장해 주는 장점을 가지고 있을 뿐만 아니라, EU가 수입국 입장에 있을 때에는 수입부과금을 통해 재정을 확보하는 데에도 기여하였다. 그러나 이 정책이 지속적으로 시행되면서 EU는 전체적으로 농산물 부족에서 과잉상태로 변하게 되었고, 수출보조금에 의존하여 과잉농산물을 세계시장에서 처분하는 순수출국의 입장이 되었다. 이에 따라 최저가격을 유지하고 수출보조금을 지급하기 위해 농업재정수요가 급증하였을 뿐만 아니라, 우루과이라운드 협상의 진전으로 외적으로도 변화를 요구받게 되었다. 결국 농업시장을 국제시장가격으로부터 절연시키는 가변수입부과금제도가 폐지되고, 역내 농산물시장에서 제도가격을 유지하기 위한 정부의 매입과 수출보조를 위한 지원도 감축하게 되었다.

또한 정책시행의 중요한 환경이 되는 일반시민들의 농민상(像)도 크게 바뀌게 되었다. 즉, '근면하게 노동을 통하여 필수적인 농산물을 생산하고 농촌·환경보존에 기여하는 중·저소득층'이라는 이미지에서 '보조에 의존하여 농산물을 과잉생산하면서 환경에도 유해한 영향을 끼치는 (경우에 따라 고소득일 수도 있는) 계층'으로 바뀌게 된 것이다.

이러한 배경에서 1990년대 들어 EU의 공동농업정책은 제도가격의 인하와 지불제의 확대라는 전환을 이루게 되었다. 즉, 1992년 농업개혁은 품목별 제도가격을 인하하면서 보상지불제도를 도입하였다. 이 제도는 제도가격 인하로 인한 소득손실을 지역적 평균수확량에 기초하여 전액 보상하는 방식이었다. 곡물의 예를 들면, [표 4-1]에서 알 수 있듯이 목표가격을 단계적으로 인하하는 대신 목표가격이 인하된

표 4-1 EU의 1992년 농업개혁에서의 곡물제도가격 인하와 보상지불액

유통연도	목표가격	ha당 보상지불액
1993/1994	130ECU/t	25ECU/t×지역별 단수
1994/1995	120ECU/t	35ECU/t×지역별 단수
1995/1996	110ECU/t	45ECU/t×지역별 단수

만큼을 보상지불액으로 지급하여 농가의 수취가격이 일정액(155ECU)을 유지하도록 설계되어 있었다.

이러한 보상지불제도는 생산량이 아닌 작물별 재배면적 또는 동물의 사육두수에 비례하여 지불되는 것으로 생산품목별 가격지지에 비해서는 이미 초보적인 수준에서 생산과 연계되지 아니한(디커플링) 것으로 볼 수 있다. 그러나 당년 면적과 두수에 따라 지급할 뿐만 아니라 지불단가가 작물 및 동물의 종류에 따라 차별화되어 있었으므로 디커플링의 정도가 강하다고는 할 수 없었다.

1992년 농업개혁을 계승하여 1999년에 시행된 농업개혁인 이른바 어젠더 2000은 제도가격을 또다시 인하하면서 그로 인한 손실을 부분적으로만 보상하는 형식을 취하였다. 그와 병행하여 농촌개발정책을 강화하고 환경정책 목표를 공동농업정책에 반영하여 사회의 농업·농촌의 역할에 대한 요구에 대응하고자 하였다. 또한 이 시기부터 농촌개발정책에서 농업의 다원적 기능과 다부문적 접근방식이 강조되기 시작하였다.

3 단일직불제도의 도입

EU는 2003년 농업개혁을 통해 농업경영체의 생산결정과 정부지원 사이의 연관관계를 현저히 약화시켰다. 이것은 '디커플링(decoupling)'의 강화로 요약된다.

앞에서 서술한 바와 같이 1992년 및 1999년의 개혁에서는 직접지불제도의 지불단가가 작물(가축)종류별로 서로 다르게 정해져 있었다. 그러므로 품목별 지지가격만큼은 아니라 하더라도 작물별 지급단가의 차이가 생산자의 작목, 재배면적 선택에 영향을 미치도록 되어 있었다. 2003년 도입된 단일지불제도(single payment scheme)는 기존의 품목별 직접지불제도를 단일한 면적비례 직불로 흡수통합하고, 내상면적과 그 단가를 과거 농가별 실적치 기준으로 정함으로써 디커플링을 강화하였다.

3.1. 단일지불제 도입의 논리

이러한 단일지불제가 도입된 논리는 무엇인가? 첫째, 농업생산자가 더 탄력적으로 시장의 수요에 반응하여 생산품목을 선택할 수 있게 될 것으로 기대할 수 있다는 점이다. 품목별 지급단가의 차이 때문에 농업생산자의 품목선택이 왜곡되고, 그로 인해서 품목별 수급조정에 장애가 있을 수 있었던 문제를 해결하고자 하는 것이다.

둘째, 정책을 단순화함으로써 생산자와 행정기구의 제도시행비용이 낮추어질 것으로 기대된다. 기존의 직접지불제는 품목별로 당년도 생산활동규모를 기준으로 지급하므로 지원을 신청하는 생산자의 입장에서나 그것을 접수하여 확인·처리하는 행정기구의 입장에서나 상당한 비용이 들었다. 반면, 단일지불제는 기준연도의 역사적 상황을 정확히 파악해야 하므로 초기비용은 많이 들지만 그 후에는 농업생산자 간의 농지이동상황 파악만으로 제도의 시행이 가능하여 행정비용이 낮아질 수 있다.

셋째, 농업보조금에 강력한 예산제약을 부여함으로써 재정규율을 확보할 수 있다. EU 농업재정의 총액을 미리 정해진 범위 내로 유지하는 것은 1992년의 농업정책 개혁 이래 항상 중요한 정책적 관심사였다. 단일지불제는 회원국별로 사용할 수 있는 예산액을 2012년까지 확정해 둠으로써 강력한 재정규율이 가능하게 되었다. 또한 단일지불제 예산의 감축규칙을 사전에 정하여 두고 그로 인해 발생하는 예산여유를 농촌개발정책에 사용하도록 함으로써 EU의 농업정책이 추구하는 방향전환을 재정적 측면에서 뒷받침할 수 있도록 하였다.

3.2. 단일지불제의 개요

여기서는 단일지불제도의 내용을 조금 더 구체적으로 살펴보자. 먼저, 지급대상과 수급자격을 살펴보면, 단일지불제는 경종작물, 전분용 감자, 콩, 쌀, 쇠고기와 송아지고기, 우유와 낙농품, 양, 염소 등 다양한 농작물을 대상으로 하는 직접지불제들을 통합한 것이다. 단, 채소와 과실은 제외된다. 수급자격은 각 회원국이 이 제도를 도입하는 시점(2005년 1월부터 2007년 1월 사이)에서 농업을 경영하고 있는 농업생산자(farmer), 또는 그러한 생산자로부터 경영체를 상속한 농업생산자이다.

다음으로 수급권의 개념을 살펴보자. 지급의 기초는 각 농업생산자가 보유하게 되는 '수급권(entitlement)'으로 이것은 2000년부터 2002년까지 그 생산자가 받은 직접지불의 실적에 의해 정해진다. 수급권은 '단가(單價) 몇 유로짜리를 몇 개 가지고 있다'라는 형태로 정해진다. 이 때 수급권의 개수는 2000~2003년 기간 동안 직접지불 대상이었던 평균농지면적의 ha수이다.

수급권 한 개당 가치는 그 생산자가 2000~2003년 기간 동안 지급받은 직접지불액의 평균치를 위의 평균면적으로 나눈 것이다. 그러므로 각 생산자가 지급받는 면적당 평균액수는 결과적으로 개인별로 달라진다. 즉, 본인이 경영하고 있던 농지에서 과거에 어떤 품목이 생산되고 있었는가에 따라서 면적당 지불단가가 생산자별로 달라진다. 그러나 각 생산자가 아니라 지역별로 2000~2003년 실적의 평균에 입각하여 ha당 수급권 단가를 산출하고 그 지역 내에 통일적으로 적용할 수도 있다. 또한 개별적인 ha당 수급권 단가('과거지급률'이라 함)와, 지역단위 ha당 수급권 단가('고정지급률'이라 함)를 일정 비율로 혼합하여 사용할 수도 있으나, 2013년까지는 지역단위 단가로 통일하도록 계획되어 있다. 수급권은 농지와 분리하여 거래될 수도 있지만, 농지임대차의 경우에는 반드시 수급권도 이양되어야 한다.

그 다음으로 대상면적이 확정되어야 한다. 실제지급은 각 생산자가 당년에 경영하고 있는 면적('대상면적')에 대해서 이루어지지만 그 면적에 대해서 수급권이 있을 때에만, 그리고 그 수급권의 가치만큼 이루어진다. 예컨대, 농지를 구입하면서 수급권을 동반구매하지 않았다면 그 농지에 대해서는 지급이 이루어지지 않는다. 그리고 지급대상 면적에 농민은 영년생(永年生) 작물, 과일, 채소 등을 제외하고는 어떤 작물을 재배해도 지급받을 수 있다.

결국 이 제도에 의한 지급액은 다음과 같은 산식으로 결정된다.

$$\text{단일직불} = \text{개별 단가 또는 지역단위 단가} \times \text{농가의 현재 대상면적}$$

$$\text{여기서, 개별 단가} = \frac{\sum \text{2000~2002년 개별 보조}/3}{\sum \text{2000~2002년 개별 보조대상 면적}/3}$$

$$\text{지역단위 단가} = \frac{\sum \text{2000~2002년 지역 전체 보조}/3}{\sum \text{2000~2002년 지역 전체 보조대상 면적}/3}$$

이러한 기본적 틀 속에서 제도를 운영함에 있어서는 회원국별로 재량권이 주어진다. 즉, 기준연도에 지급되었던 직접지불금의 합계로 그 회원국이 단일지불제로 지출할 수 있는 금액의 상한이 설정되며, 그 한도 안에서 각국의 특수성을 반영하여 단일지불제가 아닌 다른 형태의 지출이 가능하다. 단, 다른 형태의 지출을 하는 만큼 단일지불제로 지출할 수 있는 예산은 줄어든다. 이 때 다른 형태의 지출로 중요한 것은 개혁 이전과 같은 형식의 '품목 특정적 보조'인데, 이것은 생산과 보조가 완전히 디커플링된 보조가 도입될 경우 시장교란이나 생산포기가 우려되는 경우이다. 또한 국가별 상한선 금액의 10% 안에서 환경의 보호·개선을 위한 활동을 지원하거나 농산물의 품질과 마케팅을 개선하기 위한 활동을 지원할 수 있다.

3.3. 대응이행의무

단일지불제는 지불을 받는 생산자에게 농지를 '좋은 농업 및 환경적 조건'으로 유지해야 할 의무와, 19개의 EU 지침과 규정이 정하고 있는 법적 관리요건(statutory management requirement)을 준수할 의무를 부과하고 있다. 이와 같은 의무의 부과는 직접지불이 단순히 소득이전이라는 성격만을 갖는 것이 아니라 농업생산자가 사회적으로 필요한 토지자원의 보존 및 관리기능을 수행하고 환경적 요건을 준수하는 것에 대한 보상이라는 성격을 뚜렷이 하기 위한 변화라고 할 것이다.

'좋은 농업 및 환경적 조건'은 각 회원국이 지역적인 토양 및 기후조건, 기존의 농업체계 등을 고려하여 정하도록 하되 모든 농지, 그 중에서도 특히 휴경지에서 토양침식 방지, 토양 내 유기물질 및 토양구조 보전, 최소한의 이용가능성 및 경관적 가치의 유지 등을 필수적 요소로 고려하도록 하고 있다.

법적 관리의무의 대상이 되는 규정들은 환경, 공공 및 동물의 건강, 가축의 식별과 등록, 가축병의 신고, 동물보호와 관련된 것으로 구체적으로 정하여진 EU의 기준을 준수할 것을 요구한다. 직접지불제의 행정 및 관리체제인 IACS도 이전에는 중복 및 허위신청을 방지하고 적발하는 데만 그 목적을 두었으나 대응이행의무(cross compliance)가 도입되면서 이 의무의 이행을 확인하는 것이 중요한 요소로 추가되었다.

3.4. 농정개혁의 효과[1]

단일직불 중심의 CAP 개혁으로 거의 90%의 직불이 생산과 연계되지 않게 되었다. 즉, 약 300억 유로에 달하는 직접지불액 중, 현재 개혁논의가 이루어지고 있는 채소와 과실, 포도주를 제외한다면 개혁이전 방식으로 지급되는 보조는 32억 유로에 그친다.

이 제도의 효과를 평가하기에는 시간이 충분히 경과하지는 않았지만, 경제적 효율성 측면에서는 잠정적으로 긍정적인 평가를 받고 있다. 이 제도의 효과를 분석한 OECD 연구 등 여러 실증분석들은 단일직불이 생산과 무역에 미치는 영향이 적고 소득보조의 효율이 높다는 기준을 만족시킨다고 밝힌다. 또한 지역단위 단가(고정지급률)를 적용하면 집약적인 생산농가에서 조방적인 생산농가로 자원전환이 이루어진다는 연구결과도 있다.

또한 CAP 개혁은 국내보조에 관한 WTO 농업협상에서 EU로 하여금 미국보다 유리한 입장에 설 수 있도록 하는 효과가 있다. 보상지불제도는 WTO 농업협정의 농업보조금 분류상 생산제한하의 직접지불제도, 이른바 블루박스(blue box)로 감축대상은 아니었다. 그러나 우루과이라운드 이후 DDA의 준비와 진행과정에서 블루박스의 철폐가 미국 등 협상대상국에서 제기되고 있었다. 새롭게 도입된 단일직

[1] 이명헌·임송수(2007)를 주로 참고한 것임.

접지불제는 그 성격이 블루박스가 아닌 허용보조(green box)조치로 전환됨으로써 보조감축 논의에 유연하게 대응할 수 있게 되었고 EU의 협상력을 높일 수 있게 되었다.

그러나 2003년 농정개혁조치에 대한 비판도 적지 않다. 즉, 회원국에 허용된 자율성의 오용, 일부 품목이나 지역에서 생산연계 직불의 유지 인정, '국별 추가자금'의 불투명한 운용, 농사를 짓지 않고도 받는 보조 등의 측면에서 비판받기도 한다. 더 근본적으로는 단일직불의 단가가 과거의 면적, 그 전에는 생산량에 따라 결정된 것이므로 농가마다 지급단가가 다른데, 같은 수준의 상호준수의무와 기타 기준을 이행하도록 규정하는 것이 합리적이지 않다는 비판도 존재한다.

4 EU 농정 중심의 이동: 농촌개발정책의 비중 증대

단일지불제를 주축으로 하는 각종 직접지불제를 통하여 개별 농업생산자가 지급받는 금액은 매년 사전에 정해진 비율만큼 감소되도록 규정되어 있다. 이를 보조조정(modulation)이라고 하는데, 그 감소율은 2005년에는 3%, 2006년에는 4%, 2007년부터 2012년까지는 5%로, 이것을 누적하면 총 30%에 이르는 큰 감소이다. 단, 생산자별로 최초 5,000유로 이하의 금액은 삭감의 적용대상에서 제외함으로써 소규모 농가에 미칠 충격을 줄이고 있다.

이와 같은 감소를 통해서 절약된 예산은 EU 농업예산의 중심인 EAGGF(유럽농업지보증기금) 중 '보증'부분의 농촌발전(rural development)정책에 쓰이도록 EU 규정에 명문화되어 있다. 이를 통하여 EU 농업예산에서 농업발전정책이 차지하는 비중이 [그림 4-2]에서 보듯이 눈에 띄게 증가하게 되었다. 이러한 예산의 중점 이동은 EU 농업

그림 4-2 EU 농업재정의 구성변화

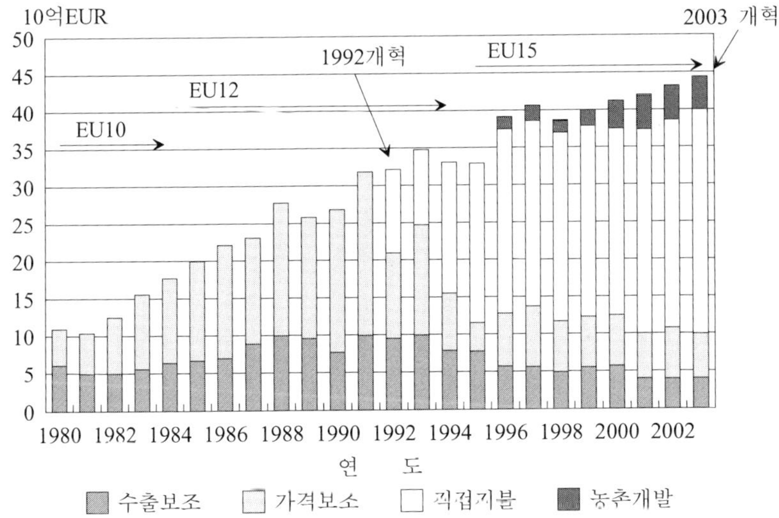

자료: USDA/FAS(http://www.fas.usda.gov).

정책에서 농촌발전정책의 비중이 '제2의 지주(支柱)'로 획기적으로 커짐을 의미한다.

이와 같은 농촌정책의 비중 증대는, 농촌개발이 EU가 직면하고 있는 경제사회적 도전에 대한 효과적 대응전략이라는 인식이 반영된 것이다. EU는 2000년에 채택된 '리스본전략'을 통하여 EU의 경제사회가 세계화의 진전과 급속한 지식기반경제로의 이행이라는 큰 변화 앞에서 실업의 장기화와 구조화, 지역 간 고용불균형, 서비스분야의 발전 지체, IT 공급부족 등 커다란 도전에 직면하고 있다고 진단하고, 그에 대응하여 유럽적 경제와 사회 모델을 어떻게 유지 발전할 것인가 하는 전략을 제시한 바 있다. 이 전략에서 역동성 있는 지식기반경제의 구축, 지속가능한 경제성장능력의 배양, 더 많고 더 좋은 고용, 더 높은 수준의 사회적 통합을 제시하였다. 이러한 '높은' 차원의 전략을 실현하는 부분전략의 하나로서 농촌개발의 중요성이 부각되고 있는 것이다.

이와 같이 그 중요성이 인정된 농촌개발정책의 추진과 관련하여 EU는 2007년부터 2013년까지의 농촌개발전략의 3대 축으로 농업·식료·임업의 경쟁력 향상, 토지관리 및 환경보전, 그리고 삶의 질 향상 및 다양화를 제시하고 있다. 경쟁력분야에서의 정책우선순위는 푸드체인(food chain)에서의 지식전파 및 혁신, 물적·인적 자본투자 확대에 둔다. 토지관리 및 환경분야에서의 정책우선순위는 생물다양성, 경관적 가치가 높은 농업의 보존, 수자원의 보존관리, 기후변화에 대한 대응에 둔다. 삶의 질 향상 및 다양화 분야의 정책우선순위는 농촌지역에서의 고용기회 창출에 두고, 이를 위해 고용률 제고, 여성의 노동시장 진입 등을 추진한다.

5 EU의 모색이 주는 교훈

이상에서 보았듯이 EU의 농업정책은 농산물시장정책과 농촌개발정책을 두 지주로 하면서 전자의 성격을 시장친화적으로 바꾸고 후자의 비중을 증가시키는 방향으로 발전하고 있다.

이러한 변화의 근본적 배경은 유럽에서 농업·농촌에 대한 사회의 요구가 양적 차원의 농산물생산 중심에서 질적 차원의 지속가능성에 대한 기여 중심으로 바뀌고 있다는 점에 있다. 그러한 변화요인 중 더 직접적인 것은 앞에서 보았듯이 농산물 과잉과 농업재정문제에서 찾을 수 있다. 그러나 간접적이면서 더 근본적인 요인으로는 농업에 기대하는 역할의 중점이 농업의 '다원적 기능'을 중시하는 쪽으로 이동하고 있다는 점을 들어야 할 것이다. 예컨대, 2001년 EU 이사회가 농업정책의 원리로 천명한 괴테보르그선언은 “강력한 경제적 성과는 자연자원의 지속가능한 이용과 나란히 이루어져야 하며, 이 때 생물다양성의 보전, 환경체계의 보존, 공동화의 억제가 같이 이루어져야 한다”라고 밝히고 있다.

2003년 도입된 단일지불제가 이러한 사회적 요구를 충족시키는데 어느 정도 기여할 수 있을 것인가는 조금 더 관찰이 필요할 것이다. 그러나 EU의 이러한 시도는 적어도 세 가지 점에서 우리에게 중요한 시사점을 준다.

첫째, 명칭에서도 알 수 있듯이 EU의 직접지불제는 초기에 수취가격을 보장하는, 일종의 변형된 품목별 가격지지정책의 성격을 갖고 있었지만, 이제는 가격지지의 성격을 탈색하였고, 생산자의 생산과 관련된 결정에 있어서 시장가격신호를 교란하는 효과가 최소화되었다는 점이다. 우리의 경우, 직접지불제도에 대해서는 아직도 수입개방으로 인한 생산자가격 하락에 대한 보상이라는 인식이 강한 상황이다. 이 제도가 농산물수급의 불균형을 장기화하는 결과를 나을 경우에는 정책의 지속가능성에 문제가 생기고 사회적으로 지지를 받기도 어려울 것이다. 재정부담을 증가시키고 자원배분의 효율성을 침해한다는 비판에 직면하게 될 것이기 때문이다.

둘째, ‘대응이행의무’를 통하여 직접지불제가 자연자원 관리자로서의 기능에 대한 사회적 보상이라는 성격을 강하게 가질 수 있도록 하고 있다는 점이다. 이것은 가격보장적 성격의 탈색이라는 변화와 표리를 이루는 것으로, 농업에 대한 사회적 수요변화에 농업생산자가 대응하도록 유도하는 것이며, 경제이론적으로 볼 때 경제적 자원배분의 효율성을 제고하고 사회적으로 볼 때 공공재정을 통해 농업생산자를 지원하는 것에 대한 시민들의 정치적 동의를 확보하는 방안이기도 하다. 우리의 경우 논농업 직접지불제, 친환경 직접지불제 등에서 이러한 요소가 도입되어 있으나, 앞에서 언급한 바와 같이 직접지불제의 소득보전적 기능이 강조되는 상황 속에서 직접지불제의 본령(本領)

으로는 자리잡지 못하고 있다.

셋째, 강력한 재정규율의 확립을 통해 농촌개발정책 시행에 필요한 재원을 확보하려는 시도는 그 원칙에 있어서 교훈을 얻을 만하다. 사실, EU의 경우 보상지불제도의 도입배경을 보면, 농산물 과잉으로 인한 농업재정 '확대'는 물론 농업재정규모의 '예측곤란성'을 부담스러워한 재정당국의 입장도 중요한 역할을 하였다. 즉, 제도가격체제 하에서는 농산물의 생산 및 가격상황 등에 따라 농업재정 소요가 변하므로 재정수요를 예측하고 통제하기 어려웠으나 직접지불제의 경우에는 예측가능성과 통제가능성이 높아진다는 점에 대한 고려가 반영되었다. 단일지불제는 그러한 고려에 더욱 부합된다고 할 것이다. 결과적으로 농업정책과 관련한 강력한 '예산제약'문제가 '가격지지＞보상지불제＞단일지불제와 농촌개발정책 강화'라는 정책구도의 변화가 촉진된 측면이 있다고 할 것이다. 우리의 경우, 대외개방이 급격하게 진전되는 단계에 있으므로 농업재정규모에 대하여 지나치게 경직적인 자세를 취하는 것은 오히려 비효율을 낳을 수도 있을 것이다. 그러나 중장기적으로 농업재정규모에 대한 규율을 설정하고, 우리 농업·농촌이 사회가 요구하는 역할을 담당할 수 있도록 재원을 배분하는 노력이 있어야, 한정된 재정이 효율적으로 사용되고 농업정책에 대한 국민적 지지를 이끌어 낼 수 있을 것이다.

참고문헌

이명헌「농가단위 직접지불제도: EU의 단일직접지불제」,『시선집중』 제10호, GS&J Institute, 2006.

이명헌·임송수,「EU 농업·농정의 동향」,『농업전망 2007』 자료집, 한국농촌경제연구원, 2007.

田中素香 外,『現代 ヨーロシパ 經濟』, 有斐閣アルマ, 2003.

제 3 부

현명한 무역정책과 협상으로 실리를 구한다

임 정 빈

5 우리 나라의 관세제도: 문제와 대안

1. 농산물 관세체계의 문제
2. 농산물의 관세구조
3. 우리 나라 농산물 관세체계의 특징과 문제점
4. 농산물 관세율체계의 개편방향

1 농산물 관세체계의 문제

UR 농업협상에서 WTO 회원국들은 모든 농산물에 대해 비관세 장벽을 철폐하고 관세만으로 국내산업을 보호하기로 합의하였다. 따라서 WTO 출범 이전까지 수입이 제한되었던 고추, 마늘, 양파, 포도, 감귤, 오렌지, 쇠고기, 돼지고기, 닭고기 등 주요 농산물을 1995년 이후에는 누구든지 일정률의 관세만 납부하면 검역상의 문제가 없는 한 자유롭게 수입할 수 있게 되었다.

이렇게 UR 농업협정 타결 이후 모든 품목에 관세화 원칙이 적용됨에 따라 농산물 무역정책수단으로서 관세의 중요성이 매우 커졌다. 그런데 선진국들은 그간의 연구와 경험을 바탕으로 같은 농산물이라도 그 품목의 특성을 감안하여 세분화하고 관세를 달리할 뿐만 아니라 종량관세, 혼합관세 등 다양한 관세부과유형을 적용하여 효과적으로 수입을 관리하고 산업보호효과도 높여 왔다.

이에 비해 우리 나라의 농산물 관세체계는 산업보호 측면에서 매우 부족한 상태이다. 우선, 선진국들은 품목별 특성을 고려하여 다양한 관세유형을 가지고 있는 데 비해 우리 나라 농산물 관세체계는 주로 종가세 위주로 단순화되어 있어 저가 수입농산물에 대한 대응력이 약하다. 특히, 관세를 회피할 목적으로 수입가격을 저가로 신고하는 경우 보호효과를 나타내기 어렵다.

또한 주요 농산물의 관세구조가 품목 사이의 유사성이나 대체성을 반영하지 못하여 실질적으로 국경보호효과를 나타내지 못하는 경우가 많다. 이와 같은 원품목과 유사·대체품목 간의 관세부조화에 따른 문제는 사실상 관세율을 조정해야만 해결될 수 있다. 그러나 국제법상으로 이미 양허된 관세율을 상향조정한다는 것은 거의 불가능하다고 보아야 한다. 왜냐하면, 관세율의 상향조정은 양허의 철회 또는 수정에 해당하는 중요사항으로 다른 WTO 회원국들의 동의와 양해를 받아야 하기 때문이다.

그렇다고 현 상황을 그대로 방치하는 것은 다음과 같은 측면에서 문제가 많다. 첫째, 현재의 우리 나라 농산물 관세체제로는 제대로 국경보호효과를 나타내기 어렵다. 즉, 관세의 역할 중 가장 강조되고 있는 산업보호적 측면에서 현행 우리 나라의 농산물 관세체제는 그 목적달성이 어려운 실정이다. 둘째, 현재의 관세체계는 편법, 탈법, 우회적인 수입행위를 조장함으로써 산업보호 측면뿐만 아니라 관세수입을 감소시켜 국가의 재정수입문제와도 연관된다. 셋째, DDA나 FTA 협상에서 관세감축의 유연성을 확보한다는 차원에서도 농산물 관세체제의 정비는 중요하다. 주요 품목의 HS 세번분류체계를 잘 정비하여 두면, DDA 농업협상이나 주요국과의 FTA 협상에서 민감하지 않은 세번의 관세감축폭은 크게 하고 민감한 세번의 관세감축폭은 최소화하여 전체적으로 보호효과를 높일 수 있기 때문이다.

따라서 가급적 지금부터라도 주어진 제약여건하에서 국내농업의 개방피해를 최소화하기 위한 방편의 하나로서 농산물 관세체제 및 구조에 대해 면밀히 검토하고 개선방안을 마련해 나가야 한다.

2 농산물의 관세구조

우리 나라 농산물을 국제기준에 따라 세분류한 이른바 총세번수는(HS 10단위 기준) 현재 1,452개이며, 평균양허관세는 63%, 평균실행관세는 55% 수준이다. 평균양허세율과 평균실행세율의 차이는 8%로 크지 않으며, 특히 고율관세가 부과되는 주요 품목의 경우 양허관세

그림 5-1 관세구간별 품목수

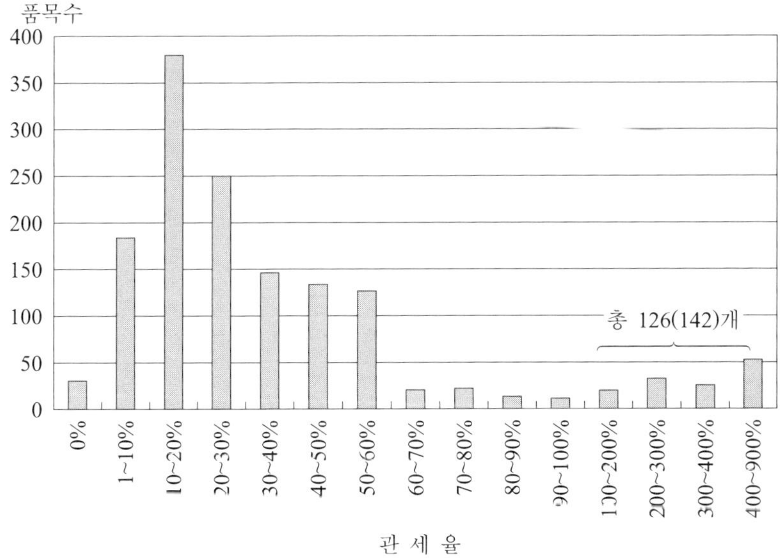

율과 실행세율이 동일하다.

관세율 구간별 품목분포를 살펴보면 [그림 5-1]과 같다. 쌀을 제외한 총 1,436개 세번 가운데 약 27%인 381개 품목이 10~20% 관세구간에 분포되어 있어 이 구간에 가장 많은 품목이 집중되어 있음을 알 수 있다. 그 다음으로 20~30% 구간에 전체의 17%가 분포하고 있고, 1~10%에 13%가 포진해 있다. 반면 80~90% 관세구간과 90~100% 관세구간에는 각각 12개, 11개 세번만이 분포되어 있어 가장 빈도가 낮다.

한편, 100% 이상의 고율관세 세번수는 총 126개로(쌀을 포함하면 142개), 전체 세번의 8.8%(쌀을 포함하면 9.8%) 수준이다. 그 중에서 400% 이상이 52개 세번으로 고율관세 세번 전체의 41%를 차지하고 있으며, 300~400% 구간은 40개 세번으로 고율관세 세번의 32%를 차

표 5-1 관세구간별 품목수 및 양허·실행세율

관세구간	해당 세번수 (HS 10단위)		누적 세번수 (HS 10단위)		양허세율 (%) (A)	실행세율 (%) (B)	(B/A)
	개수	비율 (%)	개수 (역순)	비율 (%)			
0%	29	2.0	1,436	100.0	−	−	−
1% 이상~10%	183	12.7	1,407	98.0	6	4	0.67
10% 이상~20%	381	26.5	1,224	85.2	17	9	0.53
20% 이상~30%	249	17.3	843	58.7	25	18	0.72
30% 이상~40%	147	10.2	594	41.4	33	27	0.82
40% 이상~50%	132	9.2	447	31.1	44	36	0.82
50% 이상~60%	125	8.7	315	21.9	54	25	0.46
60% 이상~70%	20	1.4	190	13.2	65	43	0.66
70% 이상~80%	21	1.5	170	11.8	72	36	0.50
80% 이상~90%	12	0.8	149	10.4	88	83	0.94
90% 이상~100%	11	0.8	137	9.5	90	31	0.34
100% 이상~200%	18	1.3	126	8.8	148	148	1.00
200% 이상~300%	32	2.2	108	7.5	249	248	1.00
300% 이상~400%	40	2.7	76	5.3	356	356	1.00
400% 이상~900%	52	3.6	52	3.6	686	686	1.00
계	1,436	100.0			63.2	54.5	0.86

지하고 있다.

양허관세와 실행관세의 차이를 보면 100% 이상의 관세구간에서는 양허관세와 실행관세가 동일한 반면, 90~100% 관세구간에서는 실행관세와 양허관세의 차이가 가장 큰 것으로 나타나고 있다. 90~100% 구간대의 실행관세는 양허관세의 34%에 불과해 양허관세 감축의 실질효과가 가장 작은 구간이며, 50~60% 구간과 70~80% 구간도 실행

그림 5-2 유별 평균관세율수준

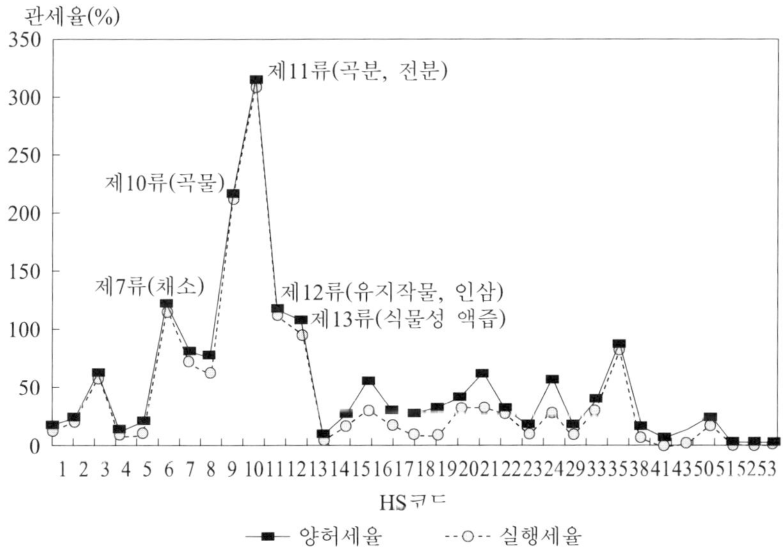

표 5-2 HS 4단위 기준 고율관세품목

관세수준	HS 4단위
100~200%	0402(분유), 0703(양파), 0713(녹두), 0802(밤), 0805(감귤), 1008(메밀), 1107(맥아)
200~300%	0409(천연꿀), 0902(녹차), 1004(귀리), 1102(곡분), 0709(고추), 0904(고추류), 1202(땅콩), 1211(백삼), 1302(인삼엑스)
300~400%	0701(감자), 1003(보리), 1007(수수), 1105(감자분), 0703(마늘)
400% 이상	0714(매니옥), 0902(녹차), 1005(옥수수), 1103(곡물조분), 1104(가공곡물), 1108(전분), 1201(대두), 1207(참깨), 1211(홍삼)

자료: 농림부, 『농림축산물 품목분류 및 관세율』.

관세가 양허관세의 50% 이하여서 양허관세의 감축효과가 상대적으로 크지 않다.

주요 품목류별 관세율수준을 살펴보면, HS 2단위 기준의 유별 관세율수준을 보면, 제11류(곡분, 전분 등)의 양허관세가 315%로 가장 높으며, 그 다음은 제10류(곡물) 218%, 제7류(채소) 124%의 순이다. 이를 더 세분하여 4단위를 기준으로 보면, HS 2단위에서는 없던 제12류의 1211(홍삼류)의 양허관세가 487%로 가장 높은 것으로 나타났으며, 그 다음은 제7류와 제11류의 0714(매니옥) 및 1108(전분류)이 433~437%, 제11류의 1103(곡물의 조분 및 펠리트)이 427%, 1104(가공곡물)가 405%, 그리고 제10류의 1005(옥수수)가 404%로 그 뒤를 잇고 있다.

3 우리 나라 농산물 관세체계의 특징과 문제점

3.1. 종가세 위주의 관세체계

우리 나라 농산물 관세체계는 종가세 위주로 되어 있어 종량세, 선택관세(종가세와 종량세 중 선택하여 부과), 혼합세(종가관세와 종량관세의 혼합부과)가 적용되는 품목은 매우 적다.[1] 현재 우리 나라는 농산물 총세번수의 4.7%에 불과한 68개 세번에만 선택관세가 적용되고 있으며, 나머지는 모두 종가세제이다.

반면에 미국, 캐나다, EU, 일본, 스위스, 노르웨이 등 주요 선진국들은 농업보호 측면에서 품목 및 교역의 특성을 감안한 다양한 형

[1] 종가세: 수입가격에 따라 관세를 부과하는 형태(예: 50%)
종량세: 수입량에 따라 관세를 정액으로 부과하는 형태(예: 100원/kg)
선택세: 종가세와 종량세 중 관세부담액이 큰 것을 부과하는 형태
혼합세: 종가세와 종량세를 병행해서 부과하는 형태(예: 25%+50원/kg)
기타세: 다른 부가조건이 추가되는 형태(예: 10.4%+71ECU/톤, 단 수입가격이 톤당 372ECU 이상이면 종량관세는 0임)

표 5-3 주요국의 농산물 관세유형별 부과비율

(단위: %)

국 가	종가세	종량세	선택세	혼합세	기 타	비종가세 전체 비율
한 국	95.3	0	4.7	0	0	4.7
일 본	81.6	11.5	3.3	3.4	0.2	18.4
미 국	57.5	33.6	0	6.3	2.6	42.5
캐나다	69.9	13.9	12.0	3.2	1.0	30.1
EU	54.2	26.7	2.5	11.9	4.7	45.8
스위스	11.0	88.9	0.1	0	0	89.0
노르웨이	31.9	19.1	49.0	0	0	68.1

자료: WTO(2004).

태의 관세유형을 개발하여 적용하고 있는 중이다. 전체 농산물 HS 세번에서 비종가세가 차지하는 비중은 스위스 89%, 노르웨이 68%, EU 46%, 미국 43%, 캐나다 30%, 일본 18% 수준으로 우리의 경우보다 월등히 높다. 이처럼 선진국들이 비종가세 유형을 많이 사용하는 이유는 무엇보다 단순종가세에 비해 종량세적 요소를 포함하는 관세유형이 저가 수입품에 대해 더 높은 관세부담효과를 나타내어 국내시장 보호효과가 크기 때문이다.

3.2. 양극화된 관세분포

우리 나라 농산물의 평균양허관세율은 63.2%로 농산물 수출국인 호주의 4%, 미국의 11.1%보다는 말할 것도 없고, 농산물 수입국인 일본의 41.3%, EU의 22.1%, 그리고 중국의 37.8%보다도 훨씬 높은 수준이고, 노르웨이 124%, 터키 65%, 스위스 51% 등과 함께 OECD 회원국 중 가장 높은 그룹에 속한다.

표 5-4 주요국의 농산물 관세율 비교

(단위: %)

국 가	양허세율	실행세율	고관세비율
한 국	63.2	54.5	8.8(쌀포함 9.8)
태 국	35.4	31.5	2.0
멕시코	42.8	27.4	5.7
일 본	41.3	24.1	8.7
중 국	37.9	7.9	4.3
EU	22.1	na	3.3
캐나다	21.3	23.0	7.1
미 국	11.1	8.9	1.5
칠 레	8.9	6.0	0
호 주	4.0	1.7	0

주: 고관세란 관세율 100% 이상을 의미.
자료: 한국농촌경제연구원 DDA 대책반(2005).

그러나 주요 농산물의 관세는 저율관세구간(18~45%)과 고율관세구간(135~400%)에 집중되어 있다. 즉, 양 극단에 주요 농산물이 집중적으로 분포되어 있는 특징을 가지고 있다. 저율관세구간(18~45%)에는 파·오이 등 일반채소류(대부분 27%), 장미 · 국화 · 튤립 등 절화류(대부분 36%), 사과·배·포도·복숭아 등 주요 과일류와 수박 · 참외 · 딸기 · 토마토 · 호박 등 주요 과채류(대부분 45%), 쇠고기(40%), 돼지고기(25%), 닭고기(18~20%) 등 축산물 등이 포진하고 있다.

반면에 고율관세구간(135~400%)에는 고추 · 마늘 · 양파 · 생강 등 양념채소류, 감귤(144%)과 인삼(백삼 223%, 홍삼 754%) · 녹차(513%), 참깨(630%) 등 특작류, 그리고 전지 및 탈지분유(176%) 등 낙농품이 있다.

한편, 옥수수(328~630%), 대두(487%), 겉보리(324%), 전분류(228~

표 5-5 전체 농산물 관세구간별 주요 품목 현황

관세구간	주요 품목
0%~10% 미만	식물성 유지류, 종자류
10% 이상~20% 미만	일부 닭고기(18%), 조류, 묘목
20% 이상~30% 미만	돼지고기(25%), 닭고기(20%), 계란, 파(27%), 오이(27%), 유채(20%)
30% 이상~40% 미만	일부 낙농품, 화훼류(장미·국화·튤립 등 절화), 유지류, 주류, 너트류
40% 이상~50% 미만	쇠고기(40%), 기타 과일쥬스 및 신선버섯(41%), 사과, 배, 포도, 복숭아, 단감 등 신선과일(45%), 수박, 참외, 딸기, 토마토, 호박 등 과채류(45%), 조제저장버섯(47%), 유장(49%)
50% 이상~60% 미만	건조채소(54%), 육류통조림(54%), 가공채소(54%), 과일 및 채소쥬스(54%), 조제식품(54%), 담배(54%)
60% 이상~70% 미만	홍차(60%), 담배(65%), 감(68%), 매실(68%)
70% 이상~80% 미만	냉동과일(72%), 육류통조림(72%)
80% 이상~90% 미만	종우(89%), 연유(89%), 버터밀크(89%)
90% 이상~100% 미만	표고버섯(90%), 고사리(90%), 바나나(90%)
100% 이상~200% 미만	양파(135%), 감귤(144%), 분유(176%)
200% 이상~300% 미만	밤(220%), 백삼(223%), 땅콩(230%), 메밀(256%), 꿀(243%), 맥아(269%), 고추(270%), 쌀보리(299%)
300% 이상~400% 미만	감자(304%), 옥수수(328~370%), 마늘(360%), 고구마(385%)
400% 이상~900% 미만	팥(420%), 감자전분(455%), 대두(487%), 녹차(513%), 맥주맥(513%), 귀리(554%), 잣(566%), 녹두(607%), 대추(611%), 팝콘용 옥수수(630%), 참깨(630%), 홍삼(754%), 수수(779%), 가공곡물(800%), 매니옥(887%)

자료: 농림부, 『농림축산물 품목분류 및 관세율』.

800%), 매니옥(887%), 맥아(269%), 맥주맥(513%), 가공곡물(800%) 등은 매우 높은 관세를 부과하는 것으로 되어 있으나, 실제로 이들 품목에 부과되는 실행관세는 매우 낮다(2% 내외). 국내물가 안정과 수요부족

을 충당하기 위해 이들 품목은 대부분 저율의 할당관세(TRQ)가 부과되고 있기 때문이다.

이와 같이 우리 나라의 주요 농산물의 관세는 양 극단에 집중적으로 분포되어 있는데다, 일부 고율관세품목은 아주 낮은 할당관세 세율로 수입되고 있기 때문에 평균양허관세율 수준만으로 판단하면 국경보호수준이 과대평가되는 경향이 있다.

3.3. 품목분류와 관세부조화

우리 나라 농산물 관세구조는 일반적으로 가공도가 높을수록 관세가 낮아지는 역관세체제를 가지고 있다. 이것은 UR 이전 농업을 보호하기 위해 주요 농산물은 비관세장벽으로 수입을 제한한 반면, 가공품의 관세는 비교적 낮게 유지하였던 데서 비롯된 것이다. 즉, UR협정에 따라 수입이 규제되던 농산물은 국내외 가격차이만큼의 관세를 부과하여 관세율이 아주 높아진 반면, 이미 관세화되어 있던 가공품의 관세는 그대로 유지된 결과 나타난 현상이다. 이와 같은 역관세체계로 다른 성분과 혼합하거나 냉장처리하는 따위의 단순처리를 하면 관세가 현저히 낮아지고, 그 결과 수입이 급증하여 농업에 큰 피해를 주고 있다.

또한 서론에서 이미 지적한 바와 같이 주요 농산물과 유사 또는 대체품목과의 관세부조화 현상이 심각하다. 많은 농산물이 서로 대체관계가 있음에도 불구하고 우리 나라 주요 농산물의 관세율구조는 원천적으로 이러한 특성을 충분히 고려하지 못한 상태에서 결정된 것으로 생각된다. 가령 어떤 농산물의 관세가 높더라도 유사대체품이 낮은 세율로 개방되어 있으면 유사대체품의 수입이 급증하여 보호효과를 나타내지 못한다.

현재 상당수 주요 품목의 관세구조가 이런 문제를 가지고 있는데, 특히 고추·마늘·양파 등 양념류, 땅콩·참깨·인삼 등 특작류, 탈

표 5-6 **주요 품목과 유사·대체품목 간의 관세율 비교**(2005년 기준)

품 목	양허관세	대체·유사품목	HS 세번	양허관세
고 추	270	냉동고추	0710-80-7000	27
		고추장	2103-90-1030	54(8)
		혼합조미료	2103-90-9030	54(8)
마 늘	360	초산마늘	2001-90-9060	36(30)
		냉동마늘	0710-80-2000	27
양 파	135	냉동양파	0710-80-1000	27
		조제양파	2001-90-9070	54(30)
생 강	377.3	저장처리 생강	2006-00-3000	45(30)
참 깨	630	참기름과 분획물	1516-20-1050	36
		참깨유박	2306-90-1000	63
땅 콩	230.5	조제땅콩(볶은 땅콩)	2008-11-9000	63.9
		피넛버터	2008-11-1000	54(50)
		아몬드	0802-12-0000	21
		캐슈넛	0801-30-0000	32.8
		땅콩유와 분획물	1516-20-1010	36
		땅콩유박	2305-00-000	6.6(5)
인 삼	754.3	인삼분	1211-20-2110	18
		인삼액스	1302-19-1110	20
		인삼차	2106-90-3011	22.9(8)
녹 차	513.6	마태조제품	2102-20-9000	40
쌀	관세화 유예	쌀조제품(찐쌀)	1904-90-1000	54
탈지·선시분유	176	조제분유	1901-10-1010	36
		혼합분유	901-90-2000	36

주: ( )의 수치는 실행세율임.
자료: 농림부(2005).

지·전지분유 등 낙농품 등에 이러한 현상이 현저하게 발생하고 있다. 예를 들어, 신선마늘이나 분유의 세율은 아주 높지만 그 대체품인 냉동마늘 또는 혼합분유의 세율은 아주 낮기 때문에 이런 대체품의 수입이 늘어나 마늘 및 낙농 농가에 심각한 피해를 주고 있는 것이 대표적인 사례이다.

4 농산물 관세율체계의 개편방향

4.1. 관세유형의 다양화 시도

WTO체제에서 농산물 관세의 정책적 중요성은 한층 높아졌지만 아직도 농산물 관세문제에 대한 본격적인 검토나 바람직한 농산물 관세정책 방향에 대한 논의가 제대로 이루어지지 않고 있다. 사실 UR 이전까지는 무역정책수단으로서 농산물 관세에 대한 관심이나 중요성이 거의 부각되지 못하였다. 왜냐하면, 앞서 언급한 바와 같이 UR 이전 GATT체제에서는 주요 품목에 대해 수입제한제, 수입할당제, 가변부과금 및 임의적인 수입허가제 등 비관세장벽을 통한 국경보호가 일반적으로 가능하였기 때문이다. 그런데 UR 농업협정 타결 이후 모든 품목에 관세화 원칙이 적용됨에 따라 관세는 산업의 보호를 위한 거의 유일한 무역정책수단이 되었다. 더욱이 국경조치뿐만 아니라 국내보조가 제한을 받게 됨에 따라 관세정책의 중요성은 더욱 높아졌다. 따라서 본격적인 농산물시장 개방에 효과적으로 대응하기 위한 보호수단으로서 관세제도를 면밀히 재검토할 필요가 있다.

향후 우리 나라 농산물 관세체계의 개편방향으로 고려해야 할 첫번째 사항은 관세유형을 다양화하는 것이다. 즉, 선진국에서와 같이 순수종량세, 종량-종가 혼합세 등 종량세적 요소를 포함하는 다양한 관세부과유형을 개발하여 운영할 필요가 있다. 우리 나라가 현행 종가세 위주의 농산물 관세부과유형을 선진국과 같이 종량세적 요소를 포함하는 다양한 관세유형으로 확대개편해야 하는 이유는 무엇보다 중국산 등 저가 수입농산물에 대한 대응력을 높일 수 있기 때문이다.

물론 현행 종가세 위주의 관세체계를 종량세적 요소를 포함하는 다양한 관세부과유형으로 전환하는 것은 쉽지 않을 것이다. 무엇보다 이미 양허된 관세부과유형의 변경은 WTO의 양허표 수정에 해당하므로 회원국의 동의와 양해가 필요하며, 특히 미국·중국 등 수출국이 관세부과유형 변경을 보호수준을 높이려는 행위로 이해함으로써 반발할 것으로 예상된다. 또한 단순종량세 부과의 경우 세액의 경직성으로 인해 품질 및 수입가격 차이를 반영하지 못하여 불공평 과세가 될 가능성이 있다. 따라서 농산물 관세부과유형의 다양화를 위해서는 대내적으로 품목별 특성을 고려한 적합한 관세부과유형을 개발하고, 대외적으로는 관세부과유형의 전환과 관련하여 이해당사국을 설득할 수 있는 논리를 개발해야 한다.

4.2. 관세율 세분화 추진

사용용도 및 주요 성분의 함량비율 개념을 이용한 관세부과방식을 도입하고, 품목별 특성을 고려하여 세번(HS)의 세분화를 검토해야 한다. 앞서 살펴본 바와 같이, 현재 우리 나라 주요 농산물의 경우 기본농산물에 대해서는 비교적 높은 세율이 부과되는 반면에, 이와 연관된 유사대체품이나 단순가공품에는 낮은 세율이 부과되는 관세구조의 부조화문제가 심각하다. 요컨대, 주요 농산물 및 가공품의 관세가 가공단계나 주성분의 함량 등과 연계되어 있지 않기 때문에 유사대체품의 수입이 늘어나 실질적인 보호효과를 나타내기 어려운 실정이다.

미국·EU·일본 등 선진국의 경우는 사용용도, 주성분의 함량, 감미료 등의 첨가 여부에 따라 품목을 세분하고, 그 기준에 따라 관세를 다르게 적용하여 이와 같은 문제를 최소화하고 있다. 예를 들어, 관세부과품목 분류체계(HS 4단위)를 기준으로 할 때 탈지분유·전지분유·연유 등이 속해 있는 0402류에 속하는 밀크와 크림의 경우, 우리나라는 10개 품목으로 단순분류되어 있음에 비해 선진국들은 주성분의 함량을 고려하여 미국은 30개, 유럽연합은 28개, 일본은 38개로 세분화하여 차등적인 관세를 부과하고 있다.

주요 품목에 대한 관세부조화문제를 방치하면 앞으로 DDA 협상의 민감품목 선정 또는 미국 등 주요국과의 FTA 협상에서 관세감축이나 철폐협상에 큰 어려움을 줄 것이다. 어떤 품목이 관세감축이나 철폐에 신축성을 인정받는다고 해도 그와 직간접으로 대체가 가능한 품목이나 유사품이 이미 자유화되었거나, 관세가 매우 낮을 경우 국경보호효과는 상당히 제한적일 것이다. 따라서 우선 높은 관세율이 부과되는 원품목에 비해 낮은 세율로 개방된 유사대체품목을 미국, EU, 일본 등 선진국의 사례를 참고하여 사용용도(종자용, 사료용, 가공용, 식용 등), 주성분의 함량(당분, 전분, 지방, 알코올 함유량 등), 감미료 등의 첨가 여부에 따라 품목을 세분하고 관세감축률을 차등적용할 수 있는 기반을 마련해 두어야 할 것이다.

미국·EU·일본 등 선진국의 경우와 같이 품목별 특성을 고려하여 감미료 등의 첨가 여부, 사용용도, 주성분의 함량비율 등에 따라 품목을 세분하여 관세를 부과할 경우 나타날 수 있는 기대효과는 다음과 같다. 첫째, 정확한 수입동향 파악을 통해 국내 주요 품목의 효과적인 수급관리가 가능하다는 것이다. 둘째, 관세당국이 엄격하게 품목분류를 하도록 유도하여 우회수입을 방지할 수 있다. 사실 지금까지 일부 품목의 경우 높은 관세부담을 회피할 목적으로 단순가공이나 혼합을 통한 우회수입이 적지 않았다고 생각한다. 따라서 수입급증이 예상되는 품목의 관세분류체계를 세분화한다면 관세당국의 엄격한 품목분류와 관세평가가 가능함으로써 수입업자들의 우회수입이나 허위 저가수입신고에 대한 대응력을 증가시킬 수 있을 것이다.

농산물 관세체제 개편의 문제는 국제법적인 제약뿐만 아니라 국내경제구조의 틀 속에서 국가의 정책방향, 자원이용의 효율성 및 관세개편의 영향 등을 종합적으로 검토해야 하는 매우 어려운 작업이다. 따라서 중장기적인 안목으로 대내외적인 여건을 분석하여 우리나라 농업발전 방향에 부합되는 관세정책의 개편방안을 시급히 마련하여야 한다.

참고문헌

농림부, 『농림축산물 품목분류』, 2000.

______, 『WTO 농업협상업무자료』, 농업협상과, 2004.

______, 『농림축산물 관세율 및 품목분류』, 2005.

대한민국, 『UR 농산물협상 이행계획서』, 1994.

서진교·임정빈 외, 『TRQ 관리제도의 효율적 개선방안』, 농림부, 2004.

임송수·서진교·김상현·임소영, 「농업협상 기본 골격 초안의 평가와 시사점」, 『농정속보』 제10권, 한국농촌경제연구원, 2004. 7.

임정빈, 「우리나라 UR 농업협정의 이행경험」, 『농촌경제』 제22권 제4호, 한국농촌경제연구원, 1999.

______, 「차기 농산물 관세인하 협상과 정책과제」, 『농업경제연구』 제41권 제2호, 한국농업경제학회, 2000.

______, 「WTO 출범 이후 시장접근관리방식의 국제적 비교 및 정책적 함축성」, 『농촌경제』 제23권 제3호, 한국농촌경제연구원, 2000.

임정빈·이재옥·어명근, 『우리나라 농산물 시장접근물량 관리방식의 개선 방향』, 한국농촌경제연구원, 2000.

Abbott and Morse, "TRQ Implementation in Developing Countries," presented at the Conference on Agriculture and the New Trade Agenda in the WTO 2000 Negotiations, World Bank, 2000.

Abbott and Paarlberg, "Tariff Rate Quotas: Structural and Stability Impacts in Growing Markets," *Agricultural Economics*, 1998.

Dixit, Praveen M. and Tim Josling, "State Trading in Agriculture: An Analytical Framwork," IATRC, Working Paper #97-4, July 1997.

OECD, *Review of Tariff Synthesis Report*, 1999.

Skully, David W., *Economics of Tariff-Rate Quota Administration*, Economic Research Service/USDA. TB-1893, 2001.

USDA/ERS, "Implementation of Uruguay Round Tariff Reductions," *Agricultural Outlook*, 19 October 1999.

______, "Agriculture and the Evolution of Tariff Bargaining," *Agricultural Outlook*, 20 July, 1999.

WTO, "Tariff Quota Administration Methods and Tariff Quota Fill," Committee on Agriculture, TN/AG/S/6, 2002.

______, "Tariff Quota Fill," TN/AG/S/20, 2005.

______, "Tariff Quota Administration Methods and Tariff Quota Fill," TN/AG/S/22, 2006.

임 정 빈

6

우리 나라의 할당관세제도: 문제와 대안

1. TRQ제도의 탄생
2. TRQ 수입관리방식의 현황
3. TRQ 물량 수입관리제도의 문제점
4. TRQ 관리제도의 개선방향

1 TRQ제도의 탄생

우루과이라운드(UR) 농업협상을 통해 이루어진 중요한 합의는, 제5장에서 언급한 바와 같이 광범위하게 사용해 오던 모든 비관세장벽을 철폐하고 관세로 일원화한 것이었다. 그런데 비관세장벽을 관세로 전환하는 경우 일종의 이중관세제도인 관세할당제(tariff rate quotas: TRQ)를 통해, 양허된 물량에 대해서는 낮은 관세를 부과하고 이를 초과하는 물량에 대해서는 높은 관세를 부과할 수 있도록 하였다. 이 제도는, 비관세장벽을 관세로 전환하되 국내외 가격차이만큼의 관세를 부과할 수 있도록 하여 수입량이 급격히 늘어나지 않도록 하는 대신 일정한 물량에 대해서는 저율관세를 부과하도록 하여 수출국들에게 시장접근기회를 보장하기 위해 생긴 수출입국 간의 타협의 산물이었다.

TRQ제도는 수입쿼터와 같은 무역제한조치에 비해 무역흐름을 왜곡하는 효과가 적고 더 시장지향적이라고 할 수 있다. 왜냐하면, 수입쿼터제는 일정 물량 이상의 수입을 금지하는 데 비해, 관세할당제도는 쿼터를 초과하는 수입량에 대해 비록 고율관세가 적용되지만 수입 자체는 계속 허용하기 때문이다.

그런데 TRQ 물량에는 낮은 세율이 적용되기 때문에 경우에 따라 막대한 수입차액이 발생하게 된다. 따라서 각국은 낮은 관세율로 수입이 보장된 시장접근물량을 수입할 때 발생할 수 있는 수입차액(rent)을 공정하게 분배하고, TRQ 물량이 국내농업에 미치는 영향을 최소화하기 위하여 국영무역(state trading), 수입권공매(auction), 과거실적 배분, 수입허가 등 다양한 수입관리방식을 운영해 오고 있다.

우리 나라의 경우도 WTO협정과 품목별 특성을 고려하여 지정기관 배정방식(국영무역 또는 생산자단체), 수입권공매 및 실수요자 추천 방식 등을 활용하고 있다. 우리 나라 농산물 중 TRQ 대상품목은 실품목 기준으로 63개 품목(HS 10단위로는 190개)이며, 쌀, 보리, 감자, 고추, 마늘, 양파, 오렌지, 인삼, 분유, 연유 등 주요 농축산물이 여기에 포함되어 있다. 현재 농수산물유통공사와 농협중앙회를 포함하여 21개 관련기관에서 TRQ가 설정된 품목에 대한 수입추천, 수입이익금 징수 및 사후관리 업무를 담당하고 있다.

지금까지 우리 나라의 TRQ 물량 수입관리제도는 농업을 보호하고 수입차액을 농업투자재원으로 활용하는 데 나름대로의 상당한 성과가 있었다고 생각된다. 하지만 현행 제도는 여러 가지 문제점과 제약요인을 가지고 있다.

우선 대내적으로 TRQ 관리대상 품목과 직·간접적으로 대체관계에 있는 유사대체품이나 가공품이 이미 낮은 세율로 개방되어 있어 수입관리정책의 목적을 달성하기 어렵거나, 그 동안 수입실적이 전무하여 TRQ 관리의 실질적 의미가 없는 품목이 있다. 또한 TRQ 물량의 수입에 대한 수입추천권이 농업단체나 협회 중심으로 배정·운영되고 있어 종종 시장여건의 변화에 적절히 대응하지 못하거나 시장의 진입장벽, 또는 불공정 거래관행으로 이어질 소지가 있다.

한편, 대외적으로 DDA 농업협상에서의 TRQ 물량 관리방식 관련 논의동향을 보면 TRQ 품목의 투명한 수입관리를 위해 UR 때보다 대폭 강화된 규정을 제정하려 하고 있다. 물론 수출입국 간의 첨예한 이해대립으로 최종 합의까지는 아직도 해결해야 할 기술적인 쟁점들이 많이 남아 있지만, 이제까지 이루어진 TRQ 수입관리 관련 논의결과가 최종 합의문에 상당 부분 그대로 반영될 가능성이 높다. 즉, TRQ 수입관리방식과 관련한 DDA 농업협상 동향을 감안할 때, 현행 TRQ 관리제도를 그대로 유지하기는 어렵다고 생각된다. 또한 다음 제7장에서 다시 논의하겠지만, 현재 진행중인 한·미 FTA 협상에서 미국측은 우리 나라의 현행 TRQ 관리방식의 대폭 수정을 요구하고 있는 것으로 알려져 있다. 예컨대, TRQ 물량을 생산자단체에 배분하지 말 것, TRQ 물량배분시 국내산 구매를 조건으로 하지 말 것, 가공업자에게만 제한적으로 TRQ 물량을 배분하지 말 것, 선착순방식에 의해 TRQ 물량을 배정할 것, 국영무역을 통한 수입관리를 중단할 것, 수입부과금을 부과하지 말 것 등 현행 우리 나라 TRQ 관리방식의 대폭적인 수정을 요구하고 있다.

따라서 현행 우리 나라 TRQ 관리방식과 이행실적을 면밀히 검토하고 DDA에서의 논의동향을 고려하여 국내농업 보호효과를 높이면서도 협상력을 높일 수 있도록 TRQ 물량 수입관리방식을 조기에 개선하는 것이 바람직하다.

2 TRQ 수입관리방식의 현황

2.1. UR 이후 수입관리제도의 변화

UR 협상결과 각국이 수입을 제한해 오던 품목을 관세화 방식으로 개방하되, 기준연도 수입량 또는 국내소비의 최소 3%에 해당하는 물량에 대해서는 낮은 관세로 수입기회를 보장하기로 하였다. 이에 따라 1995년 WTO체제 출범 당시 우리 나라는 농산물시장 개방이행계획서(Country Schedule: CS)를 통해 쌀, 보리, 고추, 마늘, 쇠고기 등 67개 품목에 대해 시장접근물량을 제시하였다. 그러나 그 후 UR 합의에 따라 오렌지쥬스·닭고기·돼지고기는 1997년도에, 쇠고기는 2001년부터 완전 개방되면서 TRQ 내 세율과 TRQ 밖 세율이 일치하게 되어 현재 우리 나라는 63개 품목, HS 10단위로 190개 품목에 대해 TRQ 물량을 설정하여 관리하고 있다(〔표 6-1〕 참조).[1]

UR협정에서 TRQ 물량은 두 부류로 구분되는데, 기준연도 수입량이 국내소비량의 3%를 초과한 경우에는 기준연도의 시장접근기회를 계속 보장하기로 하였고(이를 현행시장접근(CMA)이라 하였다), 기준연도 수입량이 국내소비량의 3% 미만인 품목은 이행기간 동안 수입량을 기준연도 소비량의 3%에서부터 5%까지 늘리기로 하였다(이를 최소시장접근(MMA)이라 하였다). TRQ가 설정된 63개 품목을 UR 농업협정 기준에 따라 최소시장접근 또는 현행시장접근을 기준으로 재분류해 보면, 기준기간[2]인 1988~1990년에 수입이 전혀 없었거나 있다고 해도 당시 국내소비량의 3% 미만이었던 쌀·고추·마늘·양파 등 39개 품목에는 MMA가, 3% 이상 수입되던 나머지 24개 품목에는 CMA가 설정되었다.

일반적으로 관세화 원칙에 따라 국내외 가격차에 상응한 수준의 고율관세(관세상당치)가 부과되는 데 비해 시장접근물량에는 현저히 낮은 세율이 적용되기 때문에 막대한 수입차익이 발생할 수 있다. 더욱이 국내외 가격차가 큰 품목의 수입이 급격히 늘어나는 경우 국내시장에 혼란을 불러올 수 있으므로 시장접근물량을 특별히 관리할 필요가 있었다. 이에 우리 나라는 시장접근물량의 효율적 관리를 위해 WTO협정 내용과 품목별 특성, 국내외 수급상황 등을 종합적으로 고려하여 시장접근물량이 설정된 품목을 지정기관 배정방식, 수입권공매, 실수요자 배정방식 등으로 구분하여 관리해 오고 있다.

TRQ 품목의 관리를 규정하고 있는 근거 법률은 양곡관리법(제12, 13조), 축산법(제24, 25조), 농수산물 유통 및 가격안정에 관한 법률(제15조), 종자산업법(제142조), 사료관리법(제6조), 인삼산업법(제20조) 등 6개의 개별 법률이며, 더 구체적인 요령은 농림부 고시 「농축산물 시

---

[1] 하지만 UR협정 이행결과 2004년부터 고율관세와 자율관세가 같아진 오렌지의 경우는 TRQ 물량에 대한 수입관리가 사실 이루어지지 않고 있어 실제 운영중인 TRQ 품목은 62개라 할 수 있다.

[2] UR 농업협정문상의 기준기간은 1986~1988년으로 제시되어 있으나, 우리 나라는 이행계획서 제출시 시장개방분야에서 1988~1990년을 기준기간으로 사용하였다.

표 6-1 우리 나라의 TRQ 관리방식: 수입관리기관의 법적 성격에 기초한 분류

<table>
<tr><th colspan="2">수입관리방식</th><th>최소시장접근(MMA) 품목</th><th>현행시장접근(CMA) 품목</th><th>비 고</th></tr>
<tr><td colspan="2">지정기관
(국영무역+
생산자단체)
17개 품목(76)</td><td>12개 그룹 64개 세번: 쌀(16), 보리(8), 고추(5), 마늘(4), 양파(2), 생강, 감자(종자용 이외), 오렌지, 감귤류(4), 천연꿀, 인삼(19), 잣(2)</td><td>5개 그룹 12개 세번: 대두(2), 낙화생(3), 녹두·팥(4), 메밀(2), 참깨</td><td>감자는 자격제한 없는 실수요자 추천으로 운영
보리는 사료용으로 추천
오렌지, 감귤류는 수입권공매방식으로 운영(2002년)</td></tr>
<tr><td colspan="2">수입권공매
6(16)</td><td>5개 그룹 12개 세번: 연유(4), 전지분유(3), 참기름, 밤(2), 대추(2)</td><td>1개 그룹 4개 세번: 탈지분유(4)</td><td></td></tr>
<tr><td rowspan="2">실수요자
추천
40(98)</td><td>자격제한
22(70)</td><td>13개 그룹 30개 세번: 종우(3), 종돈, 골분, 녹차(2), 사료용 근채류(3), 맥아(2), 변성전분(8), 매니옥전분, 고구마전분, 유당(2), 에틸알코올, 기타 배합사료, 보조사료(4)</td><td>9개 그룹 40개 세번: 종계(3), 유장(7), 버터(2), 매니옥(4), 맥주맥, 옥수수(7), 기타 가공곡물(11), 육(골)분, 생사(4)</td><td>이익금 부과 없이 실수요자에게 배정</td></tr>
<tr><td>신청순
18(28)</td><td>9개 그룹 17개 세번: 조란, 잠종, 묘목류(4), 뽕나무, 감자(종자용), 고구마(4), 조(종자용), 밀전분(3), 참깨유박</td><td>9개 그룹 11개 세번: 매니옥펠리트, 기타 서류, 호밀(종자용), 귀리(종자용), 종자용 옥수수(2), 수수(종자용), 감자분(2), 인조꿀, 누에고치</td><td>시장성이 없거나, 수요가 적은 품목을 신청순 배정</td></tr>
<tr><td colspan="2">63(190)</td><td>39(123)</td><td>24(67)</td><td></td></tr>
</table>

주: 1) 2개 이상의 수입관리방식이 존재하는 품목은 주된 방식으로 분류.
   2) ( )는 HS 10단위 기준임.

자료: 농림부(2004).

장접근물량 양허관세 추천 및 수입요령」으로 매년 말에 이듬해에 적용될 고시가 발표된다.

2.2. TRQ 물량 수입관리방식

전 세계적으로 볼 때, 관세할당제는 2004년 기준으로 45개 국가에서 총 1,429품목에 대해 운영되고 있으나, 사실상 이들 중 약 43%에 해당하는 614개 품목은 이중관세제도인 관세할당제가 아닌 단일관세의 적용만으로 수입이 허용되고 있다.[3] 따라서 WTO 회원국들에 의해 실제적 의미에서 관세할당제가 운영되고 있는 품목은 815개 품목이다. WTO 사무국은 회원국들이 운영하는 TRQ 물량 수입관리방식을 단일관세 적용(Applied tariff), 수입허가제(License on demand), 선착순(First-come First-served), 과거실적 배분(Historical importers), 공매(Auction), 국영무역(Import state trading), 혼합방식 등 대략 8가지로 구분하고 있다. 여기서 주목할 것은 현재 WTO가 분류하고 있는 TRQ 관리방식과 우리 나라의 분류방식에는 상당한 차이가 존재하고 있다는 것이다. 이러한 분류의 차이는 무엇보다 우리 나라가 수입관리방식을 관리기관의 법적인 성격에 따라 구분한 데 반해, WTO는 수입관리하는 실제 내용에 따라 구분하고 있기 때문으로 보인다. 실제 운영상황에 기초하여 우리 나라가 사용하고 있는 TRQ 관리방식을 구분해 보면 지정기관 배정방식(국영무역+생산자단체), 수입권공매, 실수요자 배정(수입자격제한 또는 선착순)방식과 이들 방법을 혼용하는 방식 등 총 5가지로 분류된다. 현행 우리 나라 TRQ 물량 수입관리방식별 주요 내용과 대상품목을 차례대로 살펴보면 [표 6-2]와 같다.

[3] 물론 단일관세만을 적용하고 있더라도 각국의 이행계획서상에 관세할당제 사용의 권리를 보유한 이들 품목은 비록 현재 이 제도를 활용하고 있지 않더라도 언제든지 각국의 의지에 따라 이중관세제도인 관세할당제로의 전환이 가능하다.

표 6-2 우리 나라의 TRQ 관리방식: 실제 운영에 기초한 재분류

총 계		품 목	수입관리기관	비 고
		63품목	21개 기관	
지정기관 배정 (7품목)		쌀, 마늘, 양파, 고추, 메밀, 녹두·팥, 잣	농림부, 유통공사, 산림조합	지정된 기관만이 수입판매 및 수입이익금 징수
수입권공매 (7품목)		오렌지, 인삼, 감귤류, 연유, 밤, 전지분유, 대추,	농협, 유통공사, 산림조합, 제주감협	수입권공매 주관기관이 주최하는 경매에 참가하여 낙찰받아야 수입가능
실수요자 배정 (40품목)	자격제한 (23품목)	보리, 종우, 종돈, 종계, 골분, 유장 등	유가공협회, 사료협회, 단미사료협회, 종축개량협회 등	국내산 구매·가공시설 확보, 수입실적 등 일정한 자격요건이 있는 자에게 배정
	신청순 (17품목)	조란, 고구마, 종자류, 묘목류 등	종자관리소, 대한잠사회, 농협 등	신청순으로 물량 배정
혼합방식 (9품목)	지정기관+수입권공매 (3품목)	생강, 땅콩, 참깨	유통공사	국영무역방식이나 일부 물량은 공매제로 운영
	지정기관+실수요자 배정 (1품목)	대두	유통공사	국영무역방식이나 일부 물량은 실수요자 배정
	수입권공매+실수요자 배정 (4품목)	천연꿀, 참기름과 분획물, 탈지분유, 감자	유통공사, 농협	수입공매제방식이나 일부 물량은 실수요자 배정
	자격제한+신청순 배정 (1품목)	밀전분	농협중앙회, 의약품수출입협회	수입실적기준 및 선차순 혼합운영

주: 실제 최근 운영상황을 기초로 재작성.

(1) 지정기관 배정방식(국영무역/생산자단체)

지정기관 배정방식은 정부가 지정한 기관만이 TRQ 수입권을 갖고, 해당 품목을 수입하여 국내시장에 판매한 후 수입차익을 정부에 납부하는 수입관리방식이다. 정부는 지정기관으로 선정된 기관에게 TRQ 물량을 배정하고 해당 기관에 TRQ의 독점적 수입권한을 부여하고 있기 때문에 지정기관 배정방식은 사실상 국영무역에 의한 TRQ 관리방식과 다름없다.

정부가 지정한 수입지정기관은 전문성과 경험을 살린다는 차원에서 이전부터 해당 품목을 수입하던 기관 내지 관련단체들로 정부(농림부, 조달청), 농수산물유통공사, 농협중앙회, 산림조합, 제주감귤조합 등 5개 기관이며, 이들 기관이 독점적으로 해당 품목을 수입하여 판매하고 이익금을 농안기금(또는 해당 생산자단체 적립금)에 적립하여 농업투자재원으로 활용함으로써 국내농산물의 수급을 안정시키고 생산농가의 피해를 최소화하려 하고 있다.[4]

현재 순수하게 지정기관에 의해서만 수입이 이루어지는 대상품목은 쌀(농림부, 농수산물유통공사), 고추, 마늘, 양파, 메밀, 녹두와 팥(농수산물유통공사), 잣(산림조합) 등 7개 품목이고, 지정기관방식과 수입권공매나 실수요자 배정방식과 혼합되어 운영되는 품목은 4개 품목으로 주로 시장개방에 따라 국내에 미치는 영향이 클 것으로 예상되는 품목들이다.[5]

---

[4] 오렌지, 감귤류, 인삼 등은 수입개방으로 직접 피해를 입는 생산자단체가 수입을 독점하다가 최근 수입권공매로 전환되었다.

[5] UR 이행 초기에는 총 18개 품목이었으나, 시간이 갈수록 지정기관을 통한 독점적 수입은 점차 줄어들고 있다. 대표적으로 쇠고기가 2001년부터 자유화되어 지정기관 배정방식에서 제외되었으며, 지정기관 배정방식에 의한 TRQ 소진율이 낮아 수출국으로부터 통상압력을 받았거나 예상되는 품목을 중심으로 수입권공매제도(예: 오렌지, 감귤, 인삼)나 실수요자 배정방식으로의 전환(예: 감자)되고 있으며, 순수한 지정기관 배정방식에서 다른 방식을 혼합운영하는 품목(예: 생강, 땅콩)이 증가하고 있어 현재 지정기관 배정방식의 품목수는 11개 품목(순수지정기관 배정 7개+

(2) 수입권공매

수입권공매란 공개경쟁 입찰방식을 통해 TRQ 수입권을 판매하는 방식이다. 수입권공매를 주관하는 기관이 있고, 이 기관이 주최하는 공매에 참가하여 낙찰을 받은 수입업자(체)가 TRQ 물량을 수입할 수 있다. 대상품목은 지정기관 배정방식이 아닌 품목 가운데 국내외 가격차가 커서 TRQ 수입으로 상당한 수입차익이 발생하게 될 것으로 예상되는 품목들로 전지분유, 연유, 인삼류, 밤, 대추, 오렌지, 감귤류 등 7개 품목은 순수하게 수입권공매방식으로만 운영되고, 나머지 3개 품목은 수입권공매와 함께 실수요자 배정방식이 혼용되고 있다. 과거 지정기관 방식으로 수입되던 오렌지, 감귤, 인삼 등이 수입권공매방식으로 전환되었다.

공매주관기관으로서 탈지분유(일부 물량), 전지분유 및 연유는 농협중앙회가, 밤과 대추는 산림조합이 수입권공매를 주관하고 있다. 한편, 인삼은 종전에 농협을 수입기관으로 지정하여 운영하다가 수입권공매로 바뀌었으며(공매주관기관: 농협중앙회), 오렌지와 감귤류는 제주감귤협동조합이 지정기관 배정방식으로 TRQ를 운영하다 2002년부터 수입권공매방식으로 전환되었다.

수입권의 공매방식은 공개경쟁 입찰방식을 원칙으로 하고 있으며, 수입권의 전매는 금지되어 있다. 낙찰자가 낙찰받은 물량을 전량 수입하지 않을 경우 수입이행보증금으로 제시된 낙찰대금 총액의 10%는 관련기금에 귀속되며, 향후 3년간 수입권공매에 입찰을 금지시킬 수 있는 제한규정이 마련되어 있다.

(3) 실수요자 배정

실수요자 배정방식은 TRQ 수입권을 수입관리기관이 정한 절차

지정기관과 다른방식 혼합 4개)이다

에 따라 신청순으로 배정하거나, 또는 일정한 자격요건을 가진 업체에게 우선적으로 배분하는 방식으로 수입차익을 환수하지 않는 것이 특징이다.

대상품목은 주로 싼 값에 수입할 수 있도록 해야 국내농산물의 생산비 절감과 경쟁력 향상에 도움이 되는 농자재품목이 대부분이다. 수입자격을 제한하고 있는 품목으로는 보리, 종우, 종돈, 종계, 유장, 골분, 녹차, 맥아, 맥주맥, 매니옥, 옥수수, 기타 가공곡물, 변성전분, 매니옥 전분 등 23개가 있으며, 이들 품목은 용도가 제한되기도 하고 국내산을 구매한 실적이 있거나 일정한 가공시설을 확보하고 있는 업체에게만 수입자격이 주어진다. 참고로 보리는 당초 국영무역 품목이었으나 현재는 일정한 자격요건을 가진 실수요자에게 배정되는 품목으로 운영중이다.

신청순으로 배정하는 것은(단, 국내시장질서 유지를 위하여 필요한 경우 과거 수입실적, 시설규모, 생산계획 등을 고려하여 일정한 요건을 갖춘 자에게만 배정이 가능) 조란, 잠종, 묘목류, 고구마, 종자류, 인조꿀, 누에고치 등 17개 품목이다.[6] 또한 지정기관 배정, 수입권공매방식 등과 혼용되어 실수요자 배정방식으로 운영되는 품목이 4개 품목이 있으며, 실수요자 배정방식 중 신청순과 자격제한이 동시에 이루어지고 있는 품목은 밀전분 한 품목이다.

(4) 혼합방식

혼합방식은 위에서 언급한 지정기관 배정방식, 수입권공매, 실수요자 배정 등을 혼합하여 사용하는 것을 말한다. 생강, 땅콩, 참깨의 경우 TRQ의 일부 물량은 지정기관 배정방식으로 관리되고 있으며, 나머지 TRQ 물량은 수입권공매방식이 적용되고 있다. 대두는 TRQ의

---

[6] WTO 자료에 의하면 우리 나라가 현재 신청순으로 실수요자에세 배정하는 방식을 원용하는 대부분의 품목을 수입허가 품목으로 분류하고 있다(뒤에 언급되는 〔표 6-4〕 참조).

일부를 지정기관인 유통공사에서 관리하고 있으며, 나머지 TRQ는 실수요자에게 배정하는 방식을 취하고 있다. 천연꿀, 참기름과 분획물, 탈지분유, 감자는 수입권공매와 실수요자 배정을, 그리고 밀전분은 과거 수입실적에 의한 자격제한과 선착순 배정을 동시에 사용하고 있다.

2.3. TRQ 물량의 이행실적

2004~2005년을 기준으로 TRQ 물량이 설정된 63개 품목 중 약 54%(오렌지 제외시 56%)에 해당하는 34개 품목의 TRQ 소진율은 90% 이상을 나타냈다. 이들은 주로 국내외 가격차이가 크거나 국내에서 생산이 미미한 품목들로서 쌀, 고추, 마늘, 양파, 녹두와 팥, 메밀, 잣 등 국영무역 관련 7개 품목, 수입권공매 품목인 대추, 맥주맥, 맥아, 옥수수, 전분, 보리 등 실수요자 배정 19개 품목, 참깨, 생강, 천연꿀 등 혼합방식 6개 품목이다. 반면에 30% 이하의 소진율을 나타낸 품목은 고구마, 인조꿀, 전지분유, 연유, 감귤류, 묘목류, 누에고치, 조란 등으로, 이들 품목들은 국내수요가 적거나 국내산이 상당한 경쟁력을 가지고 있는 경우, 오렌지와 같이 시장접근세율과 시장접근초과세율이 같아진 경우, 또는 골분·육분처럼 광우병의 여파로 수입이 크게 감소한 품목들이었다.

참고로 WTO 회원국별 최근 연도 기준으로 설정된 TRQ 물량 대비 실제 수입물량을 지표로 한 시장접근 이행률은 브라질(100%), 인도네시아(100%), 호주(95%), 이스라엘(92%), 스위스(89%), 캐나다(87%) 등의 순으로 높은 반면에, 폴란드(13%), 헝가리(35%), 태국(39%) 등은 시장접근 이행률이 매우 낮은 편이다. 우리 나라(69%), 일본(66%), 미국(64%), 노르웨이(63%), EU(62%), 중국(60%)의 경우는 전체 WTO 회원국의 단순평균 수입이행률수준(2004년 기준 60%)을 약간 초과하는 수준인 것으로 나타났다.[7]

표 6-3 TRQ 관리방식별 소진율(2004~2005년)

		90% 이상	70~90%	30~70%	30% 이하
지정기관 (7)		쌀, 고추, 마늘, 양파, 녹두·팥, 메밀, 잣			
수입권공매 (7)		대추	인삼	밤	전지분유, 연유, 오렌지, 감귤류
실수요배정 (40)	자격제한 (23)	종돈, 버터, 매니옥, 맥주맥, 보리, 옥수수, 기타 가공곡물, 맥아, 변성전분, 매니옥전분, 고구마전분, 유당, 배합사료, 보조사료, 사료용 근채류	종계, 유장	녹차, 에틸알코올, 생사	종우, 골분, 육분
	신청순 (17)	기타 서류, 호밀종자, 옥수수종자, 감자분		귀리종자	조란, 잠종, 종묘, 뽕나무, 감자종자, 매니옥펠리트, 고구마, 수수종자, 조종자, 인조꿀, 참깨유박, 누에고치
혼합방식 (9)		참깨, 생강, 밀전분, 천연꿀, 대두, 참기름과 분획물, 감자	탈지분유, 땅콩		

주: 수입관리방식별 ( ) 내 수치는 품목수이며, 2004년 또는 2005년의 최근 실적을 사용함. 오렌지의 경우 2003년까지는 90% 이상이었으나, 2004년 이후 시장접근세율과 시장접근초과세율이 동일함에 따라 최근 0%로 하락함.
자료: 농림부 및 농수산물유통공사(2004, 2005).

한편, 우리 나라는 일부 TRQ 품목에 대해서는 TRQ 설정의 기준연도(1988~1990년)와 실제 이행연도(1995년)의 시차와 그 동안의 국내 수급변화로 이행계획서상의 TRQ 물량이 현실적이지 못한 경우 TRQ 물량을 증량시켜 운영해 왔다. 전체 TRQ 품목 63개 가운데 2005년과

[7] WTO(2006) 참고.

2006년에는 각각 13개 품목에 대해 TRQ 물량을 증량하였으며, 이들 TRQ 증량 운영품목은 팥, 참깨, 옥수수, 대두, 전분, 유당, 보조사료 등이다. TRQ 물량의 증량원인은 대부분 국내물가 안정에 필수적이거나 외화획득용이 주요 이유이다. 이들 품목은 대부분 국내수요에 비해 국내생산이 크게 부족하거나 국내에서 생산되지 않는 품목의 경우로 수급불균형 해소와 원자재의 공급을 이유로 1995년 이후 매년 TRQ 물량을 증량하여 운영해 오고 있다.

3 TRQ 물량 수입관리제도의 문제점

3.1. 현황 불일치문제

지난 1996년부터 UR 농업협상 결과의 이행을 점검하기 위한 WTO 산하 농업위원회가 개최되었으며, 이 때 TRQ 관리와 관련하여 수출국들을 중심으로 다양한 견해가 제시된 바 있다. 또한 DDA 농업협상에서도 이미 TRQ 관리와 관련된 상당한 논의가 진행되어 왔으며, 그 결과 구체적인 개선방안이 제시되어 있는 상태이다. 따라서 UR협정문 이행 점검과정 및 DDA 농업협상의 TRQ 관리와 관련한 협상논의에서 나타난 우리 나라 TRQ 관리제도의 문제점을 살펴보면 다음과 같다.

첫째, WTO에 통보된 주요 품목별 수입관리방식과 실제 수입관리방식의 차이문제이다. 우리 나라 63개 TRQ 설정품목의 수입관리방식에 대한 WTO 사무국 분류와 실제 운영방식의 차이를 살펴보면, 우선 [표 6-4]에 나타난 바와 같이 국영무역방식에서 WTO 사무국 자료가 4개 품목 더 많은 것으로 나타났다. 이러한 차이는, 국영무역

표 6-4 WTO 사무국과 우리 나라의 TRQ 관리방식의 차이

TRQ 배분방식	WTO 분류	우리 나라 분류	비 고
	63품목	63품목	
국영무역	감자, 양파, 마늘, 고추, 녹두·팥, 생강, 쌀, 메밀, 땅콩, 참깨 10개 품목	쌀, 마늘, 양파, 고추, 메밀, 녹두·팥 6개 품목	하지만 현재 우리 나라 TRQ 품목 중 지정기관이 설정된 품목은 11개 품목임.
생산자 단체	감귤, 인삼, 잣 3개 품목	잣 1개 품목	감귤과 인삼은 지정기관이 설정되어 있으나 실제는 수입권공매로 운영중임.
수입권 공매	전지분유, 연유, 밤, 대추 4개 품목	오렌지, 인삼, 감귤류, 전지분유, 연유, 밤, 대추 7개 품목	오렌지, 감귤, 인삼은 지정기관 배정방식에서 수입권공매로 전환함.
자동 수입허가	조란, 골분, 잠종, 종묘, 종자용 감자 등 21개 품목	조란, 고구마, 종자류, 묘목류 등 17개 품목	우리 나라 실수요자 배정품목 중 신청순 품목을 자동수입허가로 분류
과거실적	종우, 종돈, 종계, 매니옥 등 16개 품목	보리, 종우, 종돈, 종계, 골분, 유장 등 23개 품목	우리 나라 실수요자 배정품목 중 자격제한 품목을 과거 실적 배분방식으로 분류
실행관세	생사 1품목	없음	
혼합방식	탈지분유, 유장, 천연꿀, 오렌지, 보리, 밀전분, 대두, 참기름과 분획물 7개 품목	생강, 땅콩, 참깨, 대두, 천연꿀, 참기름과 분획물, 탈지분유, 감자, 밀전분 9개 품목	· 지정기관+수입권공매: 3개 · 지정기관+실수요 배정: 1개 · 수입권공매+실수요 배정: 4개 · 자격제한+신청순: 1개

주: WTO와 농림부 등 여러 관련자료로부터 실제 운영상황을 기초로 재작성.

방식이 적용되던 품목 중 감자가 더 시장지향적인 수입권공매 및 실수요자 배정의 혼합방식으로 이행되었고, 생강·땅콩·참깨 등이 물량배정에 수입권공매방식으로 전환되었기 때문이다. 또한 생산자단체 배정품목도 WTO 사무국 자료가 2개 더 많은 것으로 나타났는데, 이

러한 차이는 감귤과 인삼이 생산자단체 배정에서 시장지향적인 수입권공매방식으로 이행되었기 때문이다. 반면에 수입권공매 품목은 우리 나라 자료에 3개가 더 많은 것으로 나타났다. 이러한 차이는 WTO 사무국이 생산자단체 독점수입권 배정품목으로 분류하던 인삼과 감귤류, 그리고 혼합방식으로 분류하던 오렌지 수입방식이 수입권공매로 전환한 데 기인한다. 그 밖에도 나머지 우리 나라 TRQ 품목에 대해 WTO 사무국은 자동수입허가 21개 품목, 과거 실적배분 16개 품목, 실행관세 1개 품목, 혼합방식 7개 품목으로 분류하고 있으나 실제 우리 나라의 운영방식은 자동수입허가 17개 품목, 과거 실적배분 23개 품목, 혼합방식 9개 품목을 분류되고 있어 수입관리방식의 분류에 차이가 있다.

사실 대부분의 TRQ 수입관리방식 변경은 기존의 수입관리방식보다 더 시장지향적인 방식으로 변경되어 왔으므로 변경된 분류방식을 조속히 WTO에 통보할 필요가 있다. WTO 사무국 자료에 의하면 지금까지 EU, 스위스, 남아공, 이스라엘, 폴란드, 태국, 인도네시아, 필리핀 등 많은 국가들도 TRQ 분류방식을 변경하고 이를 통보한 것으로 나타났다.

둘째, TRQ 물량배정과 연계된 부가조건의 통보문제이다. WTO 사무국 자료에 의하면 우리 나라의 부가조건이 요구되는 품목은 기타 가공곡물 1품목으로 과거 무역경험을 요구하고 있는 것으로 나타나 있으나, 실제 일부 품목에 대해서는 가공용·사료용·의약용 등 용도의 제한(유장·보리 등), 국내산 구매조건(맥주맥·맥아 등), 외화획득용(버터·천연꿀 등) 등의 추가적인 부가조건을 요구하고 있는 것으로 알려져 있다.

물론 많은 나라들이 TRQ 수입과 관련하여 추가적인 부가조건을 요구하고 있고, 이에 대해 명확한 규범과 규율이 없는 관계로 당장 큰 문제는 아니라 할지라도 향후 부가조건에 대해 WTO에 통보할 필요가 있다.[8] 예컨대, WTO 사무국 자료에 의하면 지금까지 캐나다, 일본, EU, 폴란드, 루마니아, 남아공, 스위스, 태국 등 여러 국가들이 추가적인 부가조건을 변경한 것으로 나타나 이들 국가들은 WTO에 부가조건의 변경을 통보해 온 것으로 판단된다.

3.2. DDA에서의 규율강화문제

한편, 앞서 언급한 바와 같이 지금까지 진행되어 온 DDA 농업협상의 TRQ관련 협상동향을 감안할 때, TRQ 물량의 수입이 투명하고 예측가능하며, TRQ제도에 의한 수출국의 시장접근 기회가 효과적으로 보장되도록 하기 위해 더 엄격한 규범이 제정될 것으로 예상되고 있으나 이러한 변화를 감안한 대응이 부족하다.

TRQ 관리와 관련한 DDA 협상논의는 주로 TRQ 관리방식이 갖는 무역왜곡요소를 완화시키는 데 초점이 맞추어져 있다. 즉, 국내산 구매 또는 수출 등의 추가적 부대조건 요구의 금지, 계절적 수입제한이나 최종소비용도 제한 금지, 부과금, 예치금, 기타 재정상 의무부과 금지 등에 대한 논의가 활발히 진행되어 왔다. 또한 정해진 TRQ 물량이 전량 수입되도록 하기 위해 미소진물량을 다음 연도의 TRQ 물량에 합산하거나 쿼터 밖 높은 세율을 잠정적으로 쿼터 내 세율로 감축하고, 경우에 따라서는 선착순방식으로 관리하는 방안 등도 논의 중에 있다. 만일 위와 같은 방향으로 협상이 타결될 경우 나타날 수 있는 문제는 아래와 같다.

첫째, 향후 생산자단체에 TRQ 관리권한을 주는 방식이 금지되거나 상당한 제약을 받을 것으로 예상된다. 이에 따라 우리 나라의 경우도 생산자단체라고 볼 수 있는 감귤조합과 농업협동중앙회, 또는 기타 생산자단체나 협회에서 주관하는 TRQ 관리방식을 재검토하고 대안을 준비하여야 한다.

---

8 물론 우리 나라 농산물시장 개방이행계획서(C/S)상 TRQ 물량에 대한 수입권 배분시에 추가적인 부과조건을 명시하지 않아 이해당사국의 이의제기도 가능한 상태이다.

현재 TRQ 관리품목 가운데 생산자단체 또는 협회에 의하여 관리되고 있는 품목은 다음과 같다. 종우·종돈은 한국종축개량협회가, 종계와 조란은 대한양계협회가 실수요자 배정방식으로 TRQ를 관리하고 있다. 탈지분유 일부 물량, 전지분유 및 연유는 농협중앙회가 수입권공매를 담당하고 있다. 농협중앙회가 관리하고 있는 품목은 수입권공매의 천연꿀과 지정기관 배정방식의 인삼이 있으며, 고구마·매니옥펠리트·호밀·맥주맥·귀리·밀전분·메밀·조 등 곡물류는 실수요자 배정방식으로 관리되고 있다. 또한 제주감귤협동조합이 농수산물 유통공사와 함께 오렌지와 감귤의 TRQ를 관리하고 있다. 이들 품목 가운데 수입권공매를 하는 오렌지와 감귤, 천연꿀과 인삼류, 분유와 연유 등은 생산자단체 또는 협회에서 TRQ를 관리하고 있다고 볼 수 있기 때문에 관리기관의 변경을 검토할 필요가 있다고 판단된다. 오랫동안 생산자단체, 조합, 협회 등이 관리해 온 품목들에 대한 관리주체 변경은 해당 주체의 반발과 함께 사회갈등으로 번질 소지가 있으므로 매우 세심한 준비가 필요할 것이다.

둘째, DDA 농업협상의 하빈슨초안이나 팔코너초안에 따르면 국내산 구매라든지 또는 최종 소비용도를 제한하는 행위를 금지하고 있다. 이런 측면에서 보면 최종 사용용도 지정, 국산농산물의 구매 또는 수출조건 등은 사실상 앞으로 활용이 어려울 것으로 판단된다. 그러나 우리 나라는 맥주맥 및 맥아, 보리, 버터 등 일부 품목의 TRQ 관리에 있어서 국내산을 우선 사용하는 조건과 연계하거나 최종소비용도를 제한(가공용 또는 외화획득용 등)하고 있다. 현행 WTO 농업협정문은 TRQ 물량관리에 대한 세부지침이 없어 이러한 부가조건의 지정이 국제법적으로 크게 문제되지 않고 있으나 DDA 농업협상의 타결과정에서 현재 논의되고 있는 수준으로 TRQ 관리규범이 제정될 것에 대비해야 한다. 따라서 TRQ 관리에 있어 이와 같은 부가조건을 부가하고 있는 품목의 경우 향후 적절한 개선방안을 찾아야 할 것이다. 특히, TRQ 관리 시행요령인 농림부고시 2006-20호(농축산물 시장접근물량 양허관세 추천 및 수입관리 요령)의 제15조(용도의 지정)는 향후 제시될 WTO의 TRQ 관리지침과 배치될 가능성이 크다고 판단되며, 아울러 제6부 외화획득용 원료의 양허관세 추천, 제7부 외화획득용 제품의 양허관세 추천을 통한 수출 혹은 재수출용 TRQ 물량의 추천제도 조항도 개정되어야 할 것으로 판단된다.

셋째, DDA 농업협상 동향에 따르면 TRQ 물량의 수입권 배분시기와 관련하여 계절적 또는 여타의 시간적 제약을 부과하지 못하도록 하고 있다. 즉, 수입권 배분의 지연으로 수입이 제한되는 것을 방지하도록 규정을 마련할 것으로 예상되므로, 현재 일부 품목의 TRQ 추천 및 배정을 국내산 출하시기와 연계시키고 있는 것은 조속히 개선안을 마련할 필요가 있다. 특히, 관행적 국내수급 동향을 감안하여 TRQ 수입물량을 조절하고, 그 결과 관세가 낮은 TRQ 물량은 수입이 제대로 안 된 반면 고율관세를 부담한 일반수입은 늘어나는 경우 등은 그 원인을 분석하여 대책과 대응논리를 준비하여야 한다.

넷째, TRQ 수입이행률을 높이기 위한 제도적 장치를 마련하는 문제이다. 특히, 미국, 케언즈그룹 등 수출국은 TRQ의 소진율을 향상시키는 제도적 장치를 마련할 것을 주장하고 있다. DDA 농업협상의장인 하빈슨과 팔코너 초안에서도 이미 이러한 수출국들의 입장이 반영된 미소진물량 해소방안을 제시하고 있다. 우선 기본요건으로 연내 TRQ 물량수입권을 조기에 배분하고, 재할당 메커니즘을 적절히 제공해야 한다는 것이다. TRQ 물량이 미소진되는 경우 저율관세의 철폐나 고율관세의 인하, 수입권 재할당방식이 채택될 경우에 적절한 대안마련도 필요하다.

다섯째, 국영무역제도와 관련한 규율강화문제이다. 농산물 수출국인 미국과 호주 등 케언즈그룹은 국영무역을 통한 독점적 수입권 철폐와 규율강화를 강력히 주장하고 있다. 특히, 미국은 수입창구가 하나인 독점수입권은 폐지되어야 하며, 품질과 수입처 결정에 있어 수입창구의 투명성을 강화하는 방안을 제안한 바 있다. 이러한 수출국들의 입장을 반영하여 2003년 7월 제시된 하빈슨초안은 국영무역에 대하여 WTO의 국영무역조항(GATT 제17조)에 추가하여 새로운 조항의 제정을 제시한 바 있다. 예컨대, 기존에 있는 농업협정문 제4조(시장접근)에 한 개의 항(제3항)을 추가하는 형식으로 국영무역기업은 시장접근 양허의 혜택을 침해하거나 무효화시키는 방법으로 운용되어서는 안 되며, 국영무역기업의 관리 및 운용에 대한 정보를 정해진 양식에 따라 농업위원회에게 통보해야 한다는 것이다. 물론 국영무역에 대한 이러한 DDA 농업협상에서의 규율강화 움직임은 현재 GATT 제17조에 따라 다른 분야에도 허용되고 있는 국영무역제도 자체를 철폐한다는 목적이기보다는 현재 국영무역형태로 운용되고 있는 TRQ 관리방식에 대한 투명성 강화라는 측면이 강하다. 따라서 현행 우리나라의 국영무역제도의 운영에는 큰 영향을 미치지 않을 것으로 보인다. 그러나 국영무역기업의 관리 및 운용형태에 대한 자세한 정보를 WTO에 통보하게 하는 등의 규율제정 움직임은 향후 국영무역에 의한 TRQ 관리에 제약요인으로 작용할 것임에는 틀림없다.

마지막으로 DDA 농업협상에서 농산물 수출국들은 국영무역 또는 생산자단체에 의한 TRQ 관리, 수입권공매제도를 통한 수입차액 환수가 GATT 제2조(관세양허), 제8조(수수료 및 부과금)에 위반될 가능성이 높다고 주장하고 하다. 이와 관련하여 WTO 사무국은 공매제도에 대하여 검토한 후 그 결과를 제시한 바 있는데, 그에 따르면 수입권공매제도 자체가 TRQ 관리제도의 하나로서 WTO 규정에 위배된다고 보기는 어렵지만 그 운용이 투명하지 않거나 공정하지 않을 경우 WTO 위반이 될 수 있음을 지적하고 있다. 이상과 같이 대외적으로 제기된 문제점을 중심으로 우리 나라 TRQ 관리제도가 안고 있는 문제점을 요약하면 다음과 같다.

① 향후 주요 교역국과의 농업통상마찰이나 분쟁의 소지를 줄이기 위해 TRQ 관리방식의 변경과 추가적인 부가조건에 대한

WTO 통보의무를 성실히 수행할 필요가 있다.

② 국영무역, 생산자단체 수입, 수입권공매 등을 통해 징수되는 수입차액 징수와 관련된 법적 근거를 명확히 만들 필요가 있다.

③ 국내농산물 구매 및 수출과 연계한 수입허가, 가공용·사료용 등 최종용도 제한이 향후 WTO 규정에 위배될 가능성이 높다.

④ 국내생산자단체에게 TRQ 수입권을 부여하고 관리를 위임하는 것은 향후 WTO 규정에 위배될 가능성이 높다.

⑤ TRQ 물량 미소진시 수입권 재배분조치가 만들어질 가능성이 높다. 이에 따라 TRQ 미소진에 따른 재배정규정이 만들어질 필요가 있다.

⑥ 국영무역에 대하여 DDA에서 엄격한 관리지침이 만들어질 것으로 예상되기 때문에 현재 지정기관 배정방식으로 관리되는 제도의 적절한 개선과 투명성 확보가 필요하다.

3.3. 대내적 불합리와 비효율문제

우리 나라 TRQ 관리제도는 생산자를 보호하고 수입차액을 농업투자재원으로 활용하는 데 일정한 성과를 보인 것으로 평가된다. 그러나 TRQ 물량에 대한 독점권 부여 또는 공정한 경쟁을 제한하는 방식으로 수입을 관리하는 것 등은 여러 가지 폐해를 가져올 수 있다.

첫째, TRQ 운영결과 수입이 거의 없거나 TRQ 관리대상 품목과 직·간접적으로 대체되는 유사대체품 또는 단순가공품이 이미 낮은 세율로 개방되어 있어 수입관리정책의 목적달성에 어려움이 발생하고 있거나, 아니면 그 동안 수입실적이 전무하여 TRQ 관리의 실질적 의미가 없는 품목이 존재한다. 그 동안의 TRQ 운영결과 수입이 거의 없거나 국내 관련산업에 대한 부정적 영향이 미미한 것으로 판단되는 뽕나무, 잠종, 조란, 참깨박, 인조꿀, 과수묘목, 종자류(감자·옥수수·귀리·호밀·조·수수 등), 매니옥펠리트, 기타 서류, 누에고치 등의 TRQ

관리방안을 재검토할 필요가 있다고 판단된다.

둘째, TRQ 물량에 대한 수입추천권은 주로 기득권자인 관련단체나 협회를 중심으로 배정·운영되고 있어 종종 새로운 시장여건의 변화에 적절히 대응하지 못하거나 시장의 진입장벽, 또는 불공정 거래관행으로 작용할 소지가 있다. 예컨대, TRQ 추천권을 관련품목 협회에서 행사하도록 하고 TRQ제도에 따른 혜택을 기득권자 중심으로 관리하여 새로운 시장여건 변화를 반영하지 못하고 있는 일부 품목(사료용 근채류, 보조사료, 기타 배합사료 등)의 수입관리방식에 대해서는 심층적인 재검토가 필요하다고 판단된다. 아울러 수입추천권과 배정업무를 담당하는 협회·조합·단체 등이 수입을 대행해 준다는 이유로 징수하는 회비나 수수료는 실수요자에게 부담을 가중시킨다는 민원소지가 있다.

이러한 관점에서 우선 TRQ 관리의 실효성이 의문시되는(가격안정 또는 수입차익의 환수 측면, 또는 이미 유사대체품이 자유화되어 TRQ 관리의 효과가 의심되는) 품목에 대해서 관련 생산자단체나 협회에서 수입추천권을 행사할 필요가 있는가를 세밀히 검토해 볼 필요가 있다. 특히, 그 동안의 TRQ 운영결과 수입이 거의 없거나 수입이행률이 매우 저조하였던 품목과 국내 관련산업에 대한 부정적 영향이 미미하거나 없을 것으로 보이는 과수묘목, 종자류의 수입관리방식에 심층적인 재검토가 필요하다고 판단된다.

4 TRQ 관리제도의 개선방향

4.1. 기본전제

향후 우리 나라의 TRQ 관리제도의 개선방향은 다음과 같은 점을 기본 축으로 하여 모색되어야 할 것이다.

첫째, 향후 DDA 농업협상에서 도출될 것으로 보이는 TRQ 관리방식의 타결방향을 고려하고, 동시에 지난 10년간의 우루과이라운드 이행과정에서 주요 무역상대국들로부터 제기된 문제도 감안해야 한다.

둘째, 경제의 효율성을 제고시키는 방향이 되어야 한다. TRQ 관리의 비효율성은 TRQ 수입권의 배분에서부터 나타날 수 있으며, TRQ 물량이 수입된 이후 국내에서 실수요자에게 배정하는 과정에서 경쟁을 제한하는 관행에서 나타날 수도 있다. 동시에 TRQ 관리의 행정비용 측면도 고려되어야 한다(경제적 효율성).

마지막으로 TRQ 관리방식의 선택은 효율성 기준에만 의존할 수 없으며, 비록 효율성이 저하되더라도 수입차익의 배분에 의한 국내의 산업별·계층별 형평성 문제도 고려해야 한다. 특히, 국내가격이 불안정하고 수급안정이 필요한 품목은 별도의 관리방안이 고려되어야 한다(대내적인 필요성).

4.2. 시장지향적인 수입관리방식으로 전환

국영무역에 의한 TRQ 관리와 관련한 최근의 DDA 농업협상의 논의동향을 감안할 때, 국영무역기업을 통한 수입관리에는 엄격한 관리지침이나 투명성 확보절차가 만들어질 것으로 예상된다. 그러므로 현재의 지정기관 배정방식을 적절히 개선하여 투명성을 확보할 필요가 있다. 예컨대, 국영무역방식으로 수입관리되는 품목인 고추, 마늘, 양파 등의 경우 TRQ 수입량이 양허된 수준보다 적음에도 불구하고 고율세율로 상당량 수입되는 경우가 있다. 우선 국제적인 통상마찰을 피하기 위해서는 이러한 경우에 대비한 설득력 있는 대책마련이 필요하며, 일부는 공매방식 등 시장지향적인 수입관리방식으로의 전환이 필요하다.

수입권공매방식은 수입차익을 정부나 지정기관이 환수하여 지정용도에 사용할 수 있다는 측면에서 국영무역과 차이가 없다. 물론 수입권공매나 실수요자 배정방식으로 민간수입이 확대될 경우 정부의 가격안정기능이 약화될 우려가 있을 수 있다. 따라서 수입권을 공매하면서도 품목의 특성상 가격안정이 요청될 경우에 대비하여 일정 부분을 가격안정용으로 비축할 필요성이 있다.

한편, 수입권공매방식으로 수입되는 일부 품목 중에서도 국내외 가격차가 거의 없거나 국내산과의 품질격차로 TRQ 이행률이 저조하거나 실제 수입권공매를 통한 수입차액 환수가 적은 경우는 실수요자 배정보다 더 시장지향적인 수입관리방식으로의 전환해야 한다. 2003~2005년 기준으로 수입권공매방식으로 수입관리되는 품목 중 TRQ 소진율이 낮은 품목은 연유(0%), 감귤류(4.1%), 전지분유(33%), 밤(52%) 등의 순이다.

4.3. 일부 품목의 TRQ 수입추천 및 관리 폐지

지금까지 TRQ 물량수입이 거의 없거나 저율관세와 고율관세 사이의 격차가 적은 품목, 그리고 국내수급상 필요에 의해 수입이 이루어져야 하는 품목은 사실 TRQ를 확대하거나 관리방식을 변경하여도 국내생산농가에 미치는 영향은 거의 없다. 대표적인 품목은 조란, 잠종, 뽕나무 등 묘목류, 종우, 감자(종자용), 조(종자용), 수수(종자용), 호

표 6-5 TRQ 관리의 필요성이 의문시되는 품목

	TRQ 이행률(%)		기존 TRQ 관리방식
	1995~2003년 평균	2001~2005년 평균	
조 란	0	0	실수요자 배정(선착순)
잠 종	0	0	실수요자 배정(선착순)
뽕나무	0	0	실수요자 배정(선착순)
종 우	21.6	2.1	실수요자 배정(자격제한)
감자(종자용)	8.2	3.3	실수요자 배정(선착순)
매니옥펠리트	15.0	12.1	실수요자 배정(선착순)
신선고구마	13.0	0.3	실수요자 배정(선착순)
조(종자용)	0	0	실수요자 배정(선착순)
인 조 꿀	0	0	실수요자 배정(자격제한)
참깨유박	0	0	실수요자 배정(자격제한)
누에고치	15.1	0.1	실수요자 배정(선착순)

자료: 농림부 및 농수산물유통공사(2004, 2005)를 기초로 작성.

밀(종자용), 인조꿀, 참깨유박, 매니옥펠리트, 고구마(신선), 누에고치 등이다. 따라서 이들 품목들은 TRQ 관리의 필요성이 의문시되며, 만일 수입관리가 필요하다면 이러한 품목들은 동식물 검역 등의 다른 비관세조치를 통하여 관리가 가능하다고 판단된다. 다만, 이러한 품목 가운데에서도 국내가격 안정 측면에서 최소한의 관리가 필요하다고 인정되는 품목은 별도의 관리방식을 모색할 필요가 있다.

조란은 선착순방식에 따라 실수요자에게 배정하는 방식을 취하고 있으며, 지난 10년간 TRQ 내외의 수입을 막론하고 거의 수입된 적이 없다. 잠종과 뽕나무, 그리고 기타 과실 묘목류도 수입실적이 미미하여 TRQ 관리의 필요성이 의문시되는 품목이다. 이들 품목은 모두 식물검역 대상품목이므로 필요시 검역을 통한 수입관리는 얼마든지 가능하다고 판단된다.

따라서 현재와 같이 실수요자 추천을 유지하는 것도 가능하나 중장기적으로 TRQ 관리대상에 제외하거나 실행관세 적용으로 전환하는 것도 고려되어야 한다. 아울러 종자용 조와 수수 및 인조꿀과 참깨유박, 매니옥펠리트도 여기에 해당된다고 볼 수 있는데, 인조꿀은 천연꿀 때문에 TRQ 이행률이 낮은 편이며, 참깨유박도 참기름과 참깨가 국내수요에 충분하게 TRQ를 증량하여 유지하고 있기 때문에 TRQ 이행률이 매우 낮은 실정이다. 매니옥펠리트의 경우 매니옥과 매니옥전분에 대한 TRQ 증량이 충분하여 사실상 거의 수입이 되지 않고 있다. 이러한 품목들은 효율성 측면에서 수입추천제 폐지 또는 무역왜곡이 적은 선착순 혹은 실행관세 적용방식으로 변경을 검토할 필요가 있다. 물론 만일의 경우에 대비하여 이러한 품목들에 설정된 TRQ 물량에 대해 여타 수입관리방식을 채택할 권한을 유보하고 있어야 할 것이다.

4.4. 생산자단체에 의한 수입관리주체의 변경

오렌지와 같은 경우 종전 생산자단체는 제주감귤협동조합이 TRQ 관리의 주체가 되어 있었으나, 2004년을 기준으로 TRQ 내의 관세와 TRQ 밖의 관세가 같아졌기 때문에 사실상 TRQ 관리의 필요성이 소멸된 것으로 판단된다. 따라서 실질적인 효과가 없는 TRQ를 운용하기보다는 TRQ 대상품목에서 제외하는 것이 적절하다.

농업협동조합중앙회와 산림조합도 생산자단체로 볼 수 있다. 현재 이들 기관이 관리하는 대표적인 TRQ 품목은 잣, 밤, 대추(산림조합)와 천연꿀(농협)이다. 잣의 경우 산림조합이 지정기관 배정방식으로 TRQ 수입권을 독점하여 그 판매수입금을 적립하고 있으며, 밤과 대추는 산림조합이 주관하여 TRQ 수입권을 공매하고 있다. 천연꿀은 농협이 수입권을 공매하고 있다.

지난 10년간 TRQ 이행률을 보면 국내외 가격차가 큰 잣과 대추는 거의 100%에 달하는 수입이행률을 보이고 있는 반면, 밤은 50% 이내의 상대적으로 낮은 TRQ 이행률을 보이고 있다. 특히, 밤은 수출입이 동시에 이루어지고 있는 품목으로서 최근 들어 TRQ 소진율이 낮은데도 불구하고 고율의 쿼터 밖 관세를 물고 들어오는 물량이 늘어나고 있다.

따라서 관리주체를 변경할 경우 잣은 수입차익의 환수에 가장 큰 관심을 두어야 하며, 이를 위해서 수입권공매을 통해 TRQ를 관리하는 방향으로 개선될 필요가 있으며, 밤은 기존 공매제도를 운용하되 TRQ 소진율을 높이기 위해서는 그 운용방법을 공매제도와 함께 실수요자 배정방식 등으로 개선될 필요가 있다.

4.5. 세부 부가조건의 폐지 또는 합리적 근거 마련

우리 나라는 TRQ 물량수입과 관련하여 일부 품목에 대해 다양한 세부조건을 운용하고 있다. 그러나 향후 DDA 협상결과에 따라 국내산 구매조건 또는 이와 동일한 효과를 갖는 제약, 특정 품목의 수입을 배제하거나 최종소비용 수입을 제한하는 규정, 수출 또는 재수출 조건을 부과하는 것 등은 금지될 것으로 보인다. 따라서 이러한 조건을 규정하고 있는 품목이나 관계법령들은 개정의 준비를 해야 한다. 예컨대, TRQ 관리 시행요령인 농림부고시 2006-20호(농축산물 시장접근물량 양허관세 추천 및 수입관리 요령)의 제15조(용도의 지정)는 향후 WTO의 TRQ 관리지침에 배치될 가능성이 크다고 판단되며, 아울러 외화획득용 TRQ 물량의 추천제도도 재정비되어야 할 것으로 판단된다.

4.6. 유사 및 대체품을 고려한 수입관리방식의 채택

효과적인 TRQ 수입관리방식의 선택을 위해서는 해당 품목과 직간접으로 대체가 가능한 품목 또는 유사품목의 관세구조와 수입상황을 유념해야 할 것이다. 예컨대, 어떤 품목의 TRQ 수입관리가 철저히 이루어지고 있더라도 유사대체품목 또는 단순가공품목이 낮은 세율로 개방화되어 있다면 공매제나 다른 시장지향적인 방식으로 전환할 필요가 있다. 그 품목을 계속 국영무역으로 관리하더라도 수입업자들은 관세율이 낮게 적용되는 유사 또는 대체품, 가공품을 수입하므로 수입억제의 실효성이 떨어질 뿐만 아니라 수입차액 환수나 해당품목의 생산자보호 등 당초 국영무역을 운영하는 목적도 달성하기가 어려워진다. TRQ 관리의 실효성이 없는 상태에서 무역상대국으로부터 TRQ 수입이행이 저조하다는 비판에 직면할 가능성도 크다. 국영무역으로 수입이 관리되는 경우 비록 TRQ 물량이 수출국에 수입기회를 보장해 준 것이고, 의무적인 수입물량을 의미하는 것이 아닐지라도 국영무역에 의해 수입이 관리되는 TRQ 물량은 의무적으로 수입해야 한다는 압력에 직면할 가능성도 무시할 수 없다.

4.7. 경제적 효율성 제고를 위한 조치

TRQ제도의 효율성은 이론상 동종 동질의 품목에 대해 시장기능이 충분히 작동하여 가장 높은 가격을 제시하는 구매자와 가장 경쟁력 있는(이에 따라 가장 낮은 공급가격을 제시하는) 수출업자가 연계가 될 수 있는 수입제도를 통해 달성될 수 있다. 이러한 측면에서 TRQ 수입관리의 경제적 효율성을 저해하는 제도나 관행이 있다면 이를 개선해 나가야 할 것이다.

일반적으로 수입관리의 비효율은 ① 수입독점에 의한 경쟁제한, ② 수입추천 및 TRQ 물량 배정과정에서 사업자단체에 의한 각종 불공정행위(사업자단체의 신규조합원에 대한 수입물량 공급제한, 수입물량 배정시 자의적인 기준설정 등), ③ 엄격한 자격요건으로 인한 경쟁제한(과거 수입실적에 따른 수입추천 등)에 의해 발생가능하다. 따라서 품목

표 6-6 수입관리방식별 효율성 비교

수입관리방식	쿼터수입 미소진 가능성	쿼터배분의 비효율성
실행세율	전혀 없음	전혀 없음
수입권공매	저	최저
수입허가	저	중
선착순배정	저	중
과거 수입실적	중	최고
국영무역	저	고
생산자단체 수입	저	고

주: 쿼터배분의 비효율성이란 쿼터의 수입권을 수입자별·수출국별로 공정하고 상업적인 원칙에 따르지 않고 임의적인 방식으로 배분하였는가의 여부로 판단.
자료: Skully(2001).

별 특성을 고려하여 향후 이러한 비효율성의 근원을 제거하는 작업이 이루어져야 한다.

이러한 관점에서 국내외 가격차(경쟁력 격차)가 적고 비교적 농가소득에서 차지하는 비중이 낮아 수입차익을 징수할 필요성이 적으며, 쿼터량에 비해 국내수요가 적어 TRQ 물량수입이 국내농가에 미치는 영향이 적은 품목은 선착순배정, 실행관세 적용 등 시장지향적 수입관리방식으로 전환하는 것을 적극 고려하여야 한다. 반면에 계절적으로 수입이 집중되고 국내가격의 변동폭이 큰 품목의 경우 국영무역이나 수입허가제를 활용하는 것이 적합하고, 수입업무의 전문성이나 수출업자와의 관계가 중요시되는 품목은 과거 수입실적에 의한 수입추천이 적합할 것이다.

그러나 TRQ 수입관리제도에서 발생하는 수입차익의 귀속은 형평성과 관련하여 정치적인 문제를 초래하게 된다. 따라서 국내외 가격차와 수입차익이 클수록 수입관리의 효율성 저하에도 불구하고 이를 정부가 환수하여 관리할 필요가 있다(형평성과 효율성 간의 조화).

이러한 품목들은 국영무역이나 수입권공매를 통해 수입차액을 환수하여 정부재원으로 계속 활용해 나가야 할 것이다.

참고문헌

농림부, 『WTO 농업협상업무자료 및 농산물 수출입통계 자료』, 국제농업국, 2004.

서진교 · 임정빈 외, 『TRQ 관리제도의 효율적 개선방안』, 농림부 ARPC 연구보고서, 2004.

임송수 · 서진교 · 김상현 · 임소영, 「농업협상 기본 골격 초안의 평가와 시사점」, 『농정속보』 2004-7(제10권), 한국농촌경제연구원, 2004.

임정빈, 「WTO 출범 이후 시장접근 관리방식의 국제적 비교 및 정책적 함축성」, 『농업경제연구』 제41권 제2호, 한국농업경제학회, 2000.

______, 「농산물 TRQ 관리방식의 순기능과 역기능」, 『시선집중』 제27호, GS&J Institute, 2006.

임정빈 · 이재옥 · 어명근, 『우리나라 농산물 시장접근물량 관리방식의 개선방향』, 한국농촌경제연구원, 2000.

홍승지 · 박재홍, 『양념류 국영무역 수입 및 판매 개선방안』, 한국농촌경제연구원, 2005.

Abbott and Morse, "TRQ Implementation in Developing Countries," presented at the Conference on Agriculture and the New Trade Agenda in the WTO 2000 Negotiations, World Bank, 2000.

Abbott and Paarlberg, "Tariff Rate Quotas: Structural and Stability Impacts in Growing Markets," *Agricultural Economics*, 1998.

Dixit, Praveen M. and Tim Josling, "State Trading in Agriculture: An Analytical Framwork," IATRC, Working Paper #97-4, July 1997.

Skully, David W., *Economics of Tariff-Rate Quota Administration*, Economic Reaearch Service/USDA. TB-1893, 2001.

WTO, Tariff Quota Administration Methods and Tariff Quota Fill. Committee on Agriculture, TN/AG/S/6, 2002.

______, Tariff Quota Fill, TN/AG/S/20 2005.

______, Tariff Quota Administration Methods and Tariff Quota Fill, TN/AG/S/22, 2006.

서 진 교

7 한·미 FTA 협상의 쟁점과 대안

1. 한·미 FTA의 3가지 쟁점
2. 한·미 FTA 협상에서 민감품목의 처리방향
3. 미국과의 주고받기 수단
4. 저율관세 수입쿼터(TRQ) 관리방식
5. 농산물 세이프가드(ASG)
6. 맺는 말

참고 UR 농업협정상의 특별세이프가드(SSG)와 미국-호주 간 FTA상 농산물 세이프가드

1 한·미 FTA의 3가지 쟁점

한·미 자유무역협정(FTA) 협상은 2006년 2월 3일 시작되었으나 정치·사회적으로 가장 민감한 농업분과 협상은 아직까지 큰 진전이 없는 것으로 보인다. 미국 행정부의 무역촉진권한(TPA)이 2007년 6월 말로 종료된다는 점을 감안한다면 앞으로 고위급회담에서 한·미 양국 간에 큰 폭의 주고받기가 이루어지지 않는 한 타결이 쉽지 않을 전망이다.

한·미 FTA 농업분과 협상은 통합협정문분야와 상품양허분야로 나누어 협상이 진행되고 있다. 통합협정문분야에서는 주로 농산물 무역제도를 다루고 있으며, 상품양허분야에서는 개별 농산물의 시장개방폭, 즉 관세를 언제 철폐할 것인지를 다루고 있다.

통합협정문 협상에서 핵심 의제는 관세할당량(Tariff Rate Quota: TRQ)[1]에 대한 관리제도의 개선과 농산물 세이프가드제도(Agricultural Safeguard: ASG)[2] 운영방식이다. 한편, 상품양허 협상에서 논의의 핵심

[1] 관세할당량(Tariff Rate Quota: TRQ)이란 지난 우루과이라운드 농업협상 결과 설정된 수입할당물량을 말하는 것으로, 이 물량만큼은 수입시 국내외 가격차에 해당하는 높은 관세상당치(out quota tariff)가 부과되는 것이 아니라 당시 수입에 실제 적용되던 낮은 관세율(in quota tariff)이 적용된다. 고추의 예를 들면, 현재 고추의 TRQ 물량은 7,185톤(건고추 기준)이다. 고추가 수입될 때 7,185톤까지는 50%의 상대적으로 낮은 관세가 적용된다. 그러나 고추수입이 7,185톤을 넘어서면 그 때부터 들어오는 수입고추에 대해서는 270%의 높은 관세가 적용된다. 결국 TRQ제도는 일종의 이중관세제도와 유사하다. TRQ에 대한 보다 자세한 내용은 서진교 외(2004) 참고.

[2] 농산물 세이프가드(ASG)는 농산물수입이 갑자기 크게 늘어나 국내 해당 품목의 생산자가 심각한 피해를 입거나 입을 우려가 있을 경우, 이를 구제하기 위해 수입국이 취할 수 있는 사후적인 피해구제조치를 말한다. 보통은 수입농산물의 가격이 일정한 수준 이하로 떨어지거나 수입물량이 일정한 수준 이상 늘어났을 때 발동하며, 피해구제를 위해 해당 농산물의 수입에 추가 관세를 부과한다. 현재 주로 일반상

은 관세철폐 예외품목의 인정 여부와 품목별 관세철폐기간이 핵심 쟁점이다.

개별 품목의 시장개방폭에 관한 한 우리 나라는 일방적인 수세에 몰려 있다. 미국은 원칙적으로 모든 농산물에 대해 예외 없는 관세철폐를 기본입장으로 하고 있다. 이에 따라 미국은 자국의 농산물 모두(HS 8단위 총 1,813개)를 예외 없이 관세철폐 대상에 포함시키고, 그 중 52.6%에 해당하는 품목의 관세는 즉시 철폐하고, 나머지 품목에 대해서도 최장 10년 안에(구체적으로 2년, 5년, 7년, 10년의 관세철폐기간을 설정) 관세를 철폐하는 것을 내용으로 하는 1차 양허안을 우리 나라에게 제시하였다.

반면, 우리 나라는 기본적으로 농업의 민감성이 충분히 반영되어야 한다는 입장이다. 이에 따라 우리 나라는 3차 협상 직전인 2006년 8월 10일 핵심 민감품목을 중심으로 284개 세분류 품목(세번)을 미확정(undefined)으로 설정하고, 나머지 품목에 대해서는 즉시, 3년, 5년, 10년, 15년 관세철폐를 주요 내용으로 하는 1차 양허안을 미국에게 제시하였다.

이후 4차 협상에서 우리 나라는 미확정으로 분류된 284개의 세번 가운데 개방에 따른 영향이 미미할 것으로 예상되는 토마토 등 일부 세번[3]을 관세철폐 대상에 포함시켰으므로, 협상의 핵심은 우리 나라가 미확정으로 제시한 235개 세번의 구체적인 개방계획이 될 것이다. 235개 세번은 비록 세번수로는 15.3%이지만, 2005년을 기준으로

품에 적용되는 일반세이프가드(Safeguard: SG)가 있으며, 우루과이라운드(UR) 농업협상이 타결되면서 비관세장벽의 관세화에 따라 관세화된 농산물에 한해 특별히 적용가능한 농산물 특별세이프가드(Special Safeguard: SSG)가 있다. 농산물 특별세이프가드는 일반세이프가드와 달리 일정한 발동요건만 충족되면 상대국과의 협의나 피해조사과정을 거치지 않고 곧바로 발동할 수 있다는 장점을 가지고 있다. 현재 한·미 FTA 협상에서 논의되는 농산물 세이프가드도 SSG와 유사한 성격의 세이프가드조치이다.

[3] 1차 양허안에서 미확정으로 분류되었던 284개 세번 중 49개 세번이 4차 협상에서 관세철폐 대상으로 이전되어 현재 미확정으로 분류된 세번은 모두 235개이다.

하여 대미 수출액 기준으로는 28%에 달한다. 뿐만 아니라 미국이 이번 한·미 FTA 협상을 통해 우리 나라에 수출을 증대시키려고 하는 품목의 상당수가 235개 세번에 포함되어 있다. 결국 미확정으로 제시된 235개 세번을 놓고 한·미 양국이 절충점을 찾지 못한다면 한·미 FTA 협상은 실패로 돌아갈 가능성도 배제할 수 없다.

대개의 양자 통상협상이 그러하듯이 핵심 민감품목에 대한 절충점은 마지막 단계에서 이루어진다. 따라서 민감품목을 놓고 마지막 주고받기를 할 경우에 대비하여 사전에 미국의 이익에는 직접적인 영향을 주면서 우리에게는 큰 손해가 없는 협상카드를 가지고 있는 것이 전략적으로 매우 중요하다. 이러한 관점에서 먼저 제2, 3절에서 우리 나라의 민감품목을 처리하는 방향을 모색하기로 한다.

제4, 5절에서는 한·미 FTA 농업분과 협상에서의 핵심 의제인 TRQ 관리와 농산물 세이프가드에 대해 한·미 양국의 기본입장과 우리 나라의 협상대안을 모색한다. 지금까지 협상에서 어떤 사항들이 논의되어 왔으며, 한·미 양국의 입장이 대립되고 있는 쟁점은 무엇인지, 그리고 우리 나라 입장에서 볼 때 어떠한 점에 중점을 두고 협상을 해야 하는지를 검토한다.

2 한·미 FTA 협상에서 민감품목의 처리방향

2.1. 민감품목의 세분화

먼저 미정으로 처리된 235개 세번을 중요도에 따라 분류하는 일을 해야 한다. 특히, 관세철폐 대상에서 예외로 할 품목과 그렇지 않은 품목으로 대별하는 것이 필요하다. 이 때 관세철폐 대상에서 예외로 할 품목의 선정에 신중을 기해야 함은 물론이다. 협상이 실패로 돌아간다고 해도 반드시 예외로 할 품목이 있으며, 협상전략상 미국의 요구 강도를 보아가며 당초 예외로 하였다가 풀어 줄 품목도 있는 것이다. 특히, 끝까지 예외를 관철시킬 품목은 향후 협상 전체의 성패를 좌우할 수 있기 때문에 선정에 신중을 기해야 함은 당연하며, 아울러 예외로 선정한 만큼 그에 따른 응분의 보상을 해 주어야 한다는 반대급부를 동시에 고려해야 한다.[4]

2.2. 관세철폐 대상품목의 시장개방방식

일단 관세철폐 대상에 포함되었다면, 그 다음으로 구체적으로 관세를 철폐 또는 감축하는 방안을 고려해야 할 것이다. 이의 방안으로 다음과 같은 방법을 고려할 수 있다.

① 10년 이상(예: 15년) 장기로 관세를 철폐하는 품목군
② 10년에 걸쳐 관세를 철폐하는 품목군
③ 10년 미만에 걸쳐 관세를 철폐하는 품목군
④ 관세를 감축하되 철폐는 하지 않는 품목군
⑤ 관세를 감축하지 않고 TRQ를 설정하는 품목군

관세를 감축하여 최종적으로 철폐하는 품목이 있을 것이며(①, ②, ③), 이 때 관세철폐기간을 얼마나 길게 확보할 것인가에 따라 다시 세분될 수 있다. 다음으로 관세를 감축하되 이행기간이 끝나더라도 관세가 일정 수준 남아 있는 품목도 있을 수 있다(④). 마지막으로 관세를 그대로 놓아 둔 채 TRQ를 설정하는 품목도 있을 것이다(⑤).

---

[4] 관세철폐의 예외로 하는 품목의 수가 많을 경우 해당 품목은 보호를 받겠지만, 대신 이를 관철하기 위하여 양보를 해야 하기 때문에 농업 전체의 시각에서 또는 국가 전체의 시각에서 고려하는 것이 필요하다.

관세를 감축하는 방법도 이행 초기에는 현행의 관세수준을 유지하다가(또는 소폭 감축하다가) 이행 후반으로 갈수록 대폭 감축하는 비선형 감축방식도 고려해 볼 수 있다. 다만, 이러한 비선형 감축은 이행 초기의 시장개방 충격을 완화시키는 장점이 있는 반면, 이행 후반으로 갈수록 시장개방의 충격이 커지기 때문에 일정한 국내보완대책을 통해 미국산 수입농축산물과 경쟁이 가능한 품목을 대상으로 해야 할 것이다.

관세를 감축하지 않고 TRQ를 설정하는 방식은 그 대상품목을 합리적으로 선택해야 한다. 즉, 국내수급과 수입수요의 특성을 고려하여 관세감축보다 쿼터를 설정하는 것이 국내시장 보호에 더 효과적인 품목을 선정해야 한다. 다만 쿼터를 설정하고 관세는 감축하지 않는 방법 ⑤보다는 관세를 일정 수준 감축하면서 쿼터량을 줄이는 것이 우리에게 유리할 수 있다. 어차피 DDA 농업협상에 따라 향후 모든 농축산물의 관세가 일정 수준 감축될 것이기 때문에 한·미 FTA 협상에서 관세를 감축하지 않더라도 우리에게 별 실익이 없을 수 있기 때문이다. 또한 쿼터를 설정하는 품목은 초기 쿼터량의 크기와 증량방식 등을 세밀히 검토해야 할 것이다. 국내외산에 대한 소비자 선호도로 볼 때 관세가 낮아지더라도 당장 수입이 증가하지 않을 품목에 대해 초기에 많은 TRQ를 설정해 주는 것은 도리어 당장 수입이 더 늘어나게 할 가능성이 있기 때문이다.

한편, 미국은 우리가 민감품목에 대해 TRQ를 설정하는 대신 관세감축폭은 줄이는 대안을 제시한다면 이를 받아들일 가능성이 크다고 판단된다. 왜냐하면, 이제까지 미국도 다른 나라와의 FTA 협상에서 자국의 민감품목에 대해 다양한 형태의 쿼터제도를 도입하는 대신 관세감축폭은 낮추는 방식을 활용해 왔기 때문이다. 아울러 우리 나라와의 통합협정문 협상에서 미국은 TRQ 관리제도 개선을 요구하면서, 한·미 FTA 협상을 통하여 새롭게 설정된 쿼터물량에 대해서 선착순 배정 등과 같은 특별한 관리를 요청하고 있다. 이는 사실상 미국도 이번 협상에서 민감품목에 대해 TRQ제도가 활용될 수 있음을 어느 정도 예상하고 있다는 뜻이 된다. 따라서 미확정품목에 대한 합의방법으로 TRQ제도를 활용하는 것은 양측이 합의할 수 있는 대안이라고 판단된다.

마지막으로 위에서와 같은 다양한 개방형식을 통해 미확정으로 분류된 민감품목의 세번을 축소한다고 해도 그것이 곧 협상타결의 관건은 될 수 없음을 인식할 필요가 있다. 왜냐하면, 민감품목의 양적인 축소도 중요하긴 하지만 질적인 면이 더 중요하기 때문이다. 예를 들어, 우리 나라가 아무리 미확정품목의 세번수를 줄인다고 해도 남아있는 민감품목에 미국의 핵심 관심품목이 있다면 그 품목에 대한 시장개방 없이는 협상이 타결되기 어려울 것이다. 따라서 위에서와 같이 다양한 방식의 시장개방 방안을 강구하되 최종 핵심 품목의 해결을 위해서는 한·미 양국의 주고받기가 불가피할 것으로 보이며, 이를 위해 특단의 협상카드를 마련하고 있어야 한다.

3 미국과의 주고받기 수단

3.1. 사료곡물 TRQ 조정

UR 농업협정 타결 당시 우리 나라는 곡물류 대부분을 고율로 관세화하면서 저율관세수입쿼터(TRQ)를 설정하였다. 이러한 TRQ 물량에는 당시 실제 수입에 적용되었던 5% 이하의 저율관세를 적용하기로 하였다. 그러나 설정된 TRQ 물량만으로 국내수요를 충족할 수 없는 사료용 옥수수, 대두, 사료용 근채류 등 사료곡물에 대해서는 당초의 TRQ 물량 이외에 추가로 쿼터를 설정하여 운용하고 있다. 한·미

FTA 협상에서 이를 충분히 활용해야 한다.

현 상태에서는 한·미 FTA를 통해 미국산 옥수수 등에 대한 수입 관세를 철폐해 준다고 해도 미국이 얻을 수 있는 기대이익은 크지 않을 것으로 예상된다. 우리 나라는 옥수수에 이미 아주 낮은 관세(0~2%)를 부과하고 있으므로 미국산 옥수수에 부과되는 관세가 철폐된다고 해도 우리 나라 옥수수시장에서의 수출국 간 경합관계에는 변화가 없을 것이며, 따라서 미국의 시장점유율도 거의 변하지 않을 것으로 예상된다. 대두나 사료용 근채류의 경우도 옥수수와 여건이 크게 다르지 않다.

그러나 우리 나라가 사료곡물에 대해 국내수요를 감안하여 설정하였던 추가 쿼터를 축소하여 당초 WTO에 양허한 수준으로 줄이면서 미국산 사료곡물에 대해서만 관세를 철폐하면 미국의 사료곡물 수출은 대폭 증가할 가능성이 높다. 예를 들어, 옥수수 TRQ를 WTO에 약속한 수준인 610만 톤으로 줄이고, 이를 초과하여 수입되는 물량에는 WTO에서 인정한 양허관세 328%를 적용하되, 미국산 옥수수에 대해서는 관세를 철폐하게 되면 미국은 한·미 FTA를 통하여 사실상 약 250만 톤에 달하는 옥수수를 추가로 수출할 수 있게 되어 약 3억~4억 달러의 순수출 증대를 기대할 수 있게 된다. 대두와 사료용 근채류도 옥수수와 유사하다.

요컨대, 우리 나라가 옥수수, 대두, 사료용 근채류 등 곡물류의 TRQ를 WTO에 약속한 수준으로 축소조정하고, 해당 품목의 미국산 수입에 대해 관세를 철폐하게 되면, 미국은 사료곡물 수출에서 적어도 약 4억~4억 3,000만 달러의 이익을 기대할 수 있게 된다. 이를 협상에서 적절히 이용할 경우 한·미 양국은 서로의 이익에 부합하는 타협점을 찾을 수 있을 것이다.

다만 사료곡물류에 대한 TRQ 조정은 다음과 같은 몇 가지 문제가 예상되고는 있다. 우선 TRQ 물량이 축소되어 미국에게 일방적으로 유리한 수출환경이 조성되면, 기존에 치열한 가격경쟁이 없어지면서 수입단가가 상승하여 우리 나라의 수입단가가 상승할 우려가 있다. 그러나 우리 나라가 미국에게 제공할 수 있는 기대이익이 매우 크기 때문에 우리 나라의 협상력을 효과적으로 높일 수 있는 중요한 수단이 된다는 점에서 충분히 매력적인 대안이라고 할 수 있다. 아울러 중장기적으로 다른 국가(예: 중국이나 기타 곡물시장에서 미국과 경쟁하는 브라질이나 인도 등)와 동시다발적인 FTA를 추진하는 과정에서, 그리고 DDA를 이행하는 과정에서 미국에게 일방적으로 유리하였던 수출환경의 이점은 점차 축소되어 수입비용 증가효과는 자연스럽게 줄어들게 될 것이다.

또 다른 문제는 우리 나라의 사료곡물 축소가 GATT 제24조에 위반이 될 수 있다는 점이다. 즉, 미국과의 FTA 결과 우리 나라가 추가 쿼터를 없애고 WTO에 약속한 TRQ 의무만 이행하게 되면 결과적으로 기존 WTO 회원국의 이익을 침해하게 되어 GATT 제24조의 위반이 될 수 있다.[5] 그러나 FTA로 인해 무역의 이익이 침해되었음을 이유로 제3의 국가가 분쟁을 일으킨 예는 없으며, 원칙적으로 WTO에 약속한 TRQ 수준을 준수하는 한 통상법적으로 문제가 되지 않는다고 생각된다. 아울러 이러한 이유 때문에 FTA를 체결하고자 하는 상대국이 나타나면 추후 이들 국가와 FTA를 추진할 때는 우리 나라가 더 유리한 입장에서 협상을 진행할 수 있게 된다. 또한 실제로 우리 나라는 추가로 설정되었던 쿼터를 폐지하여 운용한 실적이 있기도 하다.

3.2. 미국의 민감품목을 활용

미국이 농축산물 수출강대국이기는 하지만 미국도 나름대로 민감

[5] GATT 제24조 제5항 (b)에는 자유무역협정으로 비회원국에 적용되는 관세 또는 상업적 제한은 자유무역협정 체결 전에 적용되던 관세 또는 상업적 제한보다 높거나 규제적인 것이 되어서는 안 된다고 기술되어 있다.

표 7-1 미국의 민감농산물

근 거	잠정 민감농산물
타국과의 FTA	설탕(제품), 땅콩, 담배, 면화, 낙농제품
WTO의 국내보조	낙농제품, 면화, 옥수수, 대두, 설탕(제품), 쌀, 땅콩
양허관세수준	담배, 땅콩, 낙농제품, 설탕(제품)
OECD의 PSE	설탕(제품), 밀크(낙농제품), 쌀, 수수, 밀
CCP 지급액	면화, 땅콩, 쌀

품목이 있으며, 이들 품목은 대개 10년 동안 관세를 철폐하는 것으로 되어 있다. 우리 나라도 이러한 미국의 민감품목에 대해 즉시 관세철폐를 주장하는 공세적 협상전략도 적절하게 활용해야 한다.

미국이 다른 국가와 맺은 FTA 협정문이나, WTO에 보고한 국내 농업보조금 수준, 양허관세 수준, OECD에서 계산하는 생산자보조 상당치(PSE) 등에 기초해 볼 때, 미국의 민감농산물로는 우선 설탕 및 설탕제품을 들 수 있으며, 땅콩, 면화, 낙농품, 쌀, 담배 등도 미국의 민감농산물로 볼 수 있다.

그러나 쌀과 낙농제품은 한·미 농산물 무역관계를 고려할 때 이번 협상에서 미국의 민감품목으로 보기 어렵다. 왜냐하면, 쌀과 낙농제품은 미국에게 중요한 품목이기는 하나, 미국이 우리 나라에 수출을 확대하고자 하는 품목이기 때문에 우리의 공격목표가 되기 어렵다. 반면 담배는 제조하는 과정에서 여러 가지 다양한 종류의 엽연초를 섞는 기술에 의해서 맛이 좌우되므로 수출입이 동시에 이루어지는 특성이 있고, 따라서 미국이 담배를 수출하지만 우리 나라도 담배를 미국에 수출할 수 있다. 그런 의미에서 담배는 우리 나라의 공격목표가 될 수 있다고 생각된다.

그 밖의 품목도 우리 나라 농업구조상 농산물로 직접 수출하기보다는 이들을 원료로 하는 다양한 가공품을 개발하는 경우 수출을 증대시킬 수 있는 가능성이 높다. 따라서 설탕이나, 땅콩, 면화를 원료로 하는 가공품에 대한 즉각적인 관세철폐를 요구하는 것도 필요하다.

3.3. 미국의 국내보조금 활용

미국의 개별 농산물 보호는 국경에서의 관세나 쿼터제도 이외에 국내농업보조금의 역할이 크다. 반면 우리 나라의 개별 농산물 보호는 국경에서의 관세와 수입제한에 따른 것이 대부분이다. 따라서 한·미 FTA 협상에서 관세감축만을 가지고 접근하기보다는 농산물의 총체적 보호수준을 가지고 접근하는 것이 우리에게 유리하다고 생각된다. 아울러 우리 나라의 관세감축이 왜 어려운지, 그리고 그로 인한

표 7-2 미국의 PSE 구성

(단위: 백만 달러)

	1986~1988	2002~2004	2002	2003	2004p
Producer Support Estimate(PSE)	36,390 (100.0)	40,409 (100.0)	39,105 (100.0)	35,618 (100.0)	46,504 (100.0)
시장가격지지(MPS)	14,084 (38.7)	14,272 (35.3)	15,105 (38.6)	11,549 (32.4)	16,162 (34.8)
기 타	22,306 (61.3)	26,137 (64.7)	24,000 (61.4)	24,069 (67.6)	30,342 (65.2)
생산에 기초한 지불	2,919	4,093	2,141	3,220	6,920
식부면적/가축두수에 기초한 지불	11,313	2,494	4,002	2,095	1,386
CCP	0	2,703	1,805	655	5,650
기존의 자격요건에 기초한 지불	0	5,691	5,292	6,488	5,291
투입재 사용에 기초한 지불	6,526	7,118	6,919	7,212	7,222
투입재 제약에 기초한 지불	637	1,959	2,044	1,943	1,889
전체 농업소득에 기초한 지불	912	2,079	1,798	2,456	1,984

자료: Agricultural Policies in OECD Countries(2005).

부정적 영향이 미국에 비해 상대적으로 왜 클 수밖에 없는지를 미국에게 설득하는 좋은 근거가 될 수도 있다.

미국은 농업의 전반적인 보호수준을 나타내는 농업 전체의 생산자보조 상당치(Producer Support Estimate: PSE) 가운데 시장가격지지를 제외한 부문의 비중은 대개 60% 이상이다. 시장가격지지에 의한 보조는 국내외 가격차이에 의해서 계산되는 반면, 기타 부분은 대개 국내농업보조금 수준에 의해서 결정된다. 따라서 미국 농업의 전반적인 보호는 국내외 가격차보다는 국내농업보조금에 의해서 큰 영향을 받는다.

개별 품목으로 보더라도 미국의 주요 민감 농축산물은 관세 등 국경보호에 의한 가격지지보다는 국내농업보조금에 의한 보호가 훨씬 큰 것을 알 수 있다. 따라서 관세감축을 해도 실제 국내농업에 주는 영향은 상대적으로 작을 수밖에 없다.

표 7-3 한국의 PSE 구성

(단위: KRW billion)

	1986~1988	2002~2004	2002	2003	2004p
Producer Support Estimate(PSE)	9,638 (100.0)	21,826 (100.0)	21,987 (100.0)	20,620 (100.0)	22,872 (100.0)
시장가격지지(MPS)	9,541 (99.0)	20,206 (92.6)	20,479 (93.1)	18,855 (91.4)	21,283 (93.1)
기 타	97 (1.0)	1,620 (7.4)	1,508 (6.9)	1,765 (8.6)	1,589 (6.9)
생산에 기초한 지불	0	0	0	0	0
식부면적/가축두수에 기초한 지불	0	502	458	555	494
과거의 자격요건에 기초한 지불	0	3	0	0	10
투입재 사용에 기초한 지불	69	560	621	506	553
투입재 제약에 기초한 지불	0	79	21	103	113
전체 농업소득에 기초한 지불	28	475	407	600	419

자료: Agricultural Policies in OECD Countries(2005).

반면 우리 나라는 미국과 정반대의 상황이다. 우리 나라 농업 전체의 보호수준을 나타내는 한국의 PSE는 90% 이상이 시장가격지지로 이루어져 있다. 물론 시장가격지지가 곧바로 관세수준을 나타내는 것은 아니지만 국경보호에 의하여 발생한 국내외 가격차를 의미하는 것이고, 우리 나라의 경우 사실상 농업보조금에 의한 농업보호가 매우 작다는 것은 분명하다. 따라서 국경에서 관세 및 수입제한조치 축소가 초래하는 영향은 우리 나라가 미국보다 훨씬 크게 나타날 수밖에 없다.

동일한 관세감축을 하더라도 그로 인한 효과는 미국보다는 우리 나라가 더욱 클 수밖에 없으며, 한·미 FTA를 통해 호혜적인 무역자유화를 추구한다면 농업의 총체적인 보호수준을 고려해야 공정한 게임이 될 것임을 강력히 주장하여야 한다.

4 저율관세 수입쿼터(TRQ) 관리방식

4.1. 협상추이와 한·미 양국의 입장

농산물 TRQ 관리제도는 제1차 협상부터 한·미 양국 간 입장차이가 큰 쟁점이었다. 미국은 기본적으로 한국의 TRQ 관리제도가 양국 간 공정한 농산물무역을 저해하는 방향으로 활용되고 있다고 인식하고 있다. 이에 따라 미국은 무역업자 또는 일반소비자들이 정부개입 없이 자유롭게 TRQ 물량에 접근할 수 있도록 한국의 현행 TRQ 관리방식을 수정할 것을 요구하였다. 특히, 미국은 이번 한·미 FTA를 통해 설정되는 쿼터에 대해서만큼은 기존의 TRQ 관리방식이 아닌 선착순방식에 의한 관리를 요구하고 있으며, 또한 수입부과금을 부과하지 말 것을 강조하고 있는 것으로 알려져 있다.

이에 대해 우리 나라는 개별 품목의 국내수급 특성과 국내시장의 여건에 따라 다양한 TRQ 관리방식이 인정되어야 한다는 기본시각 아래, 우리 나라가 시행하고 있는 현행의 TRQ 관리제도는 WTO에서 승인받은 제도로 공정한 무역을 최대한 보장하고 있다는 점을 강조해 왔다. 동시에 현행 우리 나라 TRQ 관리제도의 구체적 운영방식을 미국측에 자세히 설명함으로써 동 제도에 대한 미국의 이해를 높이는 동시에 그 동안 미국이 가지고 있었던 우리 나라 TRQ 관리제도에 대한 오해와 편견을 해소하는 데 주력해 왔다.

이견을 보이던 농산물 TRQ 관리제도 개선문제는 4차 협상에서 한·미 양국이 농산물 TRQ 관리의 일반원칙 및 투명성 제고에 합의함으로써 통합협정문을 작성하는 성과를 만들어 냈다. 그러나 미국이 주장하는 선착순 배정원칙, 용도제한 금지, 국영무역 및 수입부과금 금지 등의 세부 핵심 관심사항은 우리 나라가 완강히 반대하여 한·미 양국의 주장을 나란히 병기하는 방식으로 통합협정문이 작성되었고, 아직도 중요한 쟁점으로 남아 있다.

4.2. TRQ관련 국제논의와 시사점

(1) DDA 농업협상에서 TRQ 관리에 대한 논의[6]

DDA 농업협상에서는 TRQ 관리에 문제점이 있다는 점을 인식하고, TRQ 물량의 미소진대책을 포함하여 TRQ 관리의 투명성을 높이기 위한 다양한 추가 규제가 논의되어 왔다. 이에 따라 2003년 3월 「하빈슨초안」과 2006년 6월 「팔코너초안」을 통해 TRQ 관리의 개선방안이 구체적으로 제시된 상태이다. 두 초안은 대부분 일치하고 있는데, 핵심은 TRQ 관리방식이 갖는 무역왜곡요소를 완화시키는 데

[6] 이하의 TRQ관련 부분은 서진교 외(2004)를 인용 및 참고하였다.

초점이 맞추어져 있다.

개선안의 주요 내용을 보면 먼저 TRQ 관리의 부가조건에 관한 다음과 같은 규제를 금지하고 있다. ① 국내산 구매조건 또는 이와 동일한 효과를 갖는 조건을 부과하지 못한다. ② TRQ 수입시 계절적인 수입제한이나 특정 품목의 수입을 배제하지 못한다. ③ 최종 소비용 수입을 제한하는 방식으로 TRQ를 운영하지 못한다. ④ TRQ 수입에 있어서도 수출 또는 재수출조건을 부과하지 못한다. ⑤ TRQ 수입과 관련하여 WTO에서 허용된 이외의 부과금, 예치금, 기타 재정상 의무를 부과하지 못한다.

또한 TRQ가 미소진되는 것을 방지하기 위하여 수입국은 가능한 한 일찍 TRQ 수입계획을 고시해야 하며, 그래도 TRQ가 미소진될 경우 당해 연도에 수입이 가능하도록 재할당하는 세부규정을 명시하고 있기도 하다.

이와 같은 개선안은 비록 회원국의 합의를 거친 것은 아니지만 지금까지의 논의결과를 반영하여 만들어진 것이기 때문에 최종 합의안의 내용도 여기서 크게 변하지는 않을 것으로 전망된다. 결국 향후 TRQ 관리와 관련된 구체적인 논의가 추가적으로 있을 수 있겠지만 기본적으로는 TRQ가 가지는 시장접근 기회의 실질적 확보라는 측면에서 상당 부분 수출국들의 이해에 맞도록 TRQ 관리에 대한 규제가 이루어질 것으로 보인다.

DDA 농업협상에서 이루어진 TRQ관련 논의와 개선안을 감안할 때, 우리 나라의 TRQ 관리방식은 다음과 같은 몇 가지 문제점을 가지고 있다. 먼저 우리 나라는 향후 DDA 타결과 이행에 따라 더 이상 운용이 어려울 것으로 판단되는 여러 가지 부가조건을 이용하고 있다. 이에 따라 농업협동조합중앙회 등 생산자단체나 협회가 관리하는 TRQ 운용방식은 적절히 수정되어야 할 것으로 본다. 또한 TRQ 물량의 배정을 위해 국내산 동종 농산물을 구매해야 된다든지 또는 수출조건을 부가하는 방식도 더 이상 운용이 어려울 것으로 보이며,[7] 아울러 TRQ 관리 시행요령인 농림부고시 2003-56호(농축산물 시장접근물량 양허관세 추천 및 수입관리 요령)의 제15조(용도의 지정) 등의 관련 규정도 WTO의 TRQ 관리지침과 배치될 가능성이 높기 때문에 조만간 개정될 필요가 있을 것이다.

다른 한편 TRQ제도의 효율성 측면에서 현행 우리 나라의 TRQ 관리방식은 개선될 필요가 있다. 수입허가제도나 국영무역 등은 정부의 과도한 시장개입으로 시장을 왜곡시킬 가능성이 있으며, 관리에 따른 행정비용이 많이 소요되어 효율성이 저하될 소지도 있다. 예를 들면, 수입관리의 경제적 비효율은 ① 수입독점에 의한 경쟁제한, ② 수입추천 및 TRQ 물량 배정과정에서 사업자단체에 의한 각종 불공정행위(사업자단체의 신규 조합원에 대한 수입물량 공급제한, 수입물량 배정에 자의적인 기준설정, 조합원에게 여타 품목 구입강요 등), ③ 엄격한 자격요건으로 인한 경쟁제한(과거 수입실적에 따른 수입추천 등)에 의해 발생하기도 한다. 따라서 이러한 비효율성의 근원을 제거하는 작업도 동시에 이루어져야 할 것이다.

(2) 한·미 FTA 협상에 주는 시사점

한·미 FTA 협상에서 TRQ 관리제도의 개선과 관련하여 쟁점이 되고 있는 부가조건은 DDA의 논의동향을 감안하여 탄력적으로 대처할 필요가 있다. 한·미 FTA 협상에서 미국이 폐지를 요구한 특정 TRQ 관리방식을 우리 나라가 큰 대가를 치루면서 어렵게 지켜 낸다고 해도, DDA 이행에 따라 우리가 지켜 낸 TRQ 관리방식이 폐지된다면 이러한 관리방식을 어렵게 얻어 낸 실질적 효과가 없어진다. 따라서 DDA 농업협상에서 TRQ 관리와 관련된 개선안의 타결방향을 예상하여 폐지될 가능성이 높은 TRQ 관리방식은 미국의 요구를 저절

7 맥주맥 및 맥아, 고구마전분, 녹차, 버터 등의 품목은 TRQ 관리에 있어서 국내산을 우선 사용하는 조건과 연계되어 있거나 최종 소비용도를 제한(외화획득용, 가공용 등)하고 있다.

한 수준에서 수용해 주고, 대신 보다 중요한 이익을 관철시키는 것이 한·미 FTA 협상에서 우리의 효율적인 협상전략이 될 것이다.

4.3. 우리의 협상대안

한·미 자유무역협정(FTA) 협상에서 TRQ 관리방식에 대한 양국의 입장차이가 뚜렷하다. 앞에서 살펴본 바와 같이 미국은 TRQ 관리방식의 투명화를 요구하는 한편, 무역업자 또는 일반소비자들이 정부의 개입 없이 시장기능에 따라 TRQ 물량에 자유롭게 접근할 수 있도록 현행 TRQ 관리방식을 대폭 수정할 것을 요구하고 있다. 특히, 이번 협상을 통해 설정되는 TRQ에 대해서만큼은 선착순방식에 의해 수입권을 배정하고 국영무역과 수입부과금제도를 폐지할 것을 강력히 주장하고 있다. 반면, 우리 나라는 개별 품목의 수급특성과 시장여건에 따라 다양한 TRQ 관리방식이 필요하다는 시각에서 선착순 배정방식과 국영무역에 의한 TRQ 관리, 수입부과금제도는 양보할 수 없는 사안으로 보고 있다.

결국 협상타결을 위해 한·미 양국은 서로의 이해를 일정 부분 양보하여 타협안을 만들어야 하는데, 이를 위해 우리 나라는 DDA 농업협상에서 논의되는 TRQ 관리의 개선논의와 함께 국민경제 입장에서 일부 비효율적인 현행 TRQ제도를 개선한다는 두 가지 점에 기초하여 대응전략을 마련하는 것이 실리를 취하는 것이 될 것이다.

이러한 관점에서 우리 나라의 협상대응방향을 검토해 보면, 첫째 DDA 농업협상 결과를 감안해야 한다는 것이다. DDA 농업협상 결과 향후 새롭게 만들어질 TRQ 관리규범은 미소진 쿼터가 발생하지 않도록 현행의 다양한 국가별 부가조건을 금지하는 것이 될 가능성이 높다. 특히, 국내산 구매조건 또는 이와 동일한 효과를 갖는 부가조건은 향후 사용이 불가능할 것으로 판단된다. 그 밖에도 TRQ 수입에 계절적인 수입제한이나 특정 품목의 수입을 배제 또는 최종 소비용 수입을 제한하는 방식으로 TRQ를 운영하지 못하게 될 가능성이 높다.

따라서 생산자단체에 의한 TRQ 관리나 국내산 구매조건 또는 이와 동일한 효과를 갖는 조건이라든지 특정 품목의 수입을 배제하거나 또는 최종 소비용 수입을 제한하는 방식, 그리고 TRQ 수입권을 얻기 위한 자격소건으로서 수출 또는 재수출조건 등의 부가조건 등은 한·미 FTA 협상에서 고수할 필요가 없다고 판단되며, 오히려 협상에서 버리는 카드로 사용하는 것이 현명하다고 생각된다.

핵심 쟁점인 선착순 배정방식에 대한 미국의 요구에 관해서도 양국 간 타협가능성이 있다. 국내생산이 없거나 또는 미미하여 수입의존도가 높은 품목은 사실 TRQ를 확대하거나 또는 관리방식을 변경한다고 해도 국내농업에 미치는 영향이 크지 않을 것이며, 오히려 소비자의 후생을 높이게 될 가능성이 높다. 따라서 이러한 품목은 선착순 배정이나 실수요자 수입방식으로 TRQ 관리방식을 전환할 필요가 있으며, 한·미 FTA 협상에서는 이를 적극 활용하는 것도 바람직할 것이다. 다만 선착순 배정은 실제 운용에 있어 초기에는 많은 행정비용이 들 수 있기 때문에 이행기간 동안 점진적으로 늘려 나가는 방안도 모색해 볼 수 있다. 즉, 이행 초기에는 선착순 배정비율을 낮게 하다가 이행 후기로 갈수록 점차 높이는 방안도 고려해야 한다.

반면, 계절적으로 수입이 집중되는 현상이 발생하여 국내가격의 변동폭이 큰 품목의 경우, 국영무역이나 수입허가제(Import Licensing)를 계속 유지하는 것이 국내시장의 안정을 위해서 중요하다. 국영무역과 관련해서는 비록 미국이 국영무역의 폐지를 요구하고 있지만 국영무역은 WTO 아래서 인정되고 있는 제도로서 DDA 농업협상에서도 국영무역제도 자체를 없애기는 사실상 불가능할 것으로 보인다. 다만 국영무역이 가지고 있는 배타적인 수입독점권이 공정한 무역을 저해하지 않는 방향으로 악용되지 않도록 하는 추가적인 규제는 만들어질 수 있다. 따라서 국영무역의 폐지 자체는 어렵다고 해도 구체적인 운용방안의 개선에 대해서는 한·미 양국이 논의를 통해 타협안을 마련하는 것이 바람직하다고 생각된다.

결국 TRQ 관리제도는 일방적으로 우리의 주장을 관철하기보다는 DDA에서의 관련논의와 국내에서의 제도개선 필요성 등에 기초하되 품목별 수급특성을 감안하여 적절한 타협안을 가지고 협상에 임하는 것이 양국 간 이익의 균형을 찾는 방안이 될 수 있을 것이다.

5 농산물 세이프가드(ASG)

세이프가드(Safeguard: SG)란 특정 상품의 수입이 갑자기 늘어나 수입국의 해당 품목 생산자가 심각한 피해를 입거나 입을 우려가 있을 경우, 이를 구제하기 위해 취하는 피해구제조치를 말한다. 이와 관련하여 GATT 제19조는 세이프가드를 발동할 수 있는 조건이나 구제조치의 내용 등 관련규정을 자세히 기술하고 있다.

한편, 우루과이라운드(UR) 농업협상 결과 새롭게 도입된 특별세이프가드(Special Safeguard: SSG)는 기존의 세이프가드에 비해 발동이 쉽고, 보상의무가 없다는 특징을 가지고 있다. 그러나 대상품목이 UR 농업협상 결과 관세화를 한 농산물로 한정되므로, 우리 나라의 경우 곡물은 대부분 대상이 되지만 채소, 과일, 축산물은 발동대상이 안 된다.

현재 한·미 FTA 협상에서 논의되고 있는 '농산물 세이프가드(Agricultural Safeguard: ASG)'도 일반세이프가드와 기본적으로 동일하다. 다만 대상품목을 농산물로 한정하고 있다는 점에서 '농산물'이라는 표현이 앞에 들어간 것이다. 물론 농산물 세이프가드의 구체적인 운용방법은 일반세이프가드(SG)와 다를 수 있다. 발동기준이나 피해구제조치 등 농산물 세이프가드(ASG)의 구체적인 운용방법은 개별 협상을 통해 결정되기 때문이다.

5.1. 협상추이

농산물 세이프가드는 2006년 6월의 1차 협상 때부터 한·미 양국이 이견을 보여 왔던 쟁점분야이다. 우리 나라는 예상치 못한 미국산 농축산물의 수입급증으로 국내에서 해당 농산물을 생산하는 농업인의 피해를 구제하기 위해서는 농산물 세이프가드의 도입은 필수적이라는 입장을 가지고 있다. 이에 따라 우리 나라는 1차 협상부터 농산물 관세철폐(감축)에 따른 최소한의 안전장치로 농산물 세이프가드가 필요함을 지속적으로 미국측에 강조해 왔다.

반면, 미국은 기본적으로 농산물 세이프가드 도입에 반대한다. 관세의 철폐 내지 감축을 통해 어렵게 확보한 농산물시장 개방효과가 농산물 세이프가드 도입으로 줄어들 수 있기 때문이다. 따라서 미국은 협상 초기부터 농산물 세이프가드의 도입반대 입장을 분명히 하였다. 이에 따라 한·미 양국은 1차 협상 때부터 농산물 세이프가드의 도입 여부를 놓고 공방을 벌였으며 서로의 입장을 굽히지 않았다.

타협점을 찾지 못하였던 농산물 세이프가드는 4차 협상에서 일부 접점이 찾아졌다. 미국은 3차 협상 때부터 농산물 세이프가드에 대한 기존 입장을 일부 누그러뜨려 동 제도의 도입을 긍정적으로 검토할 수 있다는 의사를 표명한 것으로 전해지고 있다. 이에 따라 한·미 양국은 4차 협상에서 농산물 세이프가드를 도입하는 데 원칙적으로 합의하였으며, 그 결과는 농산물 세이프가드 관련 통합협정문 작성으로 구체화되었다.[8] 그러나 한·미 양국은 농산물 세이프가드 도입이라는

[8] 농산물 세이프가드 도입합의와 이에 따른 통합협정문의 작성은 한·미 FTA 농업분과 4차 협상에서 최대의 성과로 평가되고 있다. 다만, 농산물 세이프가드는 그 성격상 예상하지 못한 수입급증에 대비한 보완장치이기 때문에 비단 수입국에게만 필요한 것이 아니라 수출국에게도 필요한 장치인 것은 분명하다. 또한 실제 미국이 기존에 맺은 FTA에서도 농산물 세이프가드를 도입한 예는 많다. 따라서 미국의 입장에서 보더라도 농산물 세이프가드 도입 자체가 크게 불리한 것은 아니라고 판단된다

원칙에만 합의하였을 뿐 적용대상 품목의 범위, 발동기준, 추가로 부과할 수 있는 관세인상폭, 세이프가드제도의 존속기간 등 그 구체적인 운용방법에 관해서는 좀처럼 이견을 좁히지 못하였다. 이에 따라 통합협정문은 양국의 주장을 병기하는 형태로 작성된 것으로 전해지고 있다.

5.2. 주요 쟁점과 한·미 양국의 기본입장

(1) 대상품목

미국은 기본적으로 농산물 세이프가드 대상품목을 가급적 최소화한다는 입장이다. 반면, 우리 나라는 한·미 FTA 체결에 따라 미국으로부터 수입이 크게 늘어날 가능성이 높고 동시에 우리 나라 농업에서 중요한 위치를 차지하고 있는 품목은 가급적 모두 세이프가드 대상 품목으로 한다는 입장이다.

(2) 발동기준

농산물 세이프가드 발동기준으로 보통 가격기준과 물량기준을 생각해 볼 수 있다.[9] 우리 나라는 원칙적으로 가격기준과 물량기준 모두가 적용되어야 한다는 입장이다. 반면, 미국은 물량을 기준으로 발동하는 것에는 어느 정도 동의를 하고 있으나, 가격을 기준으로 세이프가드를 발동하는 것에는 반대를 하고 있는 것으로 전해진다.

(3) 추가 관세의 크기

구제조치의 핵심은 추가 관세부과이다. 수입급증으로 피해가 발생하였기 때문에 기존에 부과하는 관세 이외에 추가적으로 관세를 부

[9] 물량기준 세이프가드는 수입물량이 사전에 합의된 수준 이상이 될 때 발동되는 세이프가드인 반면, 가격기준 세이프가드는 수입되는 농산물의 수입가격이 사전에 합의된 수준 이하로 떨어질 때 발동되는 세이프가드이다.

과하는 것이다. 추가 관세의 크기에 대해서는 한·미 양국의 기본입장이 명확히 전해지고 있지 않다. 다만 FTA의 기본원칙과 주요국들이 지금까지 맺은 FTA관련 조항을 검토해 볼 때 추가로 부과할 수 있는 관세의 크기는 최혜국대우(Most Favored Nation: MFN) 양허관세를 초과할 수 없을 것으로 예상된다.

MFN 양허관세란 WTO에 양허된 관세를 말하는 것으로 WTO 회원국 모두에게 공통적으로 적용된다. 사과의 MFN 양허관세는 45%로, WTO 회원국 누구나가 우리 나라에 사과를 수출할 때 45%의 관세가 부과된다.

(4) ASG 존속기간

농산물 세이프가드의 존속기간도 쟁점 가운데 하나이다. 미국은 기본적으로 관세가 철폐되면 세이프가드도 자동철폐되어야 한다는 입장이다. 반면, 우리 나라는 관세가 철폐된 이후에도 일부 핵심 농축산물에 대해서는 ASG를 계속 적용해야 한다는 입장이다.

이와 같은 한·미 양국의 입장차이는 농산물 세이프가드를 보는 기본시각이 다르게 때문이다. 미국은 농산물 세이프가드를 임시적인 조치로 이해하고 있는 것으로 보인다. 즉, FTA 체결로 관세를 철폐하는 과정에서 예상치 못한 수입급증이 발생할 경우 이를 구제하기 위한 임시조치이기 때문에 관세가 완전히 철폐된 이후에는 세이프가드도 자동철폐되어야 한다는 입장이다.[10]

반면, 우리 나라는 농산물 세이프가드를 WTO에서 규정한 사후적인 보완장치로서 영구적인 조치로 보고 있다. 따라서 관세철폐에 관계없이 예상치 못한 수입급증이 일어나 국내 해당 생산자가 피해를 볼 경우 언제든지 세이프가드를 발동할 수 있어야 한다는 입장이다.

---

[10] 이와 같은 미국의 인식은 DDA 농업협상에서도 그대로 나타나 있다. 미국은 DDA 농업협상에서도 특별세이프가드에 대해 철폐되어야 한다는 입장을 가지고 있다.

5.3. 우리 나라의 협상대안

(1) 기본인식

예상치 못한 수입급증에 대비하기 위한 사후적인 보완장치로서 농산물 세이프가드가 매우 중요하다는 점은 모두가 인정하고 있다. 그러나 수입을 억제하는 사후적 보완장치로서 농산물 세이프가드의 효과는 우리가 예상하는 기대수준보다 작을 수 있다는 점을 인식할 필요가 있다.

우리 농업의 핵심을 이루고 있는 농축산물의 관세는 쌀과 고추, 마늘, 양파의 양념채소, 그리고 감귤을 제외한다면 대개는 20~45% 이하이다. 축산물의 경우도 쇠고기 관세는 40%이며, 돼지고기와 닭고기의 관세는 25% 이하이다. 아울러 이러한 관세는 DDA 농업협상의 결과 이행에 따라 다시 일정 수준 내려갈 전망이다. 따라서 세이프가드를 발동한다고 해도 부과할 수 있는 관세의 크기가 MFN 관세수준으로 제한된다면 쇠고기의 경우 최대 45% 이상의 관세는 부과할 수 없을 것이다. 그러나 신선채소와 과일, 그리고 축산물의 국내외 가격차는 2배 이상이기 때문에, 세이프가드가 발동되어 20~45% 관세가 부과되더라도 국내외산의 가격차이가 매우 커서 수입억제효과는 크지 않을 수도 있다.[11]

따라서 신선과일류와 채소류의 경우 한·미 FTA 협상에서 우리가 어렵게 농산물 세이프가드를 확보하였다고 해도 실제 그것이 사후적 수입억제장치로서 얼마나 큰 효과를 나타낼 지는 불확실한 측면이 있다. 사실 신선채소와 과일 대부분은 위생검역 등 비관세장벽에 의한 수입제한만 없다면 현재의 관세수준 아래서도 수입은 상당히 이루어질 것으로 보이기 때문이다.

[11] 물론 국내외 가격차가 크지 않아 미국산 농축산물과 경쟁이 가능할 경우 예외가 될 수 있을 것이다.

그렇다고 농산물 세이프가드가 우리에게 중요하지 않다는 것은 아니다. 다만, 그 실질적 효과가 크지 않을 수도 있다는 점에서 우리의 협상력 안배에 적절한 가중치를 두어야 한다는 말이다. 농산물 세이프가드를 확보하기 위한 노력도 중요하지만, 위생검역제도와 같이 더 중요한 쟁점이 있다면 협상력의 안배 차원에서 농산물 세이프가드는 다른 중요한 쟁점 뒤에 놓일 수도 있는 것이다.

(2) 쟁점별 분석과 선택

1) 대상품목의 선정

농산물 세이프가드의 대상품목 선정은 다음과 같은 점을 고려해야 한다. 첫째, DDA 농업협상에서의 관련 논의동향이다. 현재 우리나라는 UR 당시 관세화한 곡물 등의 품목에는 특별세이프가드(SSG)를 발동할 수 있다. 따라서 설령 특정 품목이 한·미 FTA의 농산물 세이프가드 대상품목에서 제외된다고 해도 그것이 관세화한 품목인 이상 원칙적으로 UR 농업협정문상의 특별세이프가드를 적용할 수 있다. 미국이 맺은 대부분의 FTA 협정문상 농산물 세이프가드는 GATT 제19조의 다른 일반세이프가드와 동시에 적용을 할 수 없다고 규정되어 있다. 그러나 UR 농업협정문상의 특별세이프가드와 동시적용할 수 있는지에 대해서는 명확한 언급이 없다. 따라서 원칙적으로 UR 농업협정상의 특별세이프가드 적용이 가능하다고 본다. 물론 동시적용 여부는 FTA 협상에서 농산물 세이프가드관련 조항을 어떻게 협의해서 만드는지에 달려 있을 것이다.

그런데 UR 농업협정문상의 특별세이프가드는 사후적 수입억제효과 측면에서 한·미 FTA 협상에서 논의되고 있는 농산물 세이프가드에 뒤지지 않는다. 특별세이프가드는 물량기준의 경우 당해 연도에 적용되는 MFN 관세의 1/3까지 추가관세를 부과할 수 있다. 따라서 SSG는 이론적으로 MFN 관세를 초과한 수준(MFN 관세의 133%)의 관세부과가 가능하다. 다만, 발동기준이 다를 수 있기 때문에 정확한 비교는 보다 세밀한 분석이 필요하다.

따라서 대상품목을 선정할 때 DDA 농업협상에서 관련쟁점에 대한 논의를 충분히 고려할 필요가 있다. 즉, FTA에서의 농산물 세이프가드 대상품목으로 지정하는 것이 효과적인지 아니면 UR 농업협정상의 특별세이프가드를 적용하는 것이 유리한지를 정밀하게 따져 보아야 한다. 아울러 두 가지 세이프가드의 동시적용 가능성을 남겨 두기 위하여 통합협정문상의 표현도 기술적으로 검토해야 한다. 예를 들면, "동시적용할 수 있다"라는 명백한 표현보다는 아무런 언급을 하지 않는다든지, 또는 기술적으로 "미국산 농축산물의 수입이 일정 퍼센트를 초과하지 않는 한 미국산 농산물에 대해서는 DDA 농업협상 결과에 따른 세이프가드가 적용되지 않는다" 등의 표현을 생각해 볼 수 있을 것이다.

아울러 현재 DDA 농업협상에서 논의되고 있는 개도국 특별세이프가드(Special Safeguard Mechanism: SSM)의 대상품목이 될 수 있는 가능성을 열어 두어야 한다. 개도국 특별세이프가드(SSM)는 현재 DDA 농업협상에서 논의중인 쟁점으로 기존 특별세이프가드(SSG)와 달리 개도국만이 사용할 수 있는 세이프가드제도이다. 현재 적용대상 품목과 발동기준, 구제조치의 내용에 대해 구체적인 논의가 진행중에 있다. 그러나 그 도입취지상 기존의 UR 농업협정상의 특별세이프가드에 비해 대상품목이나 발동요건, 구제조치가 수입국에게 더 유리한 방향으로 타결될 가능성이 높기 때문에 우리 나라가 이 제도를 발동할 수 있는 권한을 확보하는 것은 협상력을 집중시켜야 할 주요한 분야 중의 하나이다.

둘째, 당연한 이야기이지만 미국으로부터 수입가능성이 높은 품목 가운데 관세철폐로 수입급증이 우려되는 품목을 우선 대상품목으로 선정해야 한다. 국내적으로 아무리 중요하다고 해도 미국으로부터 수입가능성이 없다면 굳이 농산물 세이프가드의 대상품목으로 할 이유가 없다. 한편, 미국으로부터 수입가능성이 높다고 하더라도 실제 발동될 경우 수입억제효과가 거의 없는 품목은 농산물 세이프가드 대상품목으로 선정할 필요성이 그만큼 작을 것이다.

2) 가격기준과 물량기준

물량기준과 가격기준 세이프가드 모두를 확보하는 것도 중요하지만 그 가능성은 높지 않다고 본다. 따라서 해당 품목의 수급과 가격변동의 특성을 감안하여 두 가지 발동기준 중에 효과적일 것으로 판단되는 하나를 확보하는 것이 실질적인 대안이라고 생각된다. 세이프가드의 핵심은 얼마나 쉽게 발동할 수 있는지, 또한 발동이 되면 얼마나 큰 수입억제효과를 가지고 있는지가 중요한 기준일 것이다.

가격기준 세이프가드는 실제 수입물량이 증가하지 않아도 수입단가가 하락하면 즉시 발동할 수 있기 때문에 사전에 수입증가를 예방하는 기능을 가지고 있다.

그러나 가격기준 세이프가드는 단점도 가지고 있다. 수입가격의 변동은 거의 없지만 수입물량이 크게 늘어날 수 있는 상황에서는 세이프가드를 발동할 수 없다. 특히, 우리 나라의 농축산물 수입은 해당 품목의 국제가격에도 영향을 받지만 대개는 국내에서의 작황에 크게 의존하는 경향이 있으므로 농축산물의 실제 수입은 수입가격의 흐름과 큰 관계없이 국내수요 부족분이 되고 있다. 이 경우에는 가격기준보다는 오히려 물량기준 세이프가드가 수입을 억제하는 데 효과적일 것이다. 그러나 흉작으로 국내가격이 급등하는 경우 수입이 늘어나는 것은 현실적으로 필요하고 불가피한 측면이 있다는 것도 간과해서는 안 된다.

또한 가격기준 세이프가드는 실효성이 크지 않을 수 있다. 예를 들어, 미국이 호주 또는 칠레와 맺은 FTA의 가격기준 세이프의 추가관세 크기는 수입가격이 기준가격의 90% 미만일 경우에만 발동되는데, 이 때 추가 관세는 FTA를 맺지 않은 경우의 관세(MFN 관세)와 FTA 관세차이의 30%에 불과하다. 예를 들어, MFN 관세가 40%(MFN

관세)인 냉동쇠고기의 발동기준가격이 3,000원/kg으로 정해졌다고 가정하자. FTA 체결로 미국산 냉동쇠고기에 대한 관세가 매년 떨어져 20%(FTA 관세)가 되었고, 이 때 미국산 냉동쇠고기의 실제 수입가격이 1,800원/kg이 되었다면, 1,800원/kg은 발동기준가격인 3,000원/kg의 60%이기 때문에 가격기준 세이프가드가 발동된다. 이 때 추가로 부과할 수 있는 관세의 크기는 MFN 관세 40%와 FTA 관세 20%의 차이인 20%의 0.3배이므로 결국 6%의 추가 관세가 부과되는 데 불과하다. 결국 세이프가드 발동으로 미국산 냉동쇠고기에 부과되는 전체 관세는 26%가 되어 수입가격이 특별세이프 발동 전에 비해 108원 정도 높아지는 데 불과하게 된다. 한편, 실제 수입가격이 발동기준가격의 25% 이하로 떨어지는 경우에는 MFN 관세와 FTA 관세 차이의 전부를 추가 관세로 부과할 수 있다. 즉, 실제 수입가격이 750원/kg(=3,000×0.25) 미만이 될 때만 미국산 수입쇠고기에 부과되는 관세가 FTA를 맺지 않은 경우와 같은 40%가 될 수 있으나 이와 같이 극단적인 경우를 상정하는 것은 현실적이지 않다고 생각되고, 비록 40%의 관세를 부과하더라도 수입가격이 너무 낮아 수입억제효과가 크게 나타나지 못할 것이다.

3) 추가 관세의 크기와 존속기간

추가 관세의 크기는 해당 품목의 MFN 양허관세를 초과하기는 어려울 전망이기 때문에 한·미 양국 간 타협점을 찾기는 어렵지 않을 것으로 본다. 문제는 추가로 부과할 수 있는 관세의 최대수준이 MFN 양허관세가 아니라 협정 당시 적용되는 실행관세가 될 경우이다. 실행관세는 일반적으로 양허관세보다 낮으므로 추가로 부과할 수 있는 관세도 그만큼 낮아진다. 우리 나라 입장에서는 추가 관세가 최대로 MFN 양허관세수준이 되는 것이 당연히 유리하다.

관세철폐 이후 농산물 세이프가드가 존속되어야 한다는 쟁점은 세이프가드 도입의 기본취지를 강조하는 것이 설득력이 있다. 즉, 세이프가드는 임시조치가 아니라 예상치 못한 수입급증에 따라 해당 국내산업에 피해가 발생하였기 때문에 발동하는 사후적 구제조치이므로 원칙적으로 관세철폐 이행기간의 종료와 관계없이 적용되는 것이 합리적임을 강조해야 한다.

다만, 관세철폐 후에는 무관세가 되기 때문에 구제조치의 일환인 추가 관세를 설정하기가 어렵다는 문제는 있으나 FTA 체결당시 적용되던 MFN 관세의 일정 비율을 생각해 볼 수 있다. 특히, 미국과 호주의 FTA 협상에서는 비록 극히 제한된 일부 세번(쇠고기관련 6개 세번)에 한정되긴 하였지만 관세철폐 이행기간 이후에도 농산물 세이프가드가 적용되도록 규정되어 있다는 점을 적극 활용할 필요가 있다.

한편, 농산물 세이프가드 대상품목 모두에 획일적으로 세이프가드를 존치하려고 하기보다는 필요한 품목을 매우 좁게 선정하여 제한된 일부 품목에 한해 농산물 세이프가드의 존속을 주장하는 것이 설득력 있는 제안이 될 것이다.

마지막으로 세이프가드 발동기간은 해당 연도 말까지로 하는 것보다는 발동일을 기준으로 해당 연도 말까지 남은 기간을 고려하여 실제 유효기간이 최소 6개월 이상 되도록 조정하는 것도 필요하다.

6 맺는 말

한·미 FTA 농업분과 협상에서 235개 미확정 세번에 대한 개방수준이 우리 나라 농산물시장 개방폭을 좌우할 것으로 보인다. 특히, 쌀과 쇠고기 등은 협상의 최종 단계에 가서야 상호 주고받기를 통해 절충점이 찾아질 전망이다. 한·미 FTA 협상이 농업분야의 피해를 가급적 줄이면서 경제 전체의 실익을 극대화하기 위해서는 세밀한 협상전략이 필수적이다. 그러나 무엇보다도 막판 주고받기를 위한 협상카드의 마련이 중요하다.

우리 나라의 대응협상전략은 한·미 양국의 관심도 측면에서 상호관심이 높은 핵심 품목과 그렇지 않은 품목을 구분하여 상이한 전략이 수립되어야 한다. 즉, 한·미 양국 간 어느 일방도 관심을 가지고 있지 않은 품목은 사실상 타협점을 찾기가 용이할 것이다. 반면 한·미 양국이 모두 관심을 가지는 품목은 타협점을 찾기가 매우 어려울 것이다. 어느 한쪽이 관심을 가지고 있는 데 반해 다른 한 쪽은 관심이 없을 경우 타협이 용이할 수도 있으나, 상대방이 이것을 중요한 협상카드로 사용하려 할 수 있다는 점에서 의외로 타결이 쉽지 않을 수도 있다.

지금까지 드러난 협상추이를 고려해 볼 때 향후 한·미 FTA 협상에서 우리 나라가 취해야 할 대응방향은 다음과 같이 생각해 볼 수 있다.

첫째, 개별 품목의 관세양허와 관련하여 사료곡물 TRQ 물량을 조정하여 미국의 기대이익을 보장해 주는 대신 우리 나라의 민감품목에 대한 시장개방폭에 대해서 미국의 양보를 받는 방안을 고려할 필요가 있다.

둘째, 미확정으로 분류된 민감품목의 구체적인 시장개방방식으로 ① FTA 대상에서 제외를 하는 초민감품목 이외에 ② 관세를 철폐하지 않고 일부만 감축하는 방안과 ③ 관세를 철폐하지 않는 대신(또는 소폭 감축하고) 쿼터를 설정하는 방안, ④ 앞의 ②, ③을 혼합하는 방안 등을 모색해 볼 수 있다.

셋째, 관세감축을 하되 이행 초기에는 관세를 감축하지 않다가(또는 소폭 감축하다가) 이행 후반기에 가서 대폭 관세를 감축하는 방안도 고려해 보아야 한다.

넷째, 경우에 따라서 미국의 민감품목에 대한 공세적 접근을 생각해야 하며, 개별 농산물에 대한 총량보호수준을 가지고 미국을 설득하는 방안도 마련해 두어야 한다.

마지막으로 우리 나라의 농업보호의 특징을 감안할 때 위생검역 등 비관세장벽은 경우에 따라서 관세감축이나 통합협정문상의 다양한 제도의 확보보다 중요한 의미를 가질 수 있다는 점을 인식한 전략수립이 필요하다.

TRQ 관리제도 개선은 일방적으로 우리의 주장을 관철하기보다는 DDA에서의 관련논의와 국내적으로 제도개선 필요성 등에 입각하여 협상에 임해야 할 것이다. 특히, DDA 농업협상 결과 더 이상 이용이 어려울 것으로 예상되는 부가조건은 한·미 FTA 협상에서 협상카드로 사용할 수 있는 방안을 강구해야 할 것이다.

농산물 세이프가드는 얼마나 쉽게 발동할 수 있으며, 얼마나 수입억제효과를 나타낼 것인가가 중요하다. 여기서 농산물 세이프가드의 수입억제효과는, 추가로 부과할 수 있는 관세의 최대치가 MFN 관세로 제한될 가능성이 높기 때문에 우리가 기대하였던 것만큼 크지 않을 수 있다는 점을 인식해야 할 것이다. 아울러 농산물 세이프가드의 구체적인 운용방법은, 세이프가드를 발동하였을 때 기대할 수 있는 실질적인 수입억제효과를 엄밀히 검토하여 선택할 것과 버릴 것을 정해야 실리 있는 협상을 할 수 있을 것이다.

참고문헌

농림부, 「농업통상정책협의회」 자료, 2006.

서진교, 「농산물 세이프가드 제도와 활용방안」, 『한미 FTA에 대응한 관세할당 및 농산물 세이프가드 제도의 개선과 활용방안』, 한미 FTA 영향분석 및 대응방향 수립을 위한 산업별·분야별 심포지움(2007. 1. 25), 한미 FTA체결지원위원회, 2006a.

______, 「한·미 FTA 협상을 위한 긴급제안: TRQ물량 조정전략」, 『시선집중』 제25호, GS&J Institute, 2006b.

______, 「한미 FTA 쟁점: 저율관세수입쿼터(TRQ)의 관리」, 『시선집중』 제22호, GS&J Institute, 2006c.

서진교 외, 『TRQ 관리제도의 효율적 개선방안』, 한국농촌경제연구원, 2004.

서진교·임소영, 『2005 DDA 농업협상 대응전략』, 한국농촌경제연구원, 2005.

서진교·박지현, 『한미 FTA 추진에 따른 농업분야 소득피해 추정과 협상대책』, 대외경제정책연구원, 2006.

이재옥 외, 『개도국 특별품목 및 특별수입구제조치 관련 협상대책』, 한국농촌경제연구원, 2005.

이정환, 「FTA와 한국농업의 접점—'선진통상국가'로 가기 위한 대타협 제안」, 『시선집중』 제3호, GS&J Institute, 2005.

임정빈, 「농산물 TRQ 관리방식의 순기능과 역기능」, 『시선집중』 제27호, GS&J Institute, 2006.

한국농촌경제연구원, 『우루과이라운드 농업협정문 해설』, 1994.

USTR, "US-Australia FTA Final Text"(http://www.ustr.gov/).

______, "US-Chile FTA Final Text"(http://www.ustr.gov/).

______, "NAFTA Final Text".

WTO, *The Legal Texts 1999*, Cambridge University Press, 1999.

참 고

UR 농업협정상의 특별세이프가드(SSG)와 미국-호주 간 FTA상 농산물 세이프가드

1. UR 농업협정상 특별세이프가드

(1) 대상품목

- 관세화한 품목에 한해 가격기준 또는 물량기준 특별세이프가드를 발동할 수 있음.

(2) 가격기준 특별세이프가드

- 발동기준가격
  · 1986~1988년 3개년 평균수입가격
- 발동조건
  · 실제 수입가격이 발동기준가격의 90% 미만으로 하락할 경우
- 추가관세
  · 실제 수입가격이 발동기준가격의 90% 미만이면서 60% 이상일 경우 추가관세의 크기는

(발동기준가격×0.9－실제 수입가격)×30% ①

· 실제 수입가격이 발동기준가격의 60% 미만이면서 40% 이상일 경우 추가관세의 크기는

①＋(발동기준가격×0.6－실제 수입가격)의 50% ②

· 실제 수입가격이 발동기준가격의 40% 미만이면서 25% 이상일 경우 추가관세의 크기는

①+②+(발동기준가격×0.4－실제 수입가격)의 70% ③

· 실제 수입가격이 발동기준가격의 25% 미만일 경우 추가관세의 크기는

①+②+③+(발동기준가격×0.25－실제 수입가격)의 90%

(3) 물량기준 특별세이프가드

▪ 발동기준물량

· 이전 3개년 평균수입량 조정계수

· 조정계수는 이전 3개년 평균수입량이 국내소비량에서 차지하는 비중에 따라 변화

① 이전 3개년 평균수입량이 해당 품목 국내 총소비량의 10% 미만일 경우 조정계수는 1.25

② 이전 3개년 평균수입량이 해당 품목 국내 총소비량의 10% 이상 30% 이하일 경우 조정계수는 1.10

③ 이전 3개년 평균수입량이 해당 품목 국내 총소비량의 30% 이상일 경우 조정계수는 1.05

▪ 발동조건

· 실제 수입량이 발동기준물량에 국내소비량의 변화량을 더한 값을 초과한 경우

· 국내소비량의 변화량은 1년 전 소비량과 2년 전 소비량의 차이로 계산

▪ 추가 관세

· 당해 연도 관세의 1/3

2. 미국-호주 FTA의 농산물 세이프가드(가격기준)

- 적용대상: 원예농산물 33개 세번
- 발동기준가격: 세번별로 상이(협상에서 결정됨)
- 발동조건: 수입단가(FOB기준)가 발동기준가격의 90% 미만일 경우
- 추가 관세
  · 수입단가가 발동기준가격의 90% 미만, 60% 이상일 경우 추가 관세는 MFN 관세와 FTA 관세 차이의 30%
  · 수입단가가 발동기준가격의 60% 미만, 40% 이상일 경우 추가 관세는 MFN 관세와 FTA 관세 차이의 50%
  · 수입단가가 발동기준가격의 40% 미만, 25% 이상일 경우 추가 관세는 MFN 관세와 FTA 관세 차이의 70%
  · 수입단가가 발동기준가격의 25% 미만일 경우 추가 관세는 MFN 관세와 FTA 관세 차이의 100%

제 4 부

이제 가치혁신의 길을 찾아 나서야 한다

황 의 식

8

농산물 신수요·신시장 창출의 길

1. 신시장·신수요란 무엇인가?
2. 신수요·신시장 창출방향
3. 신수요·신시장 창출을 위한 산지의 대응전략
4. 맺 음 말

1 신시장·신수요란 무엇인가

농산물시장의 개방확대로 국내농산물 수요기반이 수입농산물에 잠식되고, 앞으로 우리 농산물의 판매시장이 축소될 것이라는 전망이 우리 농업을 어둡게 하고 있다. 수요기반이 축소되면 유리한 판매가 어렵고, 농가수입의 감소를 가져오기 때문이다. 우리 농산물이 점유하고 있는 시장의 크기가 곧 경쟁력의 척도이다. 우리 농업의 미래를 위하여 신시장·신수요 창출에 관심을 가지는 것도 거기에 있다.

우리 농산물이 더 많은 시장을 차지하는 방향을 두 가지로 구분하여 볼 수 있다. 하나는 현재의 국내수요기반을 유지하는 것이다. 다른 하나는 잠식당한 시장을 대체할 새로운 시장을 창출하는 것이다. 시장점유에서는 단순히 많은 수요를 확보하는 것보다도 부가가치가 높은 매력적인 수요를 많이 확보하는 것이 더 중요하다. 부가가치가 낮은 시장에서 경쟁력을 갖추어도 상처뿐인 승리이어서 농가소득 증대로 이어지지 않기 때문이다.

그런데 농산물의 수요기반은 단순히 가격만이 아니라 소비자에게 제공하는 가치의 크기에 의해 결정된다. 아무리 소비자가격이 높더라도 소비자가 가치를 인정하여 재구매하면 그 수요는 확보된 것이기 때문이다. 경제가 성장할수록 엥겔지수가 낮아지고 있어 소비자는 가격보다 더 높은 가치를 선택의 기준으로 삼는다. 가격이 문제가 아니라 소비자에게 어떤 가치를 제공하느냐가 더 중요하다. 이를 가락동 도매시장의 채소, 과일의 경락가격을 보면 알 수 있다. 등급 간 가격 차이가 10년 전에는 2배였는데, 최근에는 4~5배로 격자가 확대되고 그 격차는 앞으로도 더욱 확대될 전망이다. 소비자가치가 더 중요한 요소라는 것이다.

표 8-1 대형유통업체가 본 소비자의 농산물구매 트렌드

	신선도	안전성	고품질	맛/당도	기타	합계
백 화 점	18.9	21.6	27.0	10.8	21.7	100.0
대형마트	21.0	16.1	14.5	22.6	25.8	100.0
슈퍼마켓	18.8	25.0	6.3	12.5	37.4	100.0
전 체	20.0	19.1	17.4	17.4	26.1	100.0

자료: 유통공사(2006).

소비자가 상품을 선택하는 기준이 어떤 것인가를 보면, 가격우위에서 점차 신선도, 안전성, 품질과 맛 등으로 다양화되고, 특히 눈에 보이지 않는 요소를 더 중요하게 여기는 방향으로 전환되고 있다. [표 8-1]에서와 같이, 소비자가 식품을 선택하는 기준으로 신선도가 가장 우선되며, 다음으로 안전성을 중요하게 보고 있다.

이런 변화를 볼 때 신시장·신수요 창출의 길은 소비자에게 새로운 가치를 제공하고, 더 높은 소비자만족을 제공하는 데 있을 것이다. 소비자가 만족하지 못하고 있는 측면을 개선하거나, 소비자의 숨어 있는 가치를 찾아 이를 만족시키는 요소를 창출하는 것이 신수요·신시장을 창출하는 길이다. 먼저 농산물을 생산하고, 이를 바탕으로 하여 시장에서 다른 나라 상품과 경쟁하려는 것은 소비자가치에 중점을 둔 전략이 아니다. 경쟁우위에 있는 요소가 부족한 우리 나라는 이러한 방식으로 대응하기가 어려울 것이다.

생산비에 따른 가격경쟁력만이 중요하다면 우리는 중국을 추격할 수 없을 것이다. 그렇다고 무조건 고품질, 명품화만을 추구하여도 문제가 해결되지 않는다. 고품질은 가격은 높으나 출현율이 낮고, 수량이 한정되어 틈새시장의 성격을 가지고 있으므로 대부분의 농산물에 적용되기 어렵다.

소비자가치는 소비자가 느끼는 가치에서 소비자가격을 뺀 것이라고 할 수 있다. 그러면 소비자가치를 제고하기 위해서는 두 가지 전

그림 8-1 소비자가치 창출유형

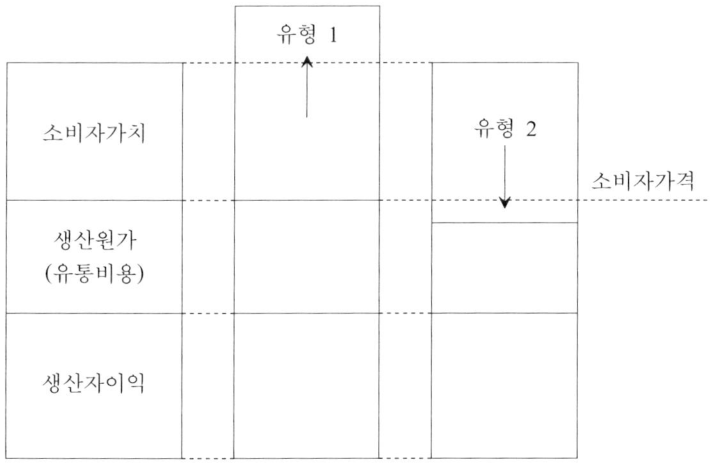

략방향에서 접근할 수 있다.

하나는 〔그림 8-1〕에서와 같이 새로운 소비자가치를 제공하여 소비자가치를 높이는 것이고(유형 1), 다른 하나는 낭비요소를 제거하여 보다 저렴한 가격으로 공급함으로써 소비자에게 귀속되는 가치를 확대하는 것이다(유형 2). 이 두 가지 유형은 서로 독립된 것은 아니다. 대다수 농산물의 수요확대를 위해서는 새로운 가치를 제공하면서도 저렴한 비용으로 공급할 수 있어야 한다. 그런 의미에서 서로 연계되어 있다고 볼 수 있다.

이런 의미에서 신수요·신시장 창출이 어떤 것인가 하는 사례를 잘 보여 주고 있는 것이 한다래사업단의 고구마 상품화 사례이다. 이는 새로운 소비자가치가 무엇인가를 잘 보여 주고 있다. 고구마는 전통적으로 구황식물로 여겨지던 열등재이다. 소득수준이 향상되면서 수요가 급속히 감소하여 농가에서 거의 재배하지 않게 된 품목이다. 고구마는 판매가격이 낮기 때문에 수확 후 선별 없이 벌크로 판매하는 작물로 여겨졌으며, 농가들의 머릿속에서 점차 사라지는 매력 없는 농산물이었다.

그러한 고구마에 바이오세척기술을 이용 세척·저장·포장하여 소비자가 구입한 후 바로 조리할 수 있도록 하고, 소포장으로 차별화된 브랜드를 만들어 소비자에게 새로운 가치를 부여하였다. 모두가 열등재라고 여기던 품목이 건강기호식품으로 전환되어 소비자가 선호하는 매력적인 상품이 되고 안정적인 수익모델이 되었다. 수요확대만이 아니라 판매가격도 높아졌다. 그 결과 다른 지역에서도 비슷한 상품화가 이루어져 결국 고구마의 새로운 시장이 창출되었다. 이와 같이 우리 농산물이 가지고 있는 이제까지의 인식, 전통적 가치에 새로운 요소를 가미하여 소비자에게 새로운 가치를 주면 수요는 확장될 수 있다.

소비자가치 제고는 명품이나 고품질만을 의미하지 않는다. 생활환경, 인구구조, 그리고 사회적 가치의 변화로 식품소비 패턴의 트렌드, 즉 식품의 소비자가치요소가 변화하고 있다. 학교급식에서 식중독사태가 빈번히 발생하면서 안전성이 강조되고, 당뇨, 피부염 등으로 식생활개선을 위한 기능성 식품에 대한 요구가 증가하고 있다. 핵가족화, 주부의 사회진출 확대 등으로 소포장 농산물, 깐 마늘, 박피대파, 혼합샐러드와 같이 편리하게 바로 이용할 수 있는 상태의 신선편이식품에 대한 수요도 증가하고 있다. 외식수요가 증가하면서 가정용 수요보다 업소용 전 처리식품에 대한 수요가 더 빠르게 증가하고 있다.

식품소비가 칼로리, 영양 위주에서 안전성, 다이어트, 기능성 등 건강지향과 소포장, 세척박피 등 편리성을 중시하는 패턴으로 전환하고 있다. 농산물의 재화성격이 감각으로 알 수 있는 특성을 중시하는 데서 점차 눈으로 확인할 수 없는 숨어 있는 정보가 더 중요해지는 재화로 변하고 있다. 친환경농산물이 공급과잉이 되는 것은 수요가 부족하기 때문이라기보다는 친환경을 신뢰할 수 없어 구매를 기피한 것이 주요인이다. 변화하는 소비자가치에 신속하게 대응하여 적합한 농식품을 효율적으로 공급하여 주면, 우리 농업의 수요기반을 안정적으로 확보할 수 있다.

소비패턴의 변화는 농산물 유통채널도 변화시키고 있다. 소비자가 안전하고, 신선하며, 편리한 식품을 중시하는 것에 효율적으로 대응하기 위하여 소매점은 원료농산물 조달패턴을 변경하고 있다. 농산물은 전통적으로 도매시장을 통하여 수집·분류·분산되는 체제였다. 그러나 경매 중심의 도매시장 거래는 소비자의 정보가 산지에 전달되지 않고, 산지의 정보도 소비자에게 전달되지 않는 문제가 있다.

이런 상황에서는 소매점이 원하는 조건의 농산물을 효율적으로 확보하는 것이 어렵다. 따라서 소매점은 원하는 농산물을 적기에 적량을 안정적으로 조달하기 위해 산지와 직거래를 추구하고, 도매시장을 경유하여도 경매보다 상대거래인 정가 수의매매를 선호하고 있다. 그러나 직거래에서는 거래처를 변경하면 안정적 관계에 대한 검증, 물품조건의 확증 등 검증비용이 많이 든다. 이러한 비용을 줄이기 위해 가능하면 공급업체와 장기거래관계를 형성하고 협력체제를 구축하려 한다. 직거래에서는 거래관계를 확보하지 못하면 시장접근 자체가 어렵게 된다. 이와 같은 농산물의 유통채널 변화에 효율적으로 대응하는 것이 산지의 과제이다. 판매시장의 확보를 위해서는 농산물이 소비자에게 매력을 주는 요소를 가져야 하고, 낮은 비용으로 안정적으로 공급할 수 있어야 한다.

소비자가치 창출에 중점을 두면 농업의 패러다임도 변한다. 전통적으로 농업은 먼저 우수한 농산물을 생산하는 것에 집중하고, 이후 상품화하여 출하함으로써 비로소 팔기 위해 시장에서 경쟁한다. 이것은 소비자의 가치보다 농산물의 생산가치, 공익적 가치를 더 중요하게 여기면서 판촉활동을 강화하는 생산 중심적 관점의 농업이다. 소비자의 불만족, 숨어 있는 가치에 중점을 둔 농업은 공익적 가치조차도 어떻게 소비자가치로 연계할 것인가에 중점을 둔다. 소비자가치를 위해 원료농산물을 생산하고 상품화하여야 하므로, 생산비수준보다 소비자에 대한 정보가 경쟁력이고, 경쟁에서 힘의 원천이다. 생산품목, 재배면적, 출하시기 등을 결정하는 생산계획단계에서부터 상품화의 방향을 결정하여 생산하는 통합적 의사결정이 이루어져야 한다.

2 신수요 · 신시장 창출방향

신시장·신수요 창출은 상품화(MD)에서부터 시작한다. 상품화란 원료농산물에 동종의 다른 농산물과 차별화된 특성을 가미함으로써 새로운 가치를 부여하는 활동이다. 상품화는 소비자에게 다른 가치와 효용을 제공함으로써 새로운 수요를 창출하려는 신제품 개발과 같은 개념이다. 생산한 농산물은 원료에 불과하고 아직 상품이 아니라는 생각이다.

상품화의 초기 단계는 생산자가 판매한 농산물이 변함 없이 소비자에게 잘 전달되도록 하는 선별·소포장에서부터 시작하지만, 상품화가 더욱 발전하면 박피·세척·절단 등 신선편이식품으로까지 확대된다. 신선편이식품은 편리하고, 다양한 제품을 만들 수 있는 장점이 있어 소비자의 수요를 다양하게 창출할 수 있는 상품화 방법이다. 그렇지만 동시에 변질, 비위생적 처리로 인한 안전문제가 발생할 가능성이 높아 순간에 소비자를 잃을 위험도 높다. 신선편이식품에서는 안전성 관리시스템 확립과 효율적인 공급망 관리로 철저히 품질을 관리하고 폐기 등 낭비를 줄이는 것이 중요한 과제이다.

효과적인 상품화 방법은 먼저 소비자가치를 제고하는 것이지만 다음과 같은 요소를 고려하여야 한다. 첫째, 믿을 수 있게 하라. 안전성이 구매의 최우선 순위라는 점을 고려하여야 한다. GAP, EUREGAP

등 국제적인 인증을 얻는 것이 좋다. 둘째, 수확 후 관리를 강화하라. 25~30%에 이르는 수확 후 손실을 줄이고 상품성 손상을 최소화하여야 한다. 셋째, 편리하고 보기 좋게 하라. 세척·소포장·혼합포장 등으로 소비자의 눈길을 끌어야 한다. 넷째, 기능성이 가미되면 금상첨화다. 다이어트 등 몸에 좋은 기능성이 가미되면 높은 가격을 유지할 수 있다.

현재 상태에서 농산물의 수요를 창출하는 것은, 한편으로 차별화된 상품화를 하는 것이고 다른 한편으로 유통효율화를 통해 저렴한 가격으로 제공하는 것이다.

차별화된 상품화를 하는 것으로는 새로운 기능성 식품을 만드는 것, 고품질의 농산물을 생산하는 것이 포함된다. 그러나 식품의 기능성 등 차별적인 요소는 틈새시장을 목표로 하는 경우가 많은데, 이는 조금만 과잉이 되어도 가격이 크게 하락하는 특성이 있다. 고구마의 사례에서와 같이 수확 후 상품화에 의한 차별화 상품은 틈새시장만을 대상으로 하지 않는다. 공급이 증가하여도 가격이 하락하지 않는 상품화도 있다. 새로운 수요를 창출하기 위한 차별화는 틈새상품보다는 이런 상품화가 더 중요하다.

농산물의 생산 및 유통을 표준화·규격화하여 물류비용을 대폭 절감함으로써 낮은 가격으로 공급하는 것도 한 방향이다. 여기에 해당하는 상품으로는 단체급식용의 전 처리 식자재가 해당된다. 단체급식은 단가가 낮지만 대량구매가 이루어지고 표준화되어 있어 비용절감의 이익을 얻을 수 있다.

차별화와 표준화·규모화가 동시에 필요한 상품화 방향이 신선편이식품이다. 세계적으로 건강에 대한 관심이 고조되면서 신선청과에 대한 수요가 증가하고, 그에 따라 샐러드 등 고품질의 신선편이식품의 소비가 폭발적으로 증가하고 있다. 일본의 경우 1999년에 1,200억 엔이던 시장규모가 2005년에 3,000억 엔으로 성장한 것으로 추정된다. 영국의 대형소매점은 마진율이 25% 정도로 높은 신선편이식품을

그림 8-2 농식품의 상품공간

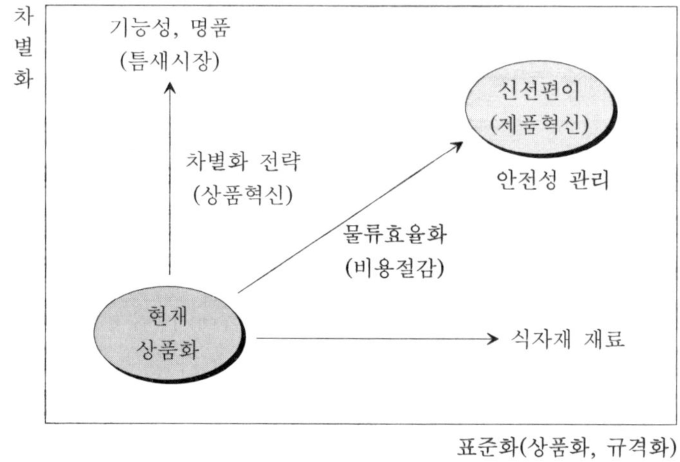

앞에 진열한 결과 30% 이상의 매출증가율을 보이고 있어, 이 부분에 중점을 둔 판매전략을 강화한다는 조사결과도 제시되고 있다. 우리나라에서도 세척한 채소, 절단채소, 혼합과일식품 등 신선편이식품의 수요가 증가할 것으로 전망되고 있다.

신선편이식품은 상품화 방법이 다양하다는 장점이 있는 반면, 위생문제가 까다롭고 품질저하가 빠르기 때문에 신속한 보충이 핵심 요소가 된다. 따라서 물류효율화가 전제되어야 비용이 증가하지 않는다. 그만큼 제품개발, 위생 및 품질관리, 그리고 효율적 재고관리능력을 보유한 혁신적인 공급주체이어야 경쟁력을 가질 수 있는 분야이다.

농식품에서 새로운 시장, 새로운 수요를 창출하는 가치혁신의 방법들은 상품화에서부터 이미지 확립까지 다양하게 제시되고 있다. 농식품의 가치를 제고하는 요소로는, 첫째 맛, 모양, 디자인, 새로운 포장 등을 개선하는 외형개선을 통한 상품화이다. 둘째, 친환경성, 기능성 등 식품의 숨은 정보를 강조하는 상품화이다. 셋째, 브랜드 광고를 통해 감성 및 이미지를 강조하는 상품화이다. 넷째, 새로운 기술에 의한 신제품으로 판매기간을 연장하는 상품화이다.

외형을 개선하여 성공한 사례로는 강원도 캡슐애호박을 들 수 있다. 생산단계에서 캡슐을 사용함으로써 손상을 방지하고 모양을 균일하게 하여 폭발적으로 수요가 늘어났다. 이후 캡슐재배방식은 다른 품목으로까지 확대되었다. 소포장은 기본적인 사례가 되었고, 사과와 배를 함께 포장한 상품 등 외형을 개선하고 디자인을 중요시하고 있다.

식품의 숨은 정보를 활용하여 새로운 시장을 개척하는 것으로는 친환경 농산물을 들 수 있는데, 대표적인 사례가 학사농장이다. 학사농장은 유기농채소를 직영농장은 물론 계약농가를 통해 생산하여 대형소매점 및 대형식당에 판매하면서 유기농채소 생산의 이미지를 얻고 있다. 철저하게 생산매뉴얼을 준수시켜 품질을 관리하고, 이러한 정보를 확산시켜 이미지를 높여 가고 있다. 남해의 Nature는 농가와 5년분의 임차료를 선불로 지급하는 장기임대차계약을 체결하여 유기농 생산단지를 구축하여 안정적 생산능력을 확보하고 있다. 그리고 임대농가의 노동력을 다시 고용하는 새로운 생산모델을 만들었다. 안전성을 보장하는 식품정보는 생산자가 거래에서 힘을 갖도록 하는 중요한 요소이다. 유기농김치를 공급하여도 생산과정이 유기농이라는 신뢰를 주어야 한다. 인증제도가 중요한 것도 여기에 있다.

감성 및 이미지를 중심으로 하여 상품화한 사례로는 일본 아오모리 사과의 판매전략이 돋보인다. 아오모리 사과가 태풍으로 70%가 낙과하자, 나머지 사과에 태풍에도 떨어지지 않은 사과라는 이미지를 심어 이를 먹으면 입시에서도 떨어지지 않는다는 감성을 자극함으로서 수요를 폭발시킨 사례이다. 이와 같이 광고를 통한 이미지 구축으로 판매확대를 추구하는 사례는 많다. 뉴질랜드의 키위조합 제스프리는 키위라는 상품을 파는 것이 아니라 제스프리라는 믿음을 파는 이미지광고를 하고 있다. 팔음산 포도도 광고로 높은 매출성장세를 보이고 있다.

소수의 소비계층만을 대상으로 하는 명품마케팅도 있다. 1%의 소비계층만을 겨냥한 새싹채소를 호텔, 백화점에 공급하여 높은 매출을 올린 경우도 있다. 이제는 새싹채소라는 새로운 시장까지 형성되고 있다. 허브아일랜드, 청매실농원 등과 같이 농업에 문화를 가미함으로써 새로운 가치를 부여하는 사례도 있다.

판매기간을 연장하여 주는 신제품으로는 냉동딸기, 냉동홍시, 바이오 저장고구마 등이 있다. 여름철에 냉동딸기 및 냉동홍시를 출시하여 비수기의 수요를 확보하였다.

전국적인 수요창출보다는 지역에서 다품종 소량생산의 지산지소운동을 펼치는 것도 새로운 상품화의 길이다. 우리 지역에서 생산한 농산물을 먹는다는 이미지 제공, 환경친화적으로 건강한 생태공간을 만드는 데 참여한다는 새로운 가치를 부각하는 것이다. 지산지소운동의 소비촉진방향으로 제시되고 있는 것이 학교급식으로, 특히 친환경 농산물에 많이 적용된다.

상품화를 통하여 새로운 시장을 창출한 우수사례를 보면 공통적인 요소들을 가지고 있다. 첫째는 상품화와 제품개발을 위하여 연구개발에 대한 투자를 확대하고 있다. 참다래유통사업단의 경우 장기저장 및 상품성 유지를 위하여 제품개발에만 10억 원을 투자한 바와 같이 제품개발, 생산과정 개선, 상품화에 연구개발비를 투입한다. 둘째, 철저한 품질관리를 강화하고 있고, 이를 위하여 수탁방식보다 계약재배에 의한 농가조직화를 강조하고 있다. 학사농장과 같이 동일한 생산매뉴얼을 적용하는 계약재배를 하고, 공동계산을 하는 경우가 가장 많다. 셋째, 마케팅능력을 강화하여 철저한 출하처 관리를 하고 있다. 새싹채소와 같이 분명한 목표시장을 설정하고, 그에 적합한 특성의 농산물을 공급하고자 한다. 넷째, 상품이 아닌 기업의 이미지를 확보하기 위하여 광고 등 다양한 판촉활동을 전개하고 있다. 광고만이 아니라 체험학습활동 유치, 테마활동 등 다양한 판촉활동을 통하여 이미지를 구축하고 있다.

3 신수요·신시장 창출을 위한 산지의 대응전략

3.1. 일본 전농 이바라끼현 VFS 사례

일본 농협의 농산물 유통은 전통적으로 도매시장의 경매체제와 농협의 공동판매-계통위탁출하가 양축을 형성하여 발전하여 왔다. 산지는 도매시장에서 점유율을 확대하여야 높은 수취가격을 유지할 수 있으므로 공동출하로 규모화를 추구하였다. 그런데 외식산업 발달, 대형소매점 확대 등으로 도매시장에서 경매비중이 축소되면서 농협의 공판사업이 위기에 직면하였다. 조합원 40%를 차지하는 전업농가들은 경매 중심의 도매시장보다 직거래를 선호하고 있는데, 농협이 이에 대처하지 못하자 출하법인 결성으로 대응하였다.

이런 변화된 모델의 하나가 이바라끼현 전농 현본부의 VFS(Vegetable, Fruit Station)사업이다. 이 모델은, VFS가 판매경로 및 상품화를 결정하고 농가참여를 제안하여, 수용한 농가만을 대상으로 출하협약을 맺은 계약재배형태이다. 위탁판매가 직거래에 효과적으로 대응하지 못하는 문제점을 극복하기 위해 계약에 의한 매입집하로 전환한 것이다.

사업방식으로는 외식업체와의 계약재배, 슈퍼와의 직거래 판매, 대형소매점과의 소포장 판매, 생협과의 세트화 주문판매 등으로 다양화하고 있다. 출하농가는 20명 이내 소그룹을 형성하여 공동책임을 강조하고, 생산자 모집-재배강습회-출하지도-출하 등의 과정을 거쳐 유통된다. 그 결과 농협 공판사업의 농산물 판매액이 지속적으로 감소하고 있는 가운데도 이바라끼현의 VFS는 꾸준한 매출신장세를 보이고 있다. 1996년에 처음 도입되었을 때 10억 엔에 불과하던 매출액

그림 8-3 일본 농협의 농산물 판매액 추이

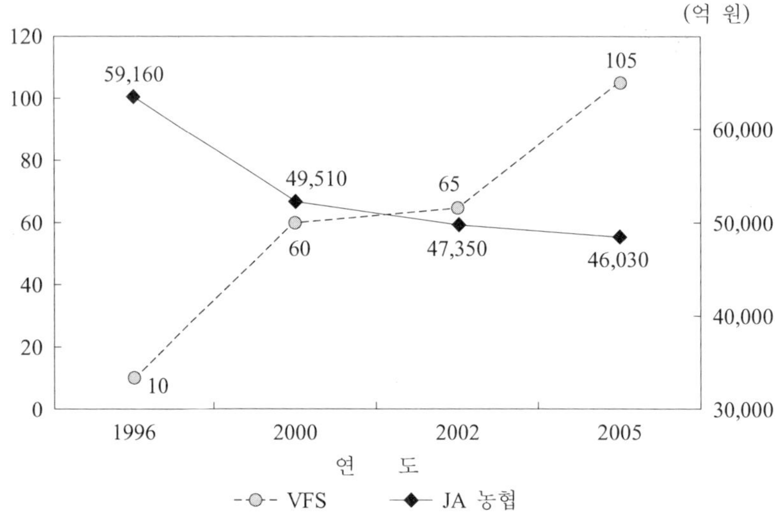

이 2000년에 60억 엔, 2005년에 105억 엔으로 급신장하고 있다. 지역 내 농산물을 주로 취급하고 있지만(90%), 거래처와의 관계를 고려하여 전국적으로 계약재배를 확대하고 있다.

실수요자에 대한 다양한 상품구색을 확보하기 위해 VFS에서 소매업자에게 납품하는 청과물은 현 내에서 생산된 것만이 아니다. 3개의 VFS에서는 현내 청과물이 90% 이상을 차지하지만 생협의 공동구매사업에 청과물을 공급하고 있는 청과집배센터에서는 22%, 패밀리 레스토랑에 납품하고 있는 헤이와지마센터에서는 10% 정도에 지나지 않는다. 처음 시작할 때는 현에서 생산된 청과물만을 취급하였으나 점차 판로가 확대되어 다른 현에서 생산된 농산물까지 취급하게 된 것이다. 또한 직거래로 직접 소매업계나 소비자가 요구하는 정보를 시의적절하게 입수할 수 있어 산지개발에 활용할 수 있게 되었다.

업무용 판매는, 우선 수량이나 가격 등을 파종 이전에 실수요자와 상의하여 결정한 후 농협을 통해서 농가에 제안하여 생산자를 모집한다. 생산자는 품목별·용도별·출하처별로 그룹화하되 1개 그룹별 생산자는 20명 이내로 하고, 생산자로부터 한 시즌에 정해진 가격으로 매입한다. 현내 산지개발을 위해서 최근에는 3명의 전직 농협 직원을 고용하여 업무를 담당시키고 있다.

일반생산자 입장에서 계약생산의 이점은 시장출하보다 규격이 간소하고 주로 컨테이너 이용으로 경비를 절감할 수 있다는 점이다. 또한 계약을 통해 출하가격이 정해져 있어 수익을 예측할 수 있으므로 고용인력에 의존한 농업경영이 가능하다. 상인과의 거래보다 대금회수에 대한 확실성이 높아진다는 점도 중요하다. 또한 VFS사업에 참가하고 있는 죠소히까리(常總光) 농협의 영농부장은, "계약재배는 수입을 예측할 수 있기 때문에 농가경영을 안정화시키는 데 중요하고, 새로운 품목도입에도 도움이 된다"고 한다. 이 농협에서는 청과물 취급량의 1/4을 VFS에 출하하고 있다. 고용노동에 의존하여 규모를 확대하고 이를 통해 소득을 증대시키려는 농가가 증가하자, 이 농협은 계약재배를 강화하여 연중 농업판매수입을 얻을 수 있도록 생산품목을 다변화하고 있다.

이바라끼현 VFS는 시장대응능력을 강화하기 위하여 계약재배에 의해 매취사업을 확대하기 때문에 사업리스크 관리능력을 중요하게 여기고 있다. 계약재배는 수입을 예측할 수 있기 때문에 농가경영을 안정시키는 효과가 있고, 제품개발과 판로개발이 먼저 이루어지기 때문에 새로운 품목도입에 도움이 된다. 이바라끼현 VFS는 일본 농협에서 가장 혁신적인 판매사업 모델로 평가되고 있다. 생산기획, 상품화 기획, 매장기획, 판촉기획 등을 통해 VFS만의 상품을 개발하여 적극적으로 소비자수요에 대응하고 있다. 가격위험을 수반하지 않는 노매시장을 대상으로 한 공판사업에 친숙한 대다수 일본 농협은 예외적인 사례로 평가하고 있다.

3.2. 산지의 대응전략

(1) 상품화(MD) 방향을 결정하여야 한다

품질이 좋은 농산물을 생산하고 철저한 선별·규격화를 통해 시장에서 높은 평가를 받아 유리한 판매기회를 확보하는 것이 이제까지의 기본전략이다. 그러나 더 유리하게 판매하기 위해서는 시장에서 매력적인 기회를 발견하고, 이를 상품화하는 전략을 마련하는 방식으로 바뀌어야 한다. 지금과 같이 도매시장을 중심으로 한 거래에서는 최종 소비자가 누구이고, 구매고객이 내 상품에 대해 어떤 평가를 내리고 있고, 불만족한 요소는 무엇인지를 알 수 없다. 댐에 물이 흘러 들어가면 혼합되어 흘러 나가듯이 상품이 도매시장에 출하되면 뒤섞여 유통된다. 이는 마치 장님과 같은 상태에서 출하한 것과 같다. 그러나 직거래가 확대되면서 직접 고객의 성격을 파악할 수 있게 되었다. 수요분석을 통해 상품화 요소에서 어떤 점을 강조할 것인가, 어떤 이미지를 설정할 것인가를 결정할 수 있다. 여기에서 명심하여야 할 것은 상품화 요소 모든 부분에서 다 잘하려고 하면 비용이 증가한다는 점이다. 가격이 높다는 것은 소비자 충성도가 낮아진다는 것이므로 선택과 집중이 필요하다. 가령 외형을 강조한 상품화면 친환경성을 생략하는 것이 더 유리한 전략이다.

상품화의 방향은 앞으로 전 처리 등 신선편이식품의 수요가 크게 증가할 것이라는 점을 고려하여야 한다. 선별 및 소포장에서 더 나아가 세척·절단·혼합 등의 고품질 신선편이식품으로 상품화를 확대하여야 한다. 대관령원협의 전 처리 양상추도 그런 상품화이고, 명지 대파, 세척당근 등 이런 상품화의 사례이다. 이마트의 다양한 과일샐러드 상품화도 있다. 효과적인 상품화, 제품개발을 위해서는 연구개발 투자를 중요하게 여기는 풍토가 마련되어야 한다.

매력적인 기회를 발견하면 이를 빠른 시일 내에 공급하도록 리드

타임을 단축할 수 있어야 한다. 소비자의 기호는 매우 변덕스럽다. 소비자는 자신의 기호에 적합한 상품에 높은 가격을 지불하므로 신속한 대응능력도 중요한 경쟁요소이다. 소비자의 기호가 변덕스럽다는 것은 애로요인이지만 동시에 수입농산물과 경쟁에서 이길 수 있는 기회이기도 하다. 소포장, 혼합상품 등 매력적인 다양한 요소를 신속하게 대응하면 충성도 높은 고객을 확보할 수 있다.

(2) 마케팅전문가를 공유하는 규모화 전략이 필요하다

수요정보를 분석하여 상품화의 방향을 결정하는 것은 매우 전문적인 지식을 요하므로 시장전문가가 필요하다. 산지유통을 잘하는 지역과 업체의 공통적인 특징의 하나는 시장변화의 트렌드를 파악하고, 이해하고 있는 전문가가 반드시 한 명은 있다는 점이다.

농업부문에 이런 전문가는 소수에 불과하다. 앞으로도 많지 않을 것이다. 이런 전문가를 농업부문이 얼마나 잘 활용하느냐가 중요하다. 농업부문에 있는 소수의 전문가 자원을 공유하여 사용하는 것이 중요한 전략이다. 마케팅전략을 수립·실행하는 데 규모화가 필요한 것도 여기에 있다. 소규모로 분산되어 있으면 전문가 활용이 어렵다.

(3) 품질관리체계 강화로 소비자의 충성도를 제고하여야 한다

소비자의 안전농산물 요구를 충족시키기기 위한 품질관리시스템 구축은 우리 농업이 강화하여야 할 핵심적인 전략과제이다. 소비자에게 안전한 먹거리를 제공하는 것은 우리 농업의 사회적 책임이기도 하다. 원료농산물 생산단계에서는 GAP, EUREGAP 등을 실시하고, 수확 후에는 시설현대화로 HACCP 등 위생관리 기록을 가져야 한다. 이는 안전하고 균일한 품질의 상품을 확보하는 과정이다. 농식품이 신뢰재로서 특성이 강화되면서 품질관리는 더 중요해진다.

품질관리시스템에서는 소비자와 시장에 책임을 지는 주체가 분명히 제시되어야 한다. 품질관리사의 역할이 대단히 중요한 것도 여기에 있다. 원료농산물을 생산한 농가보다는 산지출하조직이 소비자 및 시장에 대해 품질관리에 책임을 지는 것이 효과적이다. 이를 위하여 농산물 출하는 농가가 아닌 품질관리사가 권한을 가져야 한다. 품질관리사가 농장의 상태를 파악하여 수확시기를 결정하면 그 결정에 따라 수확하여 유통센터로 보내고, 품질관리사가 다시 검품을 한 이후 비로소 상품화 과정에 투입된다. 품질관리사가 검품하여 낙제인 농산물은 폐기된다. 농가가 선별한 경우에도 품질관리사의 인증을 받아야 균일성이 유지된다.

품질관리기준을 설정하고, 이를 실천한 기록을 관리하여 문제가 발생하였을 때 증빙자료로 활용할 수 있는 체제가 구축되어야 한다. 이는 농산물이 눈으로 확인할 수 있는 것에서 신뢰재로 전환되고 있다는 것을 의미한다. 품질관리기준은 생산자의 입장에서보다는 소비자의 입장에서 인증체제를 갖추어야 한다. 인증은 비용이 많이 들기도 하지만 소비자에게 보여 주는 신뢰이고, 차별화의 중요한 요소이다. 이 비용을 얼마나 절감할 수 있느냐가 과제이다.

품질관리방법을 개발하고 안정적으로 출하물량을 확보하기 위하여 출하조직이 일정 부분 생산단지를 직접 소유하는 것도 한 방법이다. 생산과정에서 품질관리기술을 개발하여 적합한 기술을 농가에 보급하고 교육할 수 있다. 차별화에서는 너무 많은 요소들을 관리하여야 하므로 국가기관에 의존하기 어렵다. 스페인의 ANNECOP도 농장을 소유하고 있고, 한우 브랜드화 사업에서도 자체 사육기반을 갖추고 있으며, 학사농장도 그렇다.

(4) 탄탄한 농가조직화로부터 나온다

시장에서 발견된 기회요소를 효과적으로 활용하기 위해서는 적합한 원료농산물을 신속히 공급하는 농가의 조직화가 바탕이 되어야 한다. 안전성 등 품질관리, 안정적 공급능력 확보, 상품화 비용 절감 등을 위해서는 농가의 책임 있는 참여가 있어야 하고, 이를 위해서는 농가의 조직화가 가장 핵심적인 요소이다. 생산과 상품화 방향이 서로 일치된 조건으로 의사결정이 이루어지도록 하는 것이 농가조직화이다. 농가와 산지유통주체가 서로 통일된 의사결정을 하여야 리드타임도 축소되고 상품화 효율성도 제고된다.

농가조직화는 농산물의 생산과정에 숨어 있는 정보를 소비자에게 전달하여 믿음과 신뢰를 주는 매개체이기도 하다. 이제 농산물은 상품을 파는 것에서 나아가 농산물 생산과정에 대한 정보를 파는 것으로까지 확대되어야 한다. 소비자들은 이러한 정보를 가진 농산물에 보다 높은 가치를 부여하고 있다. 농가의 조직화로 숨은 정보를 효율적으로 창출할 수 있는 힘, 즉 신뢰의 힘을 갖는 것이 핵심적인 경쟁역량이다. 농가가 조직화되어야 GAP의 실천, 생산이력 추적시스템의 구축 등을 효과적으로 수행할 수 있고, 필요한 인증을 받을 수 있다. 앞으로 시장에 진입하기 위해서는 그 시장이 공인하는 인증시스템에 따라 인증을 획득하는 것은 기본이다.

농가조직화의 방법으로 수탁판매를 기본으로 하는 공동계산조직은 생산 중심적인 소극적인 방법이다. 공동계산조직은 생산한 농산물을 상품화하는 데 유리한 면이 있지만 새로운 품목을 도입하는 등 산지개발에는 효과적이지 못하다. 시장기회가 있으면 이에 적합한 농가를 중심으로 새로운 조직을 만드는 것이 효과적이다. 더 적극적으로 시장기회를 발견하고 이를 상품화하기 위해서는 계약재배를 바탕으로 한 농가조직화가 효과적이다. 작목, 수량, 생산시기 등을 결정하고 생산하도록 하는 것이다. 위험이 없는 곳에서는 수익도 없다. 상품화 등 전략에는 실패위험이 따르기 마련이다. 산지유통주체가 거래위험과 수익을 동시에 고려하여 대응할 수 있는 능력을 갖추어야 한다.

농가조직화는 하나만을 추구하기보다는 출하처별로 다양하게 만드는 것이 필요하다. 이해관계가 다른 농가들을 하나로 조직화하는 것보다는 품목별·출하처별로 소규모로 조직화하는 것이 필요하다. 앞에서 보았던 이바라끼 VFS와 같이 판매방식별, 출하처별로 20인 이

내 소규모 농가조직을 다수 만드는 것도 좋은 전략이다. 소규모 농가 조직화를 바탕으로 의사결정이 이루어지도록 의사소통을 단순화하는 것이 필요하다.

(5) 소비자 충성도를 높이는 전략을 강화하여야 한다

대부분 농산물 브랜드는 한 품목의 브랜드가 일반적이다. 그것도 지역명을 바탕으로 한 브랜드가 주를 이루고 있으나 한 품목에서 성과를 얻은 소비자 충성도가 다른 품목으로 이어지는 경우가 적다. 상품이 아니라 기업의 얼굴을 파는 것이라면 기업의 브랜드를 강화하여야 한다. 품질관리체제를 바탕으로 하는 브랜드는 한 품목에서 성과를 얻으면 다른 품목으로 쉽게 전이되는 효과를 얻을 수 있다. 안성맞춤 브랜드가 한우에서 출발하여 쌀, 배, 포도, 인삼 등으로 확대되는 사례이다.

브랜드를 정착시키려면 많은 광고, 홍보와 함께 시장점유율 확보가 필요하다. 이 때 광고 등 판촉활동은 전국적인 시장점유율을 제고하려고 하기보다는 출하한 점포에서 확실한 우위를 점하도록 선택과 집중을 해야 한다. 산지는 광고를 할 만한 자원이 많지 못하기 때문이다. 광고에는 기업의 이미지가 제시되어야 하지만 지역의 문화, 환경보호의 노력 등 공익적 기능을 가미하는 것도 효과적이다.

브랜드가 성공하기 위해서는 어느 정도 시장점유율을 확보하고 있어야 한다. 상품의 품질도 중요하지만 많은 사람이 선호할 수 있도록 시장점유율을 갖추어야 브랜드가치가 높아진다. 따라서 상품화 단계가 낮은 경우, 우수품질의 브랜드는 직거래보다는 도매시장을 경유하는 편이 더 빨리 브랜드가치를 확립할 수 있다.

지역단위에서 브랜드마케팅에 성공한 대표적 사례가 안성맞춤이다. 시가 조례를 제정하여 품질관리를 하고, 브랜드관리 주체를 선정하여 운영하고 있다. 농가에 대한 지원도 브랜드농업에 참여한 농가는 지원하지만, 그렇지 않으면 축소하는 지원에서의 차별화를 철저하게 유지하고 있다. 또한 홍보비도 집중하여, 출점한 대형소매점에서 점유율을 1위로 올리기 위하여 매장 중심으로 투자하고 있다. 이와 같이 브랜드관리를 강화한 지 5년 정도 경과한 후 비로소 브랜드마케팅이란 성과가 나타나고 있다.

(6) 공급망관리(SCM) 강화에 중점을 두어야 한다

판매능력을 확보한다는 것은 상품의 우수성도 필요하지만 그에 못지않게 신속한 보충시스템을 갖추어 낭비요소를 제거하는 것도 과제이다. 낭비비용을 절감하면 싼 가격으로 판매하여도 소득감소가 일어나지 않는다. 농산물 판매에서 가장 큰 비중을 차지하고 있는 비용이 감모, 상품성 저하, 과다한 재고비용 등의 낭비요소로서, 이 부분이 25~30%에 이른다는 주장도 제기되고 있다. 과다한 재고비용은 더욱 눈에 보이지 않는 비용이다. 매장에서는 판매예측이 어려워 과다하게 재고를 가지고, 납품업체는 그보다 더 많은 재고를 가지게 된다. 이는 과잉생산을 유발하게 되어 많은 재고비용, 할인행사비용을 초래한다(채찍효과). 이를 해결하기 위해서는 부족한 것이 예측되면 신속하게 공급하여 줄 수 있는 신속보충시스템을 갖추어야 한다.

앞으로 농산물 공급체계는 이러한 낭비요소를 제거하기 위하여 판매장의 재고관리 프로그램과 산지의 공급관리 프로그램이 전산통합되어 실시간단위의 자동발주체제로 전환될 것이다. 계산대에서 소비자가 구매한 POS데이터가 분석되어 현재 부족한 것이 아니라 언제 어느 정도 부족하게 될 것인가를 예측하여 오발주의 손실을 축소하게 된다. POS데이터는 재고관리뿐만 아니라 어떤 소비자가 어떤 농산물을 선호하는지를 쉽게 분석할 수 있게 함으로써 제품개발(MD) 방향을 제시하여 준다. 산지가 판매상의 이런 정보를 활용할 수 있어야 재고비용을 줄일 수 있고, 상품화의 방향을 쉽게 찾을 수 있다. POS 자료는 매우 가치 있는 정보이지만 이를 공유하기 위해서는 서로의 이익이 제고되도록 하는 협력체제가 있어야 한다. 소매점과 산지가

그림 8-4 효율적인 공급망관리(SCM) 체계

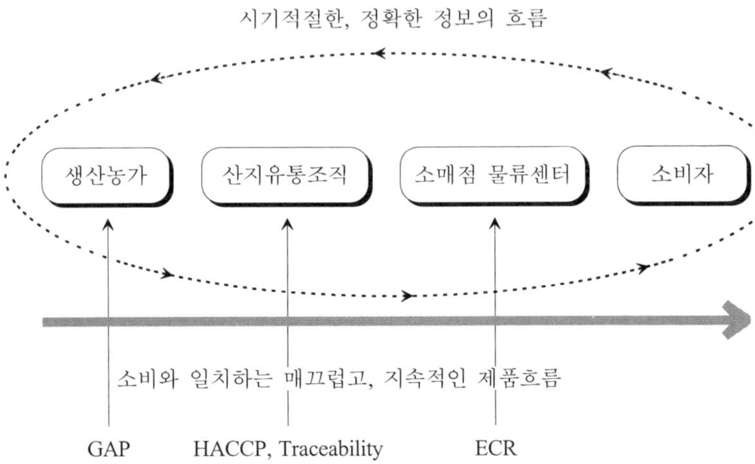

주어진 파이를 나누는 경쟁상대가 아니라 파이를 키워 서로 이익을 제고하는 협력의 관계가 되어야 한다.

산지가 대형소매점과 협력체제를 구축하기 위해서는 대형소매점에 이익을 줄 수 있는 공급망관리 능력을 갖추고 있어야 한다. 소매점은 산지에 대해 엄격한 품질관리, 안전성 확보, 신속한 공급능력을 갖추어 주기를 원한다. 산지가 이러한 능력을 갖추어 장기거래관계를 형성하는 것이 시장개발의 길이다. [그림 8-4]에서와 같이 소매점은 물류센터를 통하여 소비자대응(ECR)기능을 강화하고자 하므로, 그에 대응한 산지의 공급망 관리방안이 필요하다. 이를 위해서는 산지유통조직이 그에 적합한 제품개발, 신속하고 지속적인 재고보충체계, 효과적인 상품구색 등의 조건을 구비하기를 바란다. 소매점은 소비자에 대한 정보를 산지에 전달하고, 산지는 제품의 숨은 정보를 소매점에 전달하는 쌍방 간 정보흐름에서 단절이 있어서는 안 된다.

효율적인 공급망관리는 서로에게 많은 낭비요소를 제거하도록 하여 낮은 가격에서도 높은 수익을 얻도록 한다. 농업생산도 계획생산·계획출하가 가능하여 과잉생산에 의한 시장위험을 크게 축소할 수 있어 안정적 경영이 가능해진다.

(7) 조직혁신이 수반되어야 한다

농가가 생산한 농산물을 수집, 상품화하여 도매시장에 출하하는 생산 중심적 소극적 유통방식과 소비자가치를 제고하는 것을 목표하는 새로운 형태의 산지유통은 다르다. 엄격하게 출하관리가 되어야 하고, 철저한 위생 및 품질관리가 이루어져야 하고, 직접 생산하지 않는 농산물까지를 포함하는 다양한 상품화 전략을 수행하여야 하고, 공급망관리(SCM) 능력을 제고하여야 한다. 소비자가치를 제고하기 위해서는 농가가 생산한 농산물을 상품화하여 파는 소극적 전략으로는 한계가 있다. 시장에서 기회를 발견하여 이를 생산하도록 유도하는 적극적인 전략이 필요하다. 이는 농가와 산지유통조직이 계약관계에 의해 수직적으로 통합된 관계를 형성하여야 한다는 것을 의미한다.

농산물 유통흐름이 변하면서 농업의 경쟁력이 농가에서보다는 시장과 대응하고 있는 산지유통조직의 경쟁력에서 결정된다. 일본의 VFS와 같이 농산물 거래관행 변화에 적합한 새로운 조직혁신이 경영성과를 좌우하기도 한다. 마케팅의 전략실패 위험을 고려하여 신속하게 의사결정을 할 수 있어야 한다. 가격위험보다는 물류효율화와 거래관계 위험을 더 중요하게 여기는 조직이어야 한다. 농협의 산지유통 활성화를 위한 농협개혁이 지속적으로 제기되는 배경도 여기에 있다. 생산농가의 경쟁력보다도 시장대응을 하는 출하조직인 농협의 판매사업 경쟁력이 중요하기 때문이다. 농협이 상품화, 유통효율화를 통해 더 많은 이익을 창출하여야 하기 때문이다.

산지유통기능을 효과적으로 수행하기 위해서는 상품화 시설 현대화를 위한 투자가 확대되어야 하고, 계약재배에 의한 농가조직화를 추진하며, 전문가를 활용하여야 하므로 기업적인 조직이어야 한다.

공급능력의 확보, 시설투자의 효율성 제고, 다양한 상품구색을 위한 전략적 제휴 등을 위해서는 조직의 규모화와 전문화가 필요하다. 현 농협체제의 한계점을 극복하기 위한 방안으로 제시되고 있는 조합공동사업법인을 잘 활용하는 것이 필요하다. 농협법에 규정한 조합공동사업법인은 연합사업을 대신하는 것만을 목적으로 하고 있지 않다. 농가 중심의 의사결정구조에서 탈피하여 시장 중심의 의사결정을 하도록 하고, 전문가 활용도를 높이고, 비조합원, 즉 다른 지역과의 거래관계를 확대하여 판매능력을 제고하는 등의 기능강화가 목적이다. 그러면도 농협조직의 한 부분으로 인정하고 있으므로 그 이익은 모두 농가에 귀속되고 세제상의 유리점도 있다.

경매 중심의 도매시장 거래를 목표로 하지 않고 새로운 수요, 새로운 시장 그리고 소비자가치를 제고하는 데 중점을 두려면, 농가와의 거래관계에서도 계약거래가 중심이 되는 조직이어야 한다. 시장위험을 농가에 전가시키는 수탁판매사업은 위험이 있는 전략선택을 어렵게 한다. 책임자의 능력과 노력의 차이에 의해 결과가 크게 다르므로 대리인문제가 심각해지기 때문이다. 산지유통조직이 시장위험 및 전략위험을 고려하면서 마케팅을 할 수 있는 조직이 되어야 한다.

의사결정과 자본조달이 용이한 혁신적인 새로운 조직모델을 만드는 것이 중요하다. 새로운 조직모델은 농가구성, 품목 및 출하시장, 출하전략 등 유통환경에 따라 다르므로 하나로 표현하기 어렵다. 그렇지만 시장지향적 의사결정을 하는 것이어야 한다.

4 맺음말

신수요·신시장 창출이란 보다 유리한 조건에서 농산물을 잘 파는 것을 의미하고, 이를 위해서는 무엇보다도 소비자만족, 소비자가치를 제고하여야 한다. 인구사회학적 환경의 변화로 소비자의 농식품에 대한 인식이 변하고 있다. 가격위주의 선택에서 안전성, 기능성, 편리성, 감성 등 식품의 숨은 정보를 중요하게 여기는 것으로 전환되고 있다.

식품선택 기준변화에 따라 소비자의 가치를 제고하는 요소를 바탕으로 상품화하는 것이 신수요를 창출하는 길이다. 소비자가 불만족하고 있는 것, 소비자의 숨어 있는 가치 등을 발견하여 이를 개선하고 창출하는 것이다. 특히, 식품의 안전성을 위한 품질관리체계의 강화, 이미지에 의한 브랜드 구축, 다양한 형태의 신선편이식품 개발 등이 소비자의 만족도를 제고하는 방안이 되고 있다. 공급망 관리기능의 강화로 연중 안정적인 공급능력을 확보하고, 신속한 보충시스템으로 낭비요소를 절감함으로서 저렴한 가격으로 공급하는 것도 소비자의 만족도를 높이는 길이다.

산지의 판매능력 및 제품개발능력을 제고하기 위해서는 무엇보다도 탄탄한 농가조직화가 바탕이 되어야 한다. 개별 농가가 아닌 시스템 및 조직력으로 경쟁력을 확보하는 전략을 추구하여야 한다. 수익성과 함께 시장위험 및 전략위험을 고려할 수밖에 없는 계약재배방식을 선택하여야 한다. 산지유통조직이 분명한 자기 얼굴을 가지고 시장에 대응하여야 한다.

산지유통의 대부분을 담당하고 있는 농협이 산지유통조직의 혁신을 추구하여야 하는 것도 여기에 있다. 규모화되고 전문화되어 마케팅능력을 제고하고, 그 결과 새로운 시장을 창출하여야 하는 것이다. 새로운 시장, 수익성이 높은 시장을 창출하여야만 우리 농업의 경쟁력이 확보되기 때문이다.

참고문헌

김위찬·르네 마보안,『블루오션 전략』, 교보문고, 2005.
박명섭,『농축산분야 SCM 도입방안』, 대한상공회의소, 2005.
성진근,『농업경영혁신론』, 농민신문사, 2003.
이근태 외,『산지농협 유통활성화 표준모델』, 지역농업네트워크, 2001.
정운천,「농업의 Blue Ocean전략」,『한국 농어업 블루오션전략 토론회』(자료집), 농어업·농어촌특별위원회, 2006.
황의식 외,『산지유통혁신전략과 농협의 역할』, 한국농촌경제연구원, 2004.

강 신 겸

9 농촌공간의 부가가치 창출의 길

1 농촌의 위기와 대안모색

농촌이 어렵다고 한다. 우리 농촌은 그 동안 지속적인 투자에도 불구하고 도·농 간 소득불균형과 농촌공동화로 인해 총체적 위기에 직면해 있다. 농업은 개방화·국제화 물결 속에서 경쟁력을 잃어 가고, 농가(農家)는 감당하지 못할 규모의 부채더미와 불안정한 소득구조 속에서 생존이 위협받고 있으며, 농촌환경은 무차별적인 난개발과 환경오염으로 신음하고 있다. 1990년대 이후 농업·농촌에 대한 투자가 확대됨에 따라 농업생산성이 향상되고 농업기반시설 확충, 농촌주민의 생활환경 개선 등 긍정적인 변화가 있었음에도 여전히 낙후를 면치 못하고 있다.

문제의 핵심은 농촌·농민 스스로도 패배의식에 사로잡혀 변화의지가 없다는 것이며, 정부의 정책은 늘 컨테이너(형식과 틀)를 만드는 데 급급해 콘텐츠(내용과 실질)를 만들어 내지 못하였다는 것이다. 그 동안 물적 지원 중심의 정책은 농업생산력 증대나 농촌인프라 확보 등에서는 성과를 거두었으나, 농촌문제의 근본적인 해결을 위한 새로운 경쟁력 확보에는 한계를 보이고 있다. 농촌주민들의 자발적 참여는 부족하였고, 환경변화에 대처할 비즈니스모델을 개발하지 못하였다. 따라서 일방적인 정부지원이 아니라 새로운 성장동력을 찾아 내어 농촌을 변화시키고 지역의 활력을 되찾을 수 있는 방안을 찾아야 한다.

농촌을 둘러싼 환경이 시장경제와 개방화라는 큰 틀 속에서 빠르게 변하고 있어 그 동안 가지고 있던 '농업=생산', '농촌활성화=농가소득 증대'라는 고정관념과는 다른 발상이 필요하다. 우리 농촌의 새로운 경쟁력은 새로운 시장(market)과 가치(value)를 찾아 나설 때 만들어질 수 있다. 최근 '농업경영 다각화'와 '농업·농촌의 다면적 기능'에 대한 관심이 높아지면서 농촌의 경제적 가치뿐만 아니라 공익적 가치가 새롭게 부각되고 있다. 농산물 생산 등 농촌의 기본적인 기능 이외에도 환경·여가·안전 등 농촌이 제공하는 다원적 기능에 주목하는 것이다. OECD는 이미 1998년 농업관료회의에서 농촌의 공익적 가치를 회원국이 확보해야 할 공동목표로서 선언문에 채택한 바 있다.[1]

농업적 기능 이외에도 농촌이 가지고 있는 가치는 매우 다양하다는 인식이 확산되고 있다. 그러나 농촌지역사회가 주체가 되어 농촌에 존재하는 유·무형의 자원을 발굴하고 이를 활용해 소득을 창출하면서 생활환경의 편의를 높이고 자연환경을 보전하는 구체적인 수단과 방법론에 대해서는 논의가 부족한 실정이다. 농촌에 대한 가치를 인식한다고 하더라도 농촌이 보유한 공익적 기능과 다면적 가치를 시장가치로 전환하기 위한 전략이 필요하다. 지금까지 시장에 내다 팔 수 없었던 농촌의 다면적 가치를 어떻게 소득으로 현실화시킬 수 있느냐 하는 문제이다.

2 농촌의 다원적 가치

2.1. 농촌가치에 대한 인식변화

농경사회에서는 농촌이 삶을 위한 물질적 기초이며, 생활·문화의 토대로서 절대적 가치를 지녔다. 산업화가 진행되면서 시장원리가 우선시되어 농업·농촌의 경제적 가치만이 중시되고, 도시화가 진행

[1] 임정빈(2003).

표 9-1 농업·농촌의 가치변화

구분	농경사회	산업사회	후기산업사회
특성	전통적 가치: 소농적 가족경제, 쌀 중심의 자급농업 공동체	근대적 가치: 인구감소, 도시화, 겸업화, 상업농 확대, 시장경제 통합, 공존적 경제관계 해체	탈근대적 가치: 공생적 가치추구활동, 산업의 복잡화
	삶을 위한 물질적 기초 생활 문화의 토대	농촌의 경제적 가치 중시, 농업에 공업적 논리 적용	농촌의 공익적 가치 주목

자료: 한국농촌경제연구원(2004).

되면서 이농이 가속화되었으며, 농업생산기술의 발전에 의해 대량생산 및 대량소비가 이루어지는 등 농업에도 공업적 논리가 적용되었다. 따라서 농촌은 '식량생산기지'이자 '공산품 소비지', '값싼 노동력 공급처'로 인식되어 온 것이 사실이다. 그 동안 농촌개발정책은 농업이 농촌을 대표하는, 즉 농업이 곧 농촌이라는 시각에 입각한 정책이었다. 따라서 '농업생산성의 증대=농촌발전'이라는 관점에서 농업구조와 생산성 등 농업정책을 중심으로 추진해 왔다.

그러나 후기산업사회가 도래하면서 농촌의 다원적 기능이 주목을 받게 되고, 농촌의 경제적 가치뿐만 아니라 공익적 가치가 새롭게 관심을 끌고 있다. 농촌이 공공에게 제공하는 자연·환경적, 사회·문화적 편익의 가치가 정당하게 평가되면서 농촌의 공익적 가치에 대한 중요성이 인식되고 있는 것이다. FAO, OECD 등 주요 국제기구에서도 농촌의 사회적 가치를 재평가하고 있다. 농업부문이 무역협상분야에 포함된 UR 농업협상을 계기로 자국농촌의 쇠퇴를 우려하는 농산물 수입국을 중심으로 농촌이 지닌 다양한 가치에 대한 관심이 높아지고 있다. OECD는 1998년 농업각료회의에서 농촌의 공익적 가치를 회원국이 확보해야 할 공동목표로서 선언문에 채택[2]한 바 있다. FAO

[2] 1998년 OECD 농업각료회의에서 농업은 자연경관 조성, 경지보전, 지속적 경영, 생물다양성 보전, 지역사회 활력 등의 역할을 인정하고 공동선언문 제10절에 서술.

는 농촌이 식량생산 이외에도 다원적 가치를 지녔으며, 이러한 공익적 기능이 미래사회를 좌우할 것이라고 규정한 바 있다. 한마디로 국제농업협상에서 농업보호논리로 농업의 다면적 기능과 농촌어메니티(rural amenity)가 강조되고 있다는 것이다.[3]

국내에서도 급속한 도시화와 농산물시장 개방 등 농업·농촌의 어려움이 지속되면서 농촌의 회생을 위해 농촌가치를 재평가하려는 움직임이 활발하다. 농촌의 중요성에 대한 조사[4]에 따르면, 도시민의 84.2%가 '지금도 중요하였고 앞으로도 중요할 것'이라고 응답한 것으로 나타났다. 최근 국민소득과 여가시간 증대에 따라 농촌을 찾는 도시민이 늘어나면서 농촌이 도시에서는 경험할 수 없는 깨끗한 자연환경을 비롯하여 전통문화를 직접 체험할 수 있는 어메니티 공간으로 각광받기 시작했다.

2.2. 농촌의 다양한 공익적 기능

농촌은 경제적, 자연·환경적, 사회·문화적 측면에서 다양한 편익을 제공하는 다원적(multi-functionality) 가치를 지닌다. 농촌은 식량생산 등의 경제적 기능 이외에도 비경제적·비교역적 측면에서 자연·환경적, 사회·문화적으로 다양한 기능을 수행한다.

경제적 측면에서 농촌은 삶의 필수요소인 식량을 제공함은 물론 여러 산업에 필요한 각종 자원을 제공한다. 농촌은 환경적 측면에서 생태계 유지, 재해경감, 환경정화기능을 수행한다. 농촌은 급격한 도시화로부터 자연을 보호하고 각종 생물의 서식환경을 제공하여 생태계를 유지한다. 논과 밭은 빗물을 지하로 침투시켜 홍수를 예방하고 지하수를 함양하며, 농촌은 농업생산과정을 통해 대기·수질정화 등 환경보전에 기여한다. 또한 농촌은 전통문화 계승, 휴양공간 제공 등

3 박진도(2006).

4 한국농촌경제연구원(2004).

의 사회·문화적 기능을 수행한다. 농촌은 깨끗한 자연을 통해 정신적 안정감과 농촌생활을 즐길 수 있는 공간이며, 전통문화, 녹색경관, 어메니티를 보전함으로써 도시민들에게 휴식 및 레크리에이션·교육공간을 제공한다.

농촌의 가치는 크게 사용가치와 비사용가치로 구성된다. 사용가치는 직접사용가치와 간접사용가치로 나눌 수 있는데, 전자의 경우 농업과 농촌이 직접적으로 추구하는 생산된 농산물의 수익 또는 이윤 최대화이기 때문에 직접사용가치는 생산된 농산물의 가치이다. 간접사용가치는 농업·농촌이 수행하는 홍수방지, 지하수 함양, 경관보전 등 위에서 제시한 대부분의 다원적 기능을 통하여 그 가치가 창출된다.[5] 비사용가치는 식량생산기반의 안정적 확보기능, 전통문화의 계승 등 이러한 기능이 없어질 경우 대체할 만한 것이 존재하지 않기 때문에 농업과 농촌이 가질 수 있는 독특한 기능이다. 간접사용가치와 비사용가치는 시장에서 돈을 지불하지 않고도 얻어지는 가치이므로 비시장가치라고 한다. 한국농촌경제연구원(2004)에 의하면 농촌은 자연·환경적, 사회·문화적 기능의 수행 이외에도 식량안보, 지역균형발전, 농촌활력 제고 등 농촌의 공익적 가치의 경제학적 가치는 연간 28조 3,700억 원 내외로 평가되었다.

2.3. 농촌의 다원적 기능과 가치의 보전

농촌의 공익적 가치는 농산물 생산이라는 농촌의 기본적 기능을 수행하는 과정에서 발생하는 일종의 '외부효과'에 해당한다. 농촌은 농산물 생산활동을 통해 다양한 부수적인 편익을 제공한다. 농촌의 공익적 가치는 그 편익을 향유하는 소비자의 입장에서 비배제성·비경합성이라는 '공공재'의 특성을 지닌다. 외부효과이자 공공재의 특

[5] 이태호(2003).

표 9-2 농촌의 다원적 기능과 가치

경제적 기능	식량제공	농산물 생산 및 제공
	자원제공	생활자원·산업자원의 생산 및 공급
자연·환경적 기능	생태계 유지	생물 서식환경 제공
	홍수예방	논·밭의 지하수 함양
	환경보전	대기정화, 수질개선, 폐기물처리
사회·문화적 기능	정서함양	정서적 안정감, 농촌생활, 낭만, 조용함
	전통문화 계승	전통예절, 전통음악, 전통음식, 민속놀이
	휴양공간 제공	어메니티 체험, 농촌관광, 휴식공간
	교육의 장	자연, 환경, 전통문화 체험

성상 농업·농촌의 공익적 가치는 시장원리에 의해 유지되기 어렵다. 농산물 생산 등 농촌의 경제적 기능은 농업소득을 통해 공급자에게 대가가 지불되지만, 공익적 기능은 공급유인이 없으므로 공급이 사회적 최적(social optimum)에 미달된다. 따라서 농촌의 가치는 시장원리를 통해서 유지될 수 없는 부분이 반드시 존재하며, 무조건적인 시장원리 도입은 오히려 농촌의 공익적 가치를 감소시킬 수 있다. 또한 급격한 산업화와 농산물 시장개방으로 농업이 쇠퇴하게 되면 그만큼 농촌의 긍정적 외부효과에 따른 편익도 줄어들 수 있다.

최근 안전하고 건강한 식품의 공급과 국토 및 환경보전, 아름다운 경관과 전통·문화가 살아 있는 풍요로운 농촌에 대한 국민들의 요구가 늘어나고 있다. 앞으로 식량생산 중심의 일원화된 농촌을 식품공급, 일자리 제공, 국토환경 보전, 전통문화 계승 등 다원적 가치를 지닌 공간으로 개발해야 한다. 다만 농촌관광 등 시장원리를 통해 부가가치를 높일 수 있는 방안을 모색하되, 시장원리로 해결되지 않는 분야가 존재하는 만큼 농촌다움을 유지하기 위한 노력이 필요하다.

3 농촌공간의 신가치 영역과 수단

3.1. 새로운 농촌공간의 가치영역

농업·농촌의 다원적 기능을 극대화하고 농촌주민의 삶의 질을 향상하는 방향으로 새로운 농촌공간의 가치를 새롭게 창조해야 한다. 농촌공간의 새로운 가치는 수요자의 농촌에 대한 니즈(needs)를 고려해야 한다. 안심하고 먹을 수 있는 농산물의 이용, 자연관찰과 체험에 의한 육체적·정신적 재충전, 아름다운 농촌경관에서의 휴식, 개성적인 지역문화와의 만남 등 도시민과 농촌이 교류를 통해 공생하는 새로운 생활방식, 즉 그린 라이프스타일(green life-style)에 대한 관심이 높아지고 있어 이에 걸맞는 가치영역을 발굴해야 한다.

(1) 환경·생명의 가치

안전한 먹거리를 제공하고, 쾌적함(amenity)이 살아 있는 농촌의 본질적인 가치는 변함 없이 중요하다. 많은 농촌가치 중에서도 국민들의 건강을 책임지는 식품안전, 국토를 건강하게 유지하는 생태보전 등 환경가치를 사람들에게 설득하면서 사회적 공감대를 확대하는 방안이 최우선이다. 농업·농촌분야에서는 아직도 친환경생산 중심의 논의에 그치고 있어 환경가치에 기반한 농촌개발은 미흡한 실정이다. 자연순환형 농업, 친환경생태농업을 통한 안전한 먹거리 생산 그 자체도 생태환경의 보전이라는 당위성에도 불구하고 자리를 잡지 못하고 있다.

농촌공간의 개발은 농촌다움을 보전하고 어메니티를 유지한다는 친환경적 관점이 필요하다. 조그마한 농지 한 필지의 형질변경과 전

그림 9-1 농촌공간의 새로운 가치영역

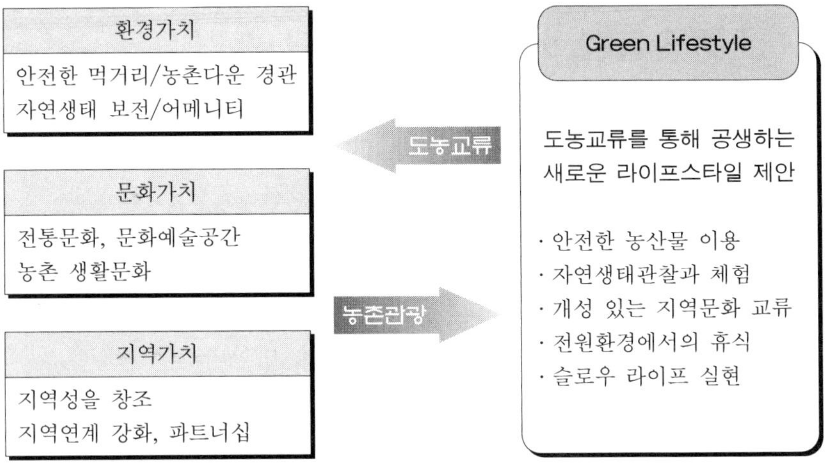

용, 작은 시설물의 설치와 건축이 그 지역 전체의 환경과 경관을 훼손시킬 경우 도시민과 농가 모두에게 손해이다. 농지의 전용과 시설물 설치 등 모든 개발행위는 그 지역의 환경과 경관을 훼손하지 않는 범위 내에서 이루어져야 하며, 농가소득문제를 우회하기 위한 방편으로 농지전용이 이용되어서는 안 된다.

농촌을 아름답고 쾌적하게 가꾸는 데 초점을 맞추어 환경가치를 소득자원으로 활용할 수 있다. 그러나 현실적으로 환경가치의 확산은 개별 농가의 이익과 공공의 이익이 충돌하여 저항과 갈등을 초래할 수도 있으며, 이를 최소화하기 위한 정책방안을 모색해야 한다. 저항과 갈등을 최소화하고 도·농 상생의 비전을 실현하기 위해 정부가 보상의 원칙을 확립하여 직접지불제 등에 의해 이해의 상충을 조정해야 한다.

(2) 문화·교류가치

농촌공간은 더 이상 농가와 농업의 전유물이 아니라 도시민의 휴양공간이자 문화공간이 되어 국민의 삶의 질을 높이는 역할을 수행한다. 농촌공간은 생활공간, 경제활동공간, 환경 및 경관 공간인 동시에 레저와 휴식공간, 문화·교육공간으로서의 농촌의 가치가 높아지고 있다. 따라서 장기적으로는 농업인뿐만 아니라 비농민을 포함한 전체 주민의 생활공간으로 어떻게 가꿀 것인가가 중요하다.

미래 농촌의 주인은 농민뿐만 아니라 농촌에서의 삶을 적극적으로 활용하려는 사람들이어야 한다. 농촌의 어메니티를 찾아 농촌을 찾는 도시인도 증가하며, 농촌의 삶을 적극적으로 활용하려는 사람들을 농촌으로 유치해야 한다. 농촌에 전원주택 거주자, 재촌 통근자, 은퇴생활자 등 다양한 사람들이 농촌을 방문하고 체제하도록 해야 한다. 결국 농촌의 장점을 적극적으로 평가하는 '활기 있는' 농촌주민이 꾸준히 증가하고, 농촌적 삶의 양식(lifestyle)을 지향하는 사람들이 정착해야 농촌을 유지할 수 있다.

문화와 교류가치를 강조함으로써 토목적 하드웨어 개발에 치중하던 농촌개발의 방식에서 벗어나 소프트웨어, 콘텐츠 개발로 전환할 수 있다. 농촌개발은 새로운 문화를 만들어 가는 수단이자 과정이며, 전통문화를 재발견하고 미래를 위한 문화적 자산을 창조하는 행위이다. 도시와 농촌의 문화교류를 통해 농촌 생활문화를 한층 업그레이드할 수 있다. 문화교류를 통해 새로운 생활방식을 제안하는 것이며, 궁극적으로 농촌주민의 교육과 역량 강화, 지역사회 결속력 증대, 농촌경제 활성화에 기여하게 된다.

(3) 지역가치

농촌이 지니는 다양한 잠재력(potential)을 극대화하고, 농촌의 지속적 발전에 기여하기 위해서는 농업·지역·환경·문화를 포괄하는 통합적 농촌정책(integrated rural policy)으로 전환해야 한다. 농업발전은 농촌지역의 통합적 발전의 일부이므로 '농촌지역 발전 없이 농업발전 없다'는 인식의 전환이 필요하다.

농촌공간의 개발은 차별화된 지역성(地域性, locality)을 발굴하고 창조함으로써 개성 있는 지역이미지를 제고해야 한다. 농촌공간 개발 과정에서 자연스럽게 각 지역의 독특한 자연환경, 문화, 특산물 등이 개성 있게 부각되어 차별화된 지역이미지를 형성해야 치열한 고객유치 및 브랜드 경쟁에서 시장가치를 창출할 수 있다. 지역이미지는 주민들에게 지역에 대한 자부심을 향상시키고, 나아가 지역 농특산물의 브랜드이미지로 연계되어 부가가치를 창출할 수 있다. 지역 내 자원 및 산업 간 융·복합, 감성·문화 결합, 신사업모델 창조 등을 통해 농촌공간의 부가가치를 실현해야 한다. 기존 1, 2, 3차 산업이 융·복합, 디지털 접목, 감성·문화 결합 등을 통해 고부가가치화시키는 것을 의미한다.

도시와의 인적·물적·문화적 교류를 통해 상생의 길을 추구하며, 농업생산공간과 지역주민 생활공간, 교류공간을 복합개발해야 한다. 이를 위해서는 지방자치단체와 주민이 파트너십에 기초한 내발적 농촌개발이 이루어져야 한다. 지역의 환경을 보전하면서 지역자원을 합리적으로 이용하고, 지역 내 경제순환을 중시하며, 경제적·사회적·환경적으로 통합된 지역발전을 추구할 때 새로운 가치창출이 가능하다.

3.2. 가치실현수단으로써 농촌관광

(1) 농촌관광의 개념과 추진방법

농촌관광[6]은 도시민들이 농촌다움이 보존된 농촌에 머물면서 그곳의 생활을 체험하고 여가를 즐기는 것을 의미한다. 도시 사람들이

[6] 프랑스에서 유래된 녹색관광(green tourism)이라는 용어는 이 밖에도 독일에서는 Agri-tourism, 영국에서는 rural tourism으로 혼용되는 것이 일반적이다.

농촌의 가정에 숙박하면서 농촌생활을 체험하고 그 지역 사람과 교류하며 전원경관을 즐기는 여가활동이다. 농촌관광(green tourism)은 먹고 마시고 노는 기존의 관광행태와는 달리 '환경친화적 체험관광'의 의미가 강하며, 이 때문에 농촌의 문화, 자연경관과 생태, 조용함과 따뜻함을 느낄 수 있도록 개발하는 것이다. 농촌관광의 주요 활동은 도시민들이 휴양, 체험, 학습, 교류활동으로 구분할 수 있다. 농촌관광은 환경적 지속성, 사회문화적 지속성, 경제적 지속성을 추구하는 지속가능한 개발(sustainable development) 개념의 목표와 원칙을 지향한다.

지속가능성의 관점에서 농촌관광은 '농촌주민의 삶의 질 증대, 관광객 만족, 깨끗한 농촌환경의 유지'라는 세 가지 목표를 동시에 달성하는 것이다. 이 때문에 개발방향은 '자연환경+특산물+전통문화'를 종합적으로 개발하여 도시인을 불러들이는 지속가능한 농촌활성화 전략이다. 주민의 자발적인 참여 속에 생활환경과 생산활동을 여가자원 및 체험상품으로 개발하여 도시민을 유치하게 된다. 이 때문에 농촌관광은 인구유출로 인한 과소화, 농산물가격 불안정, 농산물 국제개방에 따른 경쟁력 약화 등으로 어려움을 겪고 있는 농업·농촌문제를 해결하면서 새로운 가치를 창출하는 대안으로 각국에서는 정부 차원에서 적극 육성에 나서고 있다.

(2) 농촌 부가가치 창출수단으로써 농촌관광의 의의

첫째, 농촌관광은 농업·농촌에 서비스를 결합한 새로운 비즈니스로서 농촌경제 활성화의 효과적인 수단이기도 하다. 도시민에게는 휴식·휴양과 새로운 체험의 공간을 제공하고, 농산촌에는 농산물 판매(1차), 가공·특산품 생산(2차), 관광·음식물 판매(3차) 등 소득기회를 제공하여 지역의 활력증대에 기여한다. 농업도 생산+가공+판매+서비스를 결합하는 방향으로 발전하고, 이어 농촌은 생산·판매·체험, 휴식이 가능한 일종의 복합상품이다.

둘째, 농촌관광은 소비자가 직접 농산물의 생산현장, 가공현장으로 찾아와 체험을 함으로써 농촌의 어려움을 이해하고 농산물에 대한 신뢰와 구매력을 향상시킬 수 있다. 최근 농업이 직면한 농산물에 대한 불신을 해소하고 새로운 판로를 개척하며 안정적인 농산물가격을 확보하게 된다. 소비자인 도시민을 이해함으로써 농촌 스스로 농촌이 가지고 있는 공간과 자원의 가치를 재발견하고 새로운 시장에 눈뜨는 계기가 된다.

셋째, 하드웨어 개발에서 소프트웨어 개발로 농촌개발방식을 전환할 수 있다. 농촌관광에서는 차별화된 프로그램과 서비스가 핵심 상품이며, 시설개발은 목표가 아닌 부수조건에 불과하다. 농촌관광은 사람과 문화의 교류행위, 즉 농촌주민과 도시민, 농촌문화와 도시문화가 만나고 교류하는 것을 의미하며 서비스가 경쟁력을 좌우한다.

넷째, 환경변화에 대응하여 농촌 주민들이 인식을 전환하여 관련 지식과 노하우 등 역량을 키우는 것이 농업경쟁력 강화의 핵심이다. 농촌관광사업을 통해 농촌주민들은 비즈니스 마인드를 가지고 자발적이고 창의적인 사업을 발굴·추진할 수 있는 역량을 강화해야 할 것이다. 지금까지 성과 위주의 사업에서 벗어나 주민들의 실질적인 참여를 유도해 낼 수 있도록 주민-행정-전문가 간의 수평적 상호학습과정(mutual learning process)이 정착되어야 한다.

마지막으로 새로운 여가 및 체험공간을 제공하게 된다. 주5일 근무제 확산 등 여가시대를 맞이하여 도시민들은 답답한 일상생활에서 벗어나 여가활동에 대한 욕구를 강하게 표출하고 있다. 농촌인구 감소와 노령화가 심각한 현실에서 교류인구가 늘어나면 인구유입효과는 물론 유동인구 증가로 농촌에 활력을 제공하게 된다.

4 농촌관광을 통한 부가가치 창출전략

4.1. 교류활성화를 통한 가치실현

농촌관광을 포함한 도농교류정책은 농촌의 가치를 인식하고 도시민과 농촌의 협력을 이끌어 내는 효과적인 메커니즘이다. 경제·사회적으로 어려움을 겪고 있는 농촌에 도시민과 도시자본의 지식·정보를 유입시킴으로써 농촌을 활성화하는 전략이기도 하다. 교류는 농촌의 자연환경과 경관을 활용한 체험, 휴양, 학습 등 인적 교류와 농업생산물을 활용한 농산물 직거래 등의 물적 교류가 있다. 농촌주민은 도농교류를 통해 농산물 판로확대(45.1%)와 농외소득 창출(21.6%)을 가장 기대하는 것으로 나타났고, 도시민은 휴양·여가(43.2%)를 도농교류를 통하여 얻고자 하는 것으로 분석[7]된다.

농촌관광과 도농교류는 사람, 물품, 서비스, 정보, 문화 등 제 측면에서 도시와 농촌 간에 이루어지는 상호작용이다. 도시와 농촌 간에 인간적 신뢰를 바탕으로 한 네트워크를 통해 사람들 간에 접촉이 이루어지고, 상품·정보·자본·서비스 등이 양방향적·반복적·지속적으로 교환되고 거래되는 과정을 의미한다. 농촌관광은 현재 농촌개발을 통해 증대된 가치를 활용하거나 실현하는 수단에 불과하다는 비판도 없지 않으나 농촌공간이 가진 가치의 총합을 증대시킬 수 있다면 농촌활성화의 대안으로 충분하다.

농촌관광은 "농산촌의 풍성하고 깨끗한 자연경관과 지역의 전통문화·생활과 산업을 매개로 한 도시민과 농·산촌 주민 간의 체류형

[7] 농림부(2004).

교류활동"이다. 대규모 개발을 하지 않고 지역자원을 최대한 활용하고 '마음의 접촉', 사람 간의 교류를 중시하는 개발이다. 따라서 교류를 통해 소비자들에게는 자연스럽게 농업·농촌에 대한 이해를 높여 신뢰를 쌓고, 농촌은 소비자를 이해하고 경영마인드를 높이는 기회로 활용하도록 한다.

4.2. 농촌관광과 문화가치의 제고

문화는 농촌공간의 새로운 가치를 만들어 내는 효과적인 매개체가 된다. 특히, 농촌관광은 도시민들에게는 여가기회를 제공하고 농촌을 활성화하는 대안인 동시에, 농촌문화를 재발견하고 창조하는 우리 시대 문화운동이다. 농촌관광이 농촌활성화의 미래 대안으로 자리잡기 위해서는 품질과 브랜드이미지 향상이 과제이며, 다양성과 차별성을 갖추어 나가야 한다. 품격과 세련미, 창조력을 갖춘 문화가 최선의 가치창출전략이다.

농촌관광은 새로운 문화를 만들어 가는 수단이자 과정이며, 전통문화의 재발견과 미래를 위한 문화적 자산을 창조하는 행위이다. 농촌관광에서 문화를 접목하는 문화마케팅이란 "농촌마을이 문화를 매개로 고객을 유혹(lure)하는 다양한 활동"을 의미하며, 궁극적으로 경쟁력 있는 농촌관광브랜드를 만들어 내는 것이 그 목표이다.

농촌관광에서의 네 가지 문화마케팅전략은 ① 농촌을 아름답고 쾌적한 문화공간인 동시에 충실한 삶의 공간으로 정비하는 장소의 문화화, ② 제품과 상품의 문화화, ③ 문화가 풍부한 생활방식(lifestyle)을 누리는 생활의 문화화, ④ 농촌을 문화예술의 무대로 활용하는 문화예술의 콘텐츠화로 구분할 수 있다.[8]

농촌관광과 접목한 문화마케팅은 문화의 힘으로 농촌을 업그레이

[8] 강신겸(2006).

그림 9-2 문화를 활용한 농촌관광 마케팅전략

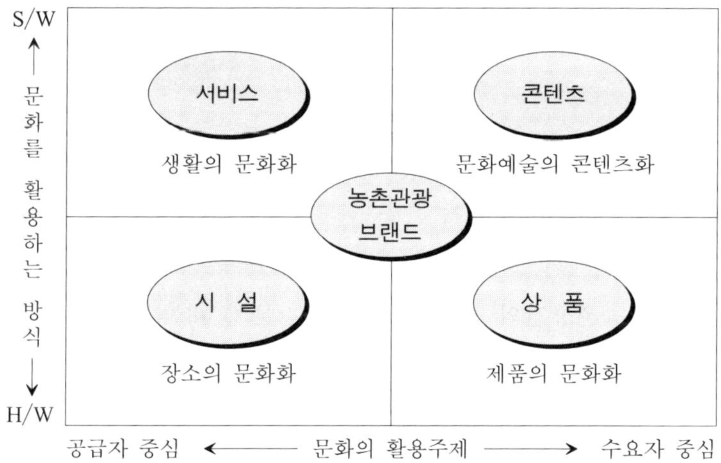

드(upgrade)하려는 노력의 일환이며, 농촌공간을 창조적 고부가가치 상품으로 만들어 농촌을 활성화시키려는 노력이다. 방문객에게 긍정적 영향을 주어 마을의 이미지를 제고할 뿐만 아니라 주민과 방문객, 주민과 주민 간 관계(relationship)를 강화하는 역할을 하며, 소득증대로 지역을 활성화하고 궁극적으로 새로운 가치를 만들어 가는 효과를 가져온다.

4.3. 타당성 있는 수익모델의 설정

농촌관광은 도시민들을 불러와 농촌어메니티 자원을 체험하고 소비하도록 하면서, '농업의 선 과정'을 상품화하는 것이며, '유·무형의 농촌자원'을 상품화하는 것이다. 어메니티 자원의 상품화는 결국 농촌마을과 농특산물에 이야기(story)를 덧붙이고 패키지화하여 부가가치를 높이자는 것이다. 소비자 트렌드는 상품구매에 그치지 않고 상품에 담긴 이야기와 체험을 구매하는 방향으로 변화하고 있어 '연출에 의한 추억의 창출'이 중요하다.

농촌주민 소득으로 연결되기 위해서는 농가 또는 마을 여건에 적합한 수익모델(business model)을 설정하고, 투명한 이익분배 시스템을 도입해야 한다. 독특한 시설과 체험, 서비스를 핵심 콘텐츠로 하여 도농교류를 통해 방문객을 확보, 수익을 만들어야 한다. 농촌의 가장 핵심 수익원은 농산물의 생산과 판매이며, 이를 바탕으로 다양한 체험 프로그램, 농촌민박, 식당, 기념품 판매 등을 결합하여 주수입원과 부수입원으로 구분하여 각 마을의 여건에 적합한 사업계획(portfolio)을 구성하도록 한다. 이 때 중요한 것은 지역사회와의 관계 속에서 독특한 지역의 개성을 확보하면서 다양한 수익원을 발굴하여 방문객에게 제공하는 것이다.

다양한 사업모델이 만들어지기 위해서는 현재 추진중인 마을단위 농촌관광 추진체계에 대해서는 재검토할 필요가 있다. 유럽에서는 개별 농장 또는 농가단위, 일본은 주로 지역단위로 이루어지고 있다. 그러나 국내의 경우 마을단위로 획일적으로 추진되고 있어 개별 농가단위의 육성 또는 농촌활성화를 위한 통합적 지역정책으로서는 한계가 있다. 다양한 농촌여건에 적합한 전략으로 자리잡기 위해서는 개별 농가단위의 지원정책은 물론 지역 내 농촌관광의 거점시설로서 농업테마공원, 거점체험판매시설 등을 보완해 나가야 할 것이다.

농촌관광은 아직도 틈새시장을 형성하고 있는 단계로 지속적인 농촌관광 수요확보가 관건이다. 교류를 통하여 양방향성, 반복성, 지속성을 확보함으로써 녹색관광이 일회성이 아닌 지속적인 경제활동으로 발전시켜야 한다. 이를 위해서는 일반관광과는 구별되는 농촌과 농업을 테마로 한 여가체험 프로그램에 중점을 두고 가격대, 이용활동, 이용시설 등을 뚜렷하게 차별화해야 한다.

4.4. 효율적인 정책추진체계

지역주민들의 부족한 자본동원능력을 보완해 주는 수단으로써 적정한 정부지원은 필수이다. 지역주민이 부족한 기술과 정보를 보완하기 위해 정부가 정책지원을 통해 개입해야 하며, 특히 인프라와 관광시설 개발을 위한 직접보조와 융자, 인센티브 제공 등의 지원을 지속해야 한다. 단, 과거처럼 일방적인 지원이 아닌 성과 중심의 지원으로 전환하도록 한다. 시·군·구 및 시·도 사업의 선정체계, 사업추진과정(process), 예산집행 및 정산체계를 효율적으로 조정하도록 한다.

사업추진실적에 대한 정기적인 모니터링 및 평가도 필요하다. 지원사업기간이 1년에서 길게는 3년간 이루어지고 있으나 기간이 끝난 마을에 대한 모니터링이나 행정적인 지원이 미흡하다. 대상지에 따라 투자규모를 융통성 있게 조정하고 추가지원이 필요할 경우 관련사업을 연계할 수 있도록 하고, 행정 중심의 사업추진을 보완할 수 있는 전문성을 갖춘 민간단체 및 업체, 주민조직을 육성하도록 한다.

지역 내 마을의 잠재력을 분석하고 투자우선순위를 정해 체계적으로 개발할 필요가 있다. 무엇보다 사업비를 투자하여 저장고, 가공시설, 판매장, 체험장, 숙박시설 등을 조성하였지만, 정작 마을 내에서 생산물을 가공하고 마케팅할 사람이 없으며 도시민을 유치해 체험을 지도할 사람을 찾기 어려운 실정이다. 장기적으로 정부의 지원은 농촌가치를 발굴하거나 사업을 기획하고 운영·관리할 수 있는 조직이나 사람을 육성하고, 이들이 책임 있게 경영할 수 있는 시스템을 구축하는 데 초점을 맞추어야 한다.

4.5. 주민들의 공감대 형성 및 경영능력 향상

농업의 가치를 국민들에게 설득하기 위해서라도 농촌주민들의 주체적인 변화가 필요하다. 주민들은 새로운 일에 대한 부담과 실패에 대한 두려움, 자신감 결여로 참여율이 낮으며, 주민 간의 갈등과 반목으로 이어지는 경우도 있다. 농촌주민들의 자율적인 개발역량과 창의적인 아이디어가 성공요소이다. 주민들이 역할을 분담하고, 지속적으로 토론·협의하는 과정에서 새로운 공동체문화를 만들어 나갈 수 있다.

주민들의 단순참여가 아닌 경영능력을 배양하기 위한 교육을 병행해야 한다. 농촌의 부가가치를 창출하기 위한 선결과제는 주민의식을 높이고 필요한 역량을 갖추는 일이며, 주민참여과정은 곧 역량개발(capacity building)과정이다. 농촌의 가치를 기반으로 소득을 창출하기 위해서는 상당한 지식이 요구되므로, 추진조직은 단순한 주민조직에서 점차 학습조직, 경영조직으로 발전시켜 나가야 한다. 주민의식 전환과 참여, 공감대 형성, 인재육성 등에 중점을 두고 점차 전문가 교육, 선진사례 벤치마킹 등을 실시하여 우선 주민들이 새로운 변화를 수용하고 자신감을 회복하도록 한다.

리더를 양성하고 지역주민들이 기업가정신(entrepreneurship)을 갖추도록 교육하고 지원해야 한다. 주민들과 파트너십을 가지고 일할 수 있는 전문조직과 민간부문(NPO)의 양성도 필요하다. 하드웨어 중심에서 농촌관광과 도농교류와 같은 소프트웨어 중심의 농촌개발정책이 농촌 활성화를 위해 바람직하지만 농촌현장에서 이런 소프트웨어적 정책이 효과적으로 작동하기 어려운 실정이다.

대부분 노령화되어 젊은 층이 부족하며, 젊은 층도 사업추진 경험이나 지식이 부족해 사업추진에 어려움을 겪고 있다. 이를 보완하기 위해서는 위원회, 협의회, 법인, 회사 등 주민조직을 결성하고 주민협약을 제정하며, 지역사회의 내부 역량이 부족할 경우 외부의 전문가와 네트워크를 구축하여 마케팅활동을 맡기도록 한다. 주민은 물론 행정의 의식과 관행이 모두 바뀌어야 성공할 수 있으므로 중앙정부나 지방자치단체가 성과주의에 급급한 나머지 단시간 내에 성과를 내려는 일련의 시도는 지양되어야 한다.

4.6. 환경친화적인 자원의 이용과 관리

농촌 부가가치 창출의 원천인 농촌다움을 보전해야 한다. 농촌관광은 농촌다움(rurality)을 높여 농촌활성화 및 복리증진에 기여하는 동시에 방문객의 욕구를 충족시키는 지역발전 모델이다. 농촌다움을 바탕으로 지역 전체를 관광객과 지역주민이 상생할 수 있는 '생산 및 생활공간'으로 조성한다.

지역의 고유한 특성과 잠재력을 살릴 수 있도록 농촌자원 및 공간을 개발하도록 한다. 농촌이 도농교류 또는 농촌관광의 대상이 되기 위해서는 지역성을 얼마나 잘 표현하느냐에 달려 있다. 따라서 지역다움을 유지·보전하기 위한 경관조성 및 어메니티를 높이는 환경정비는 필수이다. 농촌관광은 우리가 살아가는 농촌과 지역사회를 있는 그대로 자원화하자는 것이며, 농촌의 생활, 즉 사는 모습을 있는 그대로 보여 주는 것이다. 소생물권 조성, 하천관리, 수목식재 등의 사업이 단편적으로 이루어지고 있으나 주변 생태계 보전과 관리·복원 등에 대한 검토는 부족한 실정이다.

농촌의 새로운 가치를 발굴하는 과정은 지속가능한 개발(sustainable development)을 전제로 해야 한다. 자연자원 및 생태계의 수용력을 유지하고 관광자원의 보호를 위해서 개발 및 활동을 일정 수준으로 관리해야 한다. 외부환경 변화에 민감한 생태자원 서식지의 경우 제한구역으로 설정하고 이용을 조절하도록 한다. 친환경적 입지선정과 개발, 사후 관리·운영계획, 주민소득 증대방안을 포함한 종합적인 영향관리체계(impact management system)를 구축해야 한다. 무엇보다 농촌이 새로운 휴양공간, 정주공간으로 활용되기 위해서는 농촌다움을 잃지 않아야 하기 때문에 도시민이 방문이 늘어나면서 농촌주민들 스스로 환경과 문화를 쾌적하게 정비하고 보손하지 않으면 안 된다.

5 농촌공간에 대한 새로운 인식

농업·농촌은 개방화 물결 속에서 도·농 간 소득불균형과 농촌공동화로 인해 총체적 위기에 직면해 있다. 최근 농산물생산 등 농촌의 기본적인 기능 이외에도 농촌이 제공하는 다원적 기능에 대해 관심을 기울이고 있으나, 다원적 가치를 시장가치로 전환시켜 부가가치를 창출하기 위한 수단과 방법에 대한 논의는 부족한 실정이다.

농촌공간이 새롭게 주목해야 할 가치로서 환경가치, 문화가치, 지역가치를 들 수 있다. 신선하고 안심하고 먹을 수 있는 농산물의 이용, 자연관찰과 체험에 의한 육체적·정신적 재충전, 아름다운 농촌경관에서의 휴식, 개성적인 지역문화와의 만남, 도시에서와 다른 새로운 생활방식의 실현이다. 농촌지역사회가 주체가 되어 유·무형 자원의 보전적 발굴과 활용을 통해 이들 가치를 실현할 수 있는 구체적인 전략으로 농촌관광(rural tourism)에 주목하고 있다.

농촌관광은 도시와 농촌이 교류를 통해 도시민의 여가욕구를 충족시키는 한편, 농촌주민 스스로는 자신감을 회복하고 삶의 질을 높일 수 있는 통합적인 농촌지역 활성화 전략이다. 또한 농촌관광은 농촌공간이 가진 가치를 증대시키며 동시에 시장가치로 전환시켜 소득을 창출할 수 있는 대안이다. 농촌공간의 새로운 가치실현을 위해서는 농촌가치에 대한 도시민의 인식도 개선되어야 하지만 농촌주민들 스스로의 인식이 우선 개선되어야 한다. 농업의 현실이 열악함으로 인해 농민들의 인식도 왜곡되어 있으며, 대다수 국민이 농업의 가치를 제대로 이해하지 못하고 있는 실정이다.

농촌관광을 통해 '농외소득'을 올리고자 추진하는 경우가 대부분이며, 정책 또한 마을의 장기적인 발전기반 조성보다는 방문객수, 판매액 등으로 평가된다. 농촌관광 추진시 시행착오도 적지 않다.

농촌공간의 새로운 가치를 창출하기 위한 노력은 과거 농촌개발처럼 단순히 물리적인 차원에서 시설을 정비하거나 매력적인 이미지를 창출하는 것을 넘어 궁극적으로 거기에 담기는 삶 그 자체를 새롭게 디자인하는 것이다. 가치창출은 무엇보다 가장 자신 있는 것, 가장 잘 할 수 있는 것을 선택하여 작은 것부터 하나씩 성공사례를 만들어 가는 것이 중요하다.

참고문헌

강신겸, 「마을단위 녹색관광개발의 추진과 과제」, 『관광농업연구』 제9권 제1호, 2002.

______, 「농업·농촌을 위한 기업의 역할: 협력사례를 중심으로」, 『관광농업연구』 제11권 제1호, 2004.

______, 「농촌관광과 문화마케팅전략」, 『2006 농촌관광 심포지움 발표자료』, 한국농촌공사·한국농촌관광대학, 2006.

강신겸 외, 『지속가능한 관광실태 및 성공조건』, 국토연구원, 2004.

구로야나기 토시오, 「농산물 수입과 농업·농촌의 가치손실: 일본사례」, 『농업·농촌의 가치 재발견』, 농업메신저사업 국제학술대회 자료집, 한국농촌경제연구원, 2000. 9.

김영준·최승묵, 『관광자원 개발사업 활성화 방안—문화생태·녹색관광자원을 중심으로—』, 한국문화관광정책연구원, 2004.

농림부, 『도농교류의 유형별 수요분석 및 교류방안에 관한 연구』, 2004.

______, 『농림업 주요 통계』, 2006.

박진도, 「농업·농촌자원의 가치증진과 활용확대방안」, 『농업·농촌자원 가치증진 토론회』, 농촌진흥청, 2006.

서종혁, 「농업·농촌의 다면적 가치와 농촌개발 방향」, 『농업의 다면적 기능과 농촌지역 활성화』, 전국농업기술자협회, 2001.

안윤수 외, 「농촌의 사회문화적 공익기능 가치평가」, 『농촌사회』 제15집 제1호, 2005, pp. 175~213.

오세익, 『농업의 다원적 기능에 대한 국민의식조사』, 한국농촌경제연구원, 2004.

이태호, 「농업의 다원적 기능향상을 위한 정책방향」, 『농촌생활과학』

통권 94호, 2003, pp. 64~70.
임정빈, 「농업의 다원적 기능에 대한 국제적 논의동향과 시사점」, 『농촌생활과학』 통권 94호, 2003, pp. 59~63.
한국농촌경제연구원, 『농업의 다원적 기능에 대한 국민의식조사』, 2004.
森季雄 · 瀧嶋誠司 · 清水優, 『グリーンツーリスムの計劃と實踐』, (財)21世紀村づくり塾, 1997.
井上和衛 · 中村攻 · 宮崎猛 · 山崎光博, 『地域經營型グリーンツーリスム』, 都市文化社, 1999.
Legg, Wilfrid, "Options for Addressing Environmental Values from Agriculture—An OECD Perspective," 『농업 · 농촌의 가치 재발견』, 농업메신저사업 국제학술대회 자료집, 한국농촌경제연구원, 2000, pp. 92~121.
Page, S. J. and Don Getz, *The Business of Rural Tourism*, London: Tomson, 1997.
Sharpley, Richard and Julia Sharpley, *Rural Tourism: An Introduction*, London: Tomson, 1997.

김 영 생

10 신농업경영체 출현의 길

1. 신경영체 출현의 필요성과 기대
2. 신경영체의 핵심 요소
3. 신경영체의 경영혁신 방향

1 신경영체 출현의 필요성과 기대

한국 농업은 거대 외국농기업과 경쟁할 뿐만 아니라 변화하는 소비자요구를 만족시켜야 하는 도전에 직면하고 있다. 지금과 같은 생산·가공·유통업체의 규모로는 세계적인 거대수입업체와 효과적으로 경쟁하기 어렵다. 경제적 효율성을 향상시켜 외국기업과 경쟁하기 위해서는 규모화가 필요한 상황이다. 이를 위해 우리 농업이 직면한 환경변화를 살펴볼 필요가 있다.

먼저 농업인력의 부족문제가 심각해지고 있다. 노령화에 따른 노동력 부족현상이 현재는 계절적으로 나타나지만 2012년 이후에는 기본인력이 부족할 것으로 예상된다. 그러나 현재와 같은 농업경영체의 영세한 구조로는 새로운 젊은 인력을 확보하는 데 한계가 있다.[1] 젊은 인력의 관심을 끌 수 있는 매력 있는 농업경영체가 출현해서 그들의 트렌드와 니즈를 만족시킬 정도의 역량을 갖추어야 할 것이다.

한편, 수입개방과 함께 어느 정도의 가격하락은 불가피하고 따라서 생산비절감 압력이 커지고 있다. 이에 대한 능동적 대응이 필요하다. 예를 들어, 쌀의 경우 20~30% 정도의 가격하락이 예상된다.[2] 이렇게 가격이 하락하는 환경에서 실질소득을 보전하기 위해서는 비용절감이 필수적이다.

또한 새로운 소비자의 트렌드를 만족시키기 위한 경영체의 능동적 대처가 필요하다. 농산품에 대한 소비자의 취향과 요구조건이 고급화되고 까다로워지고 있다. 이러한 변화를 전통적인 경영방법으로 만족시키기 어려우므로 조직적이고 집약적인 노력이 필요하다. 예를

[1] 한국농촌경제연구원(2005); 한국직업능력개발원(2006).
[2] 한국농촌경제연구원(2005).

들면, 유기농산물 생산, 세척이나 선별이 필요 없는 제품 생산, 예쁘고 편리하며 재미있는 포장 제작, 쉽게 가공할 수 있는 상품 개발, 그리고 사후관리를 포함한 다양한 서비스의 제공 등 다양한 대응방안을 모색할 수 있다. 도시민이 농촌 또는 농업이 제공해 주기를 기대하는 내용은 전통적 농업이 제공하던 것과 차이가 있다. 특히, 농촌에서 태어나지 않은 대다수 1980년대 이후 세대는 전통적인 농경문화를 공유하는 기성세대와 달리 우리 농업 살리기 등에 대해 관심이 적다.

위와 같은 소비환경의 변화는 새로운 농업을 이끌 신경영체를 필요로 하고, 신경영체는 농업환경의 어려움을 극복하기 위해 다음과 같은 노력을 해야 한다.

첫째, 과학적인 경영관리를 통해 생산비를 절감해야 한다. 상위 10%와 하위 10%를 비교하였을 때 경영체에 따라 생산비가 쌀의 경우 250%, 배의 경우 1,200%까지 차이가 난다. 생산비를 절감하려면 규모화에서부터, 신기술 적용, 농기계작업의 외주, 체계적인 관리기법 적용 등 다양한 방법을 구사해야 한다. 그러나 가장 중요한 것은 원가절감을 뒷받침하는 체계적인 경영시스템이다. 중국의 경우 임금수준은 미국의 5%에 불과하지만 현재 닭고기 생산비는 미국의 1.5배에 이른다. 이것은 인건비 하나로 경쟁력이 확보되는 것이 아니라 효율적인 경영시스템과 지속적인 혁신을 통한 생산비절감 노력에 의해 경쟁력이 좌우된다는 것을 보여 주고 있다.

둘째, 새로운 조직형태와 관리방법이 필요하다. 새로운 소비자의 수요와 요구를 만족시키기 위해서는 더욱 통제된 생산방식과 관리시스템이 필요하고, 이를 가동하려면 숙련된 인력과 조직이 갖추어져야 한다.

셋째, 혁신적인 농기업가를 육성해야 한다. 새로운 변화에 대응하려면 조직의 변화가 동반되어야 하기 때문이다. 자본주의의 발전은 법인화된 기업이 등장하여 발전하는 것과 궤를 같이 한다. 농업도 환경변화에 대응하기 위한 혁신이 필수적이며, 혁신을 만들어 내기 위해서는 새로운 조직의 출현이 필요하다. 개별적 대응보다 조직적 대응이 필요하며 기업화가 필수적이다. 이를 위해 먼저 농업인의 기업가적 역동성과 혁신성이 필요하다.

지금 농업은 새로운 시대를 맞이하고 있다. 이미 새로운 농업 패러다임이 정착하고 있고, 새로운 형태의 혁신적 경영체들이 성장하고 있다. 농업의 미래는 새로운 역동성을 가지고 가능성을 열어 가는 혁신적 경영체에 의해 결정될 것이다. 따라서 이를 독려하고 지원하는 분위기 확산이 중요하다. 새로운 사업기회를 포착하고 이를 현실화하기 위해 노력하며, 주어진 자원의 효과를 극대화할 수 있는 혁신적인 경영자와 조직이 농업의 미래를 앞당길 것이다.

여기서는 이러한 중요한 요소에 관한 우수한 사례를 제시하고, 이로부터 농업경영체에게 필요한 시사점을 제시하고자 한다. 제시된 경영사례는 많은 사람들에게 당면문제에 대한 통찰력을 제공하여 문제해결능력을 제공할 수 있다. 또한 혁신적 경영체의 경영사례 분석은 후발경영체들에게 불확실한 상황에서 핵심 이슈를 효과적으로 가려내고 해결방법을 찾는 데 도움이 된다. 경영사례를 통한 간접경험으로 경영자는 미래에 발생할지 모르는 상황을 미리 점검하고 필요한 조치를 시뮬레이션함으로써 실제 상황에서 대처능력을 키울 수 있다.

변화하는 환경에 적극적으로 대응하는 혁신적 경영체, 즉 신경영체의 사례를 분석한 결과에서 공통된 특징과 구성요소를 찾아 내서 무엇이 우리가 바라보는 신경영체의 구성요소인가를 파악하려 한다. 또한 혁신의 관점에서 농업경영체를 조명함으로써 새로운 경영체의 이미지와 전략을 찾아보고자 한다.

따라서 신경영체의 모습을 경영자, 리더십, 사업전략, 지배구조와 통제시스템, 필요자금 확보, 인력확보 및 혁신역량 강화를 중심으로 실제 사례와 함께 제시하려고 한다.

2 신경영체의 핵심 요소

2.1. 경영자의 능력이 경영체의 성패를 결정한다

신경영체에서는 경영자의 능력이 경영체의 성패를 결정한다. 많은 경영자들은 성공적인 경영에 가장 중요한 요소는 경영자의 능력이라고 응답하였다.[3] 우수한 경영자의 확보는 경영체의 사활이 걸린 문제이다. 한 명의 경영자가 한 나라의 산업을 살릴 수도 있고, 죽일 수도 있다. 현재와 같은 농업의 위기 속에서도 생존의 기회는 있으며, 리더십은 그 생존의 기회를 찾는 핵심 요소이다. 칭기즈칸과 같은 뛰어난 지도자를 배출한 몽골의 조직문화는 리더를 잘못 뽑으면 부족이 멸망할 수 있는 유목민의 생존환경과 관계가 깊다.

농업의 경쟁력을 강화하고 새로운 활로를 모색하기 위해서는 많은 유목문화적 경영자를 필요로 한다. 대규모 농기업 경영은 물론 개별 농가에 이르기까지 리더가 필요하다. 리더는 변화하는 환경을 활용하여 새로운 기회를 포착할 뿐만 아니라 사업계획을 세우고 조직을 구성하며 현실화시키는 데 주도적인 역할을 수행한다. 이를 위해 가장 중요한 점은 기업가정신, 즉 계획된 도전정신으로 새로운 기회를 창출하는 능력이다.

경영자의 능력의 중요성을 보여 주는 D사의 키위(참다래) 경영사례는 위기를 새로운 기회로 전환시킨 기업가정신을 보여 준다. D사의 경우 키위의 수입개방에 대응하여 국내생산자들이 단체를 구성한 후 참다래로 명칭을 변경하였다. 동시에 생산시기를 조정하고 수입권을

[3] 한국농촌경제연구원(2006).

확보하여 현실적인 사업기회로 발전시켜 농업부문에도 기업가정신이 필요함을 알리는 계기를 제공하였다.

(1) 외부에서 유입된 경영자

하지만 우수한 경영자는 하루아침에 길러지는 것은 아니다. 특히, 농업분야에서 유능한 경영자를 찾기는 더욱 어렵다. 최근 기업경영을 경험한 경영자가 농기업에 유입되는 등 외부로부터의 CEO 유입이 하나의 경향이 되어 가고 있다. 비농업분야에서 탁월한 업적과 경영능력을 인정받은 경영인이 농업경영체의 경영자로 영입되는 경우, 외부의 네트워킹을 이용해 단기간에 경영성과를 향상시키고 효율성을 갖출 수 있는 장점이 있다.

G사는 많은 시행착오 끝에 규모가 일정 수준을 넘어서면 전문적인 경영인이 필요하다는 공통의 인식이 형성되어 외부에서 경영인을 영입하였다. CEO 영입 후 첫 해에 영업이익이 만성적인 적자에서 흑자로 전환되었고 자회사도 경영실적이 크게 향상되었다.

CEO는 조합이사회로부터 경영권을 위임받은 후 조직진단을 거쳐 업무성과에 따라 급여를 결정하는 성과보상체계를 도입하였다. 모든 직원의 근무실적 및 사업결과에 따른 등급제를 실시하고 이를 연봉에 연계시켰다. 그리고 모든 조직을 경영성과에 따라 조정하는 작업을 통해 조직구조를 변화시켰다. 불필요한 인원을 축소하고, 불필요한 경비를 없애며, 합리적인 의사결정 절차를 정착시키고, 투명성이 결여된 사업부분을 정리하였다. 한편, 조합 내 의사결정에 영향을 미치는 불합리한 관계를 정리하고 원칙과 균형 있는 의사결정구조를 시행하였다.

이와 같은 경영혁신은 여러 가지 결과를 낳았다. 먼저 경영성과 지표가 전반적으로 개선되었다. 또한 조직의 역동성이 강화되었고, 변화하는 환경에 적응하기 위한 조직 차원의 노력이 강화되었다. 이와 달리 몇 가지 문제점도 드러났다. 비공식적이고 전통적인 인간관계 중심으로 움직이던 조직에 불어닥친 이러한 변화의 바람은 다양한 갈등을 불러왔다. 이사들 또는 조합 내에서 영향력을 행사하던 집단과의 갈등이 발생하였고, 영향력이 큰 대농장주들은 경영진에게 압박을 가하기도 하였다. 이는 CEO와 조합원의 동기와 경험, 지식의 차이로 상호 이해의 폭이 넓지 못해 원활한 의사소통에 한계가 있었기 때문이었다. 경영자는 뛰어난 경영지식과 경험을 지니고 있었지만 농업에 대한 이해, 특히 지역사회와 농업인들에 대한 이해가 부족하였다. 한편, 조합원과 기존 직원들 대다수는 지역사회와 밀착성이 높았고, 현장경험은 많았지만 경영에 관련된 지식이나 경험이 적었다.

처음 전문경영인을 영입한 것은 외부 전문경영자의 지식과 경험을 활용해 경영성과를 향상시키는 것은 물론 중장기적으로 경영지식을 이전하여 조직의 경영역량을 확대하고 성과 중심의 조직으로 변모시키려는 목적 때문이었다. 그러나 이를 위해 필요한 전제조건인 상호 이해와 학습능력의 부족으로 갈등을 해소시키지 못하는 한계를 보여 주었다.

농기업체에서 경영역량을 확보하기 위한 방안으로, 타산업에서 경영역량을 확인받은 CEO를 영입하면 비교적 단기간 내에 경영역할을 강화할 수 있지만, 외부에서 영입한 경영자가 농기업체에 잘 정착할 수 있는 환경을 마련하는 것이 필요하다. 따라서 먼저 내부환경에 대한 검토와 정비가 필요하다. 내부구성원이 새로운 경영방식을 받아들일 수 있는 수용성, 특히 성과 중심의 객관적인 평가기준 및 인사방침을 수용할 수 있는 문화의 토대를 마련해야 한다. 또한 경영관리의 IT 접목을 위한 정보화 능력도 고려해야 한다.

외부경영자를 영입할 때 성장배경과 성향도 중요하게 고려해야 한다. 영입된 경영자가 새로운 농업환경에 어떻게 적응하느냐에 따라 성패가 결정되므로 경영자의 농업에 대한 이해, 특히 전통성이 남아 있는 농산업의 특징에 대한 이해가 중요하기 때문이다. 경영체의 발전방향은 다른 분야와 마찬가지로 효율성의 확보이지만 이는 교육훈

련과 경험의 축적을 통해 가능한 것이라는 점을 고려해야 한다.

(2) 내부육성형 경영자

이에 반해 내부육성형 CEO는 농업부문에서 성장한 경영자로 농업에 직접 종사한 경험이 있고 농업 내부사정을 잘 알고 있는 경영자를 말한다. 이러한 유형은 체계적인 경영수업을 받은 것은 아니지만 경험을 통해 경영기법을 습득한 경영인으로 대부분의 농기업 경영인이 이에 해당한다.

내부육성형과 외부영입형이 혼합된 혼합형 CEO는, 비농업분야에서 기업경영을 경험한 사람이 농업경영자로 성장한 경우와 농업경영 또는 영농경험을 가지고 타분야에서 경영자로 경험을 한 뒤 농업경영자가 되는 경우이다. 실제로 현재 많은 우수농기업의 경영자가 혼합형인 경우가 많다.

내부육성형 사례로 농과대학을 졸업한 B사의 경영자는 재학시절 농업분야에서의 사업을 고려하고 영농을 준비하였다. 그는 농업기술 관련 수업 이외에 경영관련 수업과 경영서적에 관심이 많았고, 농업경영과 관련된 기사 등을 주의 깊게 보며 새로운 사업기회를 탐색하였다. 이러한 과정에서 그는 성공적인 영농은 경영능력에 달려 있음을 인식하고 이를 지속적으로 학습하였다. 한편, 대학 선후배들과 동아리를 조직하여 미래의 영농을 위해 조직적으로 준비하였다. 실제 그 중 몇 명은 그와 함께 사업에 참여하였다. 기존의 관행을 따르지 않고 유기농과 유기농산물 유통업 등 새로운 기술과 경영방법을 농업에 접목시키다 보니 많은 시행착오와 어려움이 있었으나 새로운 농업조직의 보급과 이를 위한 제도에 관심을 가지며 유능한 경영인으로 성장해 나갔다. 그 후 1990년대 후반부터 새로운 농업경영자들의 모임이 생기자 주도적인 역할을 수행하면서 다양한 활동에 참여하게 되었다. 농업 이외의 경험은 없지만 다양한 학습기회를 활용하고 지속적인 외부인사와 교류를 통해 경제 전반에 대한 인식의 폭을 넓혔다.

특히, 정책관련 민간전문가 활동은 농업정책 전반을 이해하는 데 중요한 역할을 하였다.

외부영입 경영자와 내부육성형 경영자는 상대적인 장단점을 지니고 있다. 외부영입 경영자는 농업에 대한 이해부족으로 정착에 실패할 위험성이 있다. 내부육성형 경영자는 새로운 변화의 흐름, 이를 반영한 혁신적인 경영기법과 네트워크에 한계가 있다.

급속한 경영실적 개선과 시장확대 등 단기적인 성과를 기대한다면 과감한 추진력과 강한 의지력이 있는 경영자가 적합할 것이다. 경영체의 경영환경을 고려해 어느 정도 기간을 두고 얼마만큼의 변화를 추구할 것인가에 따라 경영자를 영입하거나 내부경영인을 선택할 것인지가 결정될 것이다. 급속한 경영성과의 개선 또는 급속한 환경변화에 대응하는 전략적 변화관리를 위해서는 경영능력이 검증된 외부육성형 경영자를 고려할 필요가 있을 것이다. 그러나 장기적인 관점에서 경영체를 발전시키며, 지역사회와의 관계형성이 중요한 경우는 내부육성형이 적절할 것이다.

2.2. 리더십은 조직에 생명력을 부여한다

리더십은 조직의 생명과 같다. 어떤 형태의 리더십을 가지느냐가 조직의 성격을 좌우한다. 리더십은 조직을 관리하고 목적을 달성하기 위해 조직원을 격려하고 필요한 자원을 분배하며, 조직 외부의 환경변화를 인지하고 이에 대응하기 위한 방안을 제기하고, 조직 자체를 변화시키는 역할을 한다. 리더십은 다음과 같은 세 가지 형태로 나누어 볼 수 있다.

먼저, 카리스마 리더십은 리더의 뛰어난 능력과 경험을 바탕으로 주도적인 역할을 수행하며 다른 사람들을 이끌어가는 스타일이다. 일반적으로 조직이 구성되는 초기에 많이 나타나는 유형으로 설립자 또는 경영자의 뛰어난 능력에 의존한다. 강력한 카리스마는 초기에 구심력을 발휘하여 조기에 조직을 안정시키는 등 유리한 점이 있다. 그러나 규모가 확대될 경우 새로운 리더십의 출현을 방해하는 등 리더십에 한계를 드러내기도 한다.

조직적 리더십은 개방적 의사소통 추구형으로, 조직이 확대되고 회사의 업무가 확장되어 일처리가 어려워질 경우 역할분담으로 개인이 아닌 조직의 능력을 발휘시키는 리더십이다. 개인의 영향력보다 조직적 역량과 역할분담이 필요한 수준에서 조직적 리더십의 형성이 필요하다. 그러나 어느 정도 성장한 경영체에서 조직적 리더십의 형성에 문제가 발생할 경우 조직에 심각한 부작용을 불러올 수 있다.

섬김형 리더십은 카리스마 리더십의 반대 방향에서 조직의 리더십을 발휘한다. 리더는 스스로 주도권을 쥐기보다 타인이 주도적으로 잘할 수 있도록 지원하고 격려하며 필요한 지원을 아끼지 않는 지원자의 역할을 한다. 조직이 성숙하고 전문성이 향상돼 모든 구성원이 스스로 가장 적절한 방법으로 업무를 추진할 능력을 갖게 될 때 이들에게 필요한 것은 지시나 감독보다 격려와 필요한 지원을 제때 받을 수 있도록 지원하는 것이다. 지역사회에서 성공적으로 지역개발 또는 관광사업을 추진하고 있는 마을이나 지자체를 보면 섬김형 리더십이 주도적인 경우가 많다. 회사조직은 위계적인 질서를 통해 분명한 업무가 주어지고 강제적 통제수단과 직접적 보상이 주어지는 계약관계에 있다. 그러나 이러한 계약관계가 약한 지역사회에서는 섬김형 리더십이 보다 효율적이다.

사업체는 개인의 소유물이 아닌 법인 또는 모든 이해당사자의 공동체이다. 이러한 공동체를 구성하는 모든 구성원들의 아이디어와 역량, 열정을 조직발전에 최대한 활용하기 위해서는 먼저 조직의 리더십에 대한 점검이 필요하다. 조직이 처한 환경과 사업내용 그리고 새로운 도전과제에 가장 적합하게 대응할 수 있는 리더십이 발휘되고 있는지 점검해야 한다. 사업의 성장은 리더십이 효과적으로 발휘될 수 있는 범위에 의해 한정되기 때문이다.

2.3. 지배구조와 통제시스템이 조직의 뼈대를 만든다

지배구조는 기업경영의 통제에 관한 시스템으로 기업경영에 직간접적으로 참여하는 주주, 경영진, 근로자 등 이해집단 간의 이해관계를 조정하고 규율하는 제도적 장치와 운영방식을 말한다. 지배구조는 다음과 같은 세 가지 형태가 있다.

개인기업은 사업주가 모든 소유권을 행사하는 형태이다. 자영농가도 여기에 속한다고 볼 수 있다. 개인이 모든 자본을 투자하고 경영책임도 개인에게 주어진다. 경영의 통일성, 신축성, 비밀유지 등에서 이점이 있다. 그러나 자본규모가 개인에게 한정되고, 다른 기업과의 경쟁에 필요한 자본금 확보가 용이하지 않다는 근본적인 약점이 있다.

협동조합은 자본구성체(資本構成體)가 아니고 인적 구성체(人的 構成體)이기 때문에 민주적 운영을 의도하는 형태이다. 영리를 목적으로 하는 것이 아니므로 조합의 운영은 실비주의를 원칙으로 한다. 그러나 현재의 협동조합은 사업을 위한 법인과의 근본적인 차이가 줄어들고 있다. 현재의 협동조합은 생산농가 또는 소규모 사업체가 일정 금액을 적립하고 공동의 이익을 구현하기 위한 사업적 조직체로 진화되고 있다. 그 한 예로 신세대조합(new generation cooperatives)은 사업참여권을 분리하여 판매하고 조합원들이 이에 따라 사업에 참여한다. 사업참여권은 시장에서 거래가 가능하다. 우리 나라에서도 협동조합은 여러 가지 형태로 진화중이며, 각 형태의 공통점은 이익실현을 위한 사업체로서의 성격이 강해지고 있다.

기업형 협동조합은 기업의 의사결정방식과 전문성을 협동조합에 결합한 형태이다. 모기업은 협동조합의 방식을 유지하고, 자기업은 주식회사 형태로 운영하는 방식이다. 기업형 협동조합은 협동조합이 지향하는 민주적 가치와 평등성을 기반으로 시장에서 경쟁력을 확보하기 위해 노력중이다. 자회사의 경영책임은 상임이사 또는 전문경영인이 주도하고 조합은 이사 및 이사진으로 운영된다.

"변화하는 물결을 수용하기 위해서는 조합장과 조직원이 자신의 권한축소를 두려워하지 말아야 하며, 이를 위한 방법으로 협동조합의 정신에 기업적인 마인드의 접목이 필요하다."

이 말은 C업체가 설립시부터 지금까지 수많은 조직구조와 경영방식 변화의 실험을 하게 된 원인이다. 협동조합의 지배구조를 유지하면서 기업형 의사결정체제를 결합하여 조합의 공익성과 기업의 역동성, 수익성을 동시에 이루기 위한 의도를 담고 있는 말이다. C업체의 변화는 새로운 경영환경에 적응하기 위해서 규모의 확대와 경쟁력 강화를 위해 기업화가 피할 수 없는 선택인 반면, 현실적으로 농가의 자유업 성향과 약자의 권리를 보장하는 협동조합의 원리 또한 놓칠 수 없었기 때문이다.

이 업체가 구상한 지배구조의 특징은 지주회사 역할을 담당하는 협동조합은 조합원 지분 100%로 구성되고, 지주회사의 자회사는 주식회사 개념으로 운영하는 것이다. C업체는 양돈조합으로 시작하여 종돈, 사료, 사양관리, 가공·유통을 통합한 협동조합적 계열화를 진행시켰다. 그러나 이러한 구조는 성장과 함께 조합시스템의 한계를 드러냈다. 복잡한 조직구조는 신속한 의사결정을 어렵게 하였고, 조합원 중에서 선출된 경영진과 이사진은 경영관리의 전문성이 떨어졌다. 또한 1인 1표로 대표되는 소유구조와 의사결정구조의 이원화로 권한에 따른 책임의 부조화문제가 두드러지게 되었다. 이러한 문제를 해결하기 위해 조합은 분야별 기업을 설립하고 조합이 소유하도록 소유구조를 변경하였다. 자회사는 전문경영인이 책임경영을 하도록 하였고, 조합은 그 수익을 조합원에게 배분하는 형태로 변경하였다.

협동조합형 기업은 기업의 기본적 구조에 협동조합의 요소를 결합시킨 형태이다. 투자금액에 따라 지분을 배분해 중요한 의사결정에 참여시키고 지분에 따라 배당을 실시하지만, 협동조합적 행동을 강조하고 개인적인 지분보다 전체적인 이익실현을 위한 조직행동을 요구하는 구조이다. 지분을 확보하기 위해서는 자본투자뿐만 아니라 조합원 전체의 동의가 필요하다.

협동조합형 기업조직 모형으로 진화한 K업체에서 의사결정은 지분에 따라 행사되고, 배당금을 비롯한 모든 이익배분은 투자한 액수에 따라 분배된다. 협동조합의 1인 1표로 대표되는 조직구조는 조직원들의 행동에 대한 책임과 의사결정의 공정성에 문제를 일으켰고, 책임감 있는 행동으로 연결되지 못하였다. 이를 통제하지 않을 때 적극적 참여 없이 무임승차하는 조합원의 문제, 목소리가 큰 사람이 지배하는 분위기, 단기적인 분배에 대한 집착 등의 문제가 발생하게 되었다. 따라서 공동운명체 의식을 공유하고, 투자금액에 따라 의사결정에 참여하며, 이익금을 분배하여 경영의 책임성과 공동체성을 동시에 추구해야 하였다.

끝으로, 주식회사형 기업은 주식에 따라 지분을 형성하고 지배주주에게 경영에 대한 책임을 부여하는 체제로 지분에 따라 이익금을 분배하는 형태이다. 주식회사형 기업은 외부자원을 효과적으로 유입하고 의사결정의 효율성을 강화할 수 있는 장점이 있다.

3 신경영체의 경영혁신 방향

3.1. 경쟁력 우위를 만드는 경영전략

앞서 언급한 바와 같이 원가절감은 우리 농업의 첫 번째 도전과제가 되고 있다. 체계적인 영농계획과 시행은 원가절감의 기본이다. 그리고 체계적인 방법을 동원하면 상당한 정도의 효과도 예상된다. 과학적 경영관리의 기본원리를 적용하여 기계작업과 자재구매를 1년

단위로 계획하여 실천할 경우에 생산비의 5~35% 절감이 가능해진다. 작목별 원가절감효과는 다양하다. 벼의 경우 원가절감 상위 5%의 생산자는 하위 5% 생산자의 45% 정도의 생산비로도 생산이 가능하다. 그리고 배의 경우에는 15% 이하로 생산이 가능하다. 원가절감은 체계적 경영관리가 기본으로 규모화만이 유일한 대안은 아니다. 대농의 경우도 생산원가가 더 높아지는 경향이 나타날 수 있다. 과학적인 공정관리와 생산관리가 결합된 체제의 구축이 생산비 절감의 핵심사항이다.

(1) 혁신적 농업컴파운드

중국의 전반적인 농업발전 상황은 우리보다 후진적이지만 상해와 북경의 유럽식 대농업생산단지(농업컴파운드)는 인상적인 모습을 보여준다. 이 곳에서는 100만 평 이상의 경작지를 확보하고 유럽 기술과 자본을 도입해 최신 기술과 경영기법으로 최상의 상품을 생산하고 있다. 이러한 단지조성은 농산품의 중국 내 외국인 수요를 충당하고, 나아가 유럽과 아시아 수출시장을 개척하기 위한 것으로 중국 농업이 해외시장에 진출하기 위한 모델이 되고 있다.

R업체의 사업모형은 중국의 농업컴파운드와 유사성이 있다. 수입개방 환경에서도 단일경영권하에 100만 평 정도의 경작지를 전문화를 통한 생산관리방식으로 운영할 경우 경쟁력 우위 확보가 가능하다. 생산비 절감효과가 10% 정도이고, 포장, 가공·유통을 내재화할 경우 30~40% 정도의 부가가치 향상이 가능하기 때문이다. 이 정도의 물량을 확보하면 대형할인점과 직거래는 물론 시장에서 강력한 협상력을 확보할 수도 있다.

(2) 인적자원의 세분화와 전문화

전문화와 계열화는 경영혁신을 위한 기본조건이다. 생산관리의 개념을 농업에 도입해 객관적인 기준에 의해 공정 및 직무를 분석하여 농작업을 표준화하고, 이를 바탕으로 영역별 전문인력을 확보하는 것이 필요하다. 여기서 기계작업, 병충해방지, 자재구매, 수확 및 처리, 소비자관리 등 전문화시킬 수 있는 영역은 기업화가 가능한 분야이며 생산농가와 기업이 결합할 수 있는 분야이다.

가장 대표적인 전문화의 영역은 기계관련 작업이다. 기계작업을 전문업체에서 제공할 경우 농기계작업 비용이 절감될 뿐만 아니라 기계작업의 품질이 향상되어 성실성과 안정성 보장이 용이할 것이다. 아울러 노령화와 함께 증가추세에 있는 기계작업 사고를 미연에 방지할 수 있게 된다. 현재 농업은 대다수 생산자의 노령화로 자가노동력을 활용하여 과거와 같이 모든 농작업을 담당하기 어렵다. 또한 수확 이후 처리와 가공이 상품성을 결정하기 때문에 숙련된 인력을 활용하여 상품성을 높여야 한다. 따라서 농가가 생산한 농작물을 전문업체가 숙련된 인력을 고용하여 수확·처리함으로써 품질을 향상시키고 생산농가의 부담을 덜어 줄 수 있다.

다음으로 자재구입 영역에서 전문화가 중요해지고 있다. 자재구입이 농업경영에서 차지하는 중요도가 증가되고 있다. 농가의 새로운 소득원으로 자리잡은 친환경농산물의 경우, 종자, 자재 및 퇴비, 친환경농약 구입 등 친환경농산물 관련지식과 정보 그리고 경험이 필요하다. 까다로운 인증절차의 처리와 소비자의 신뢰확보 차원에서도 전문성이 긴요하다. 농자재의 구입은 사용하기 1년 전에 미리 필요한 제품을 예약할 경우, 10% 이상의 구입비를 절감할 수 있고 안정적으로 공급받을 수 있다는 이점이 있다.

전문화 사례로는 상당한 규모와 브랜드를 소유한 L업체를 들 수 있다. 이 업체는 브랜드화되지 않은 타사의 유기농산물 가격보다 높지 않다. 생산과 유통에서 비용절감과 효율화를 통해 가격경쟁력을 확보하였기 때문이다. L사는 유기농자재를 대량구매해 가격인하효과를 얻었다. 이 회사는 모든 자재를 사전계획에 따라 체계적으로 관리함에 따라 낭비요소를 최소화할 수 있었다. 농기계작업의 경우 기계를 공동으로 활용해 농기계 활용을 최적화할 수 있었다. 농기계는 영농조합이 소유하기 때문에 생산농가는 농기계 구입에 따른 부담이 발생하지 않았다. 이와 같이 농업에 있어 유통, 가공, 생산관리, 기계운용 등 분야별로 전문가를 양성하면 효율성을 높일 뿐만 아니라 우수한 인적 자원을 확보하는 성과를 기대할 수 있다.

(3) 계열화와 외주제도의 전략적 활용

계열화는 이른바 가치사슬상의 업체들과 계약관계를 형성하여 거래비용을 절감하는 동시에 내부자원 활용과 연계된 전략을 구사하여 경쟁력 우위를 확보하는 전략이다. 외주화는 농작업에서 많은 투자가 필요하거나, 인력투입이 많은 부분의 작업을 전문업체에 맡겨 비용을 절감하거나 작업의 질을 높이는 방법이다. 계열화는 완전외주제와 작업별 계약제, 생산시설을 보유한 전문기업과 통합하는 방식이 있다.

완전외주제는 시장을 통해 필요한 작업서비스를 제공받는 형태이다. 지속적인 외주관계보다 시장가격과 환경에 의해 결정되는 외주방식이다. 완전외주제의 장점은 시장에서 가장 싼 가격으로 구입할 수 있고, 조직과 장비를 자체에서 유지하기 위한 유지비용이 없다는 점이다. 단점은 시장상황이 악화되었을 때 거래조건이 악화되고, 안정성을 위협받으며, 거래비용이 든다는 점이다.

작업별 계약제는 농업작업을 전담하는 복수의 기업과 작업서비스를 지원받는 계약을 체결하는 형태이다. 이 방식의 장점은 안정적인 작업서비스를 제공받을 수 있고 거래비용이 적다는 점이다. 단점은 여러 업체와 계약하는 번거로움이 따르고 작업감독이 필요하다는 점이다. 재해와 같은 위험이 발생해도 모든 작업비용을 지불해야 하고, 모든 위험을 생산자가 감수해야 하는 위험부담이 따른다.

생산시설을 보유한 전문기업과 통합하는 형태는, 전문기업이 생산농가에게 필요한 작업서비스를 통합하여 제공한 후 그 결과를 공유하는 형태이다. 안정적으로 작업을 제공받는 장점이 있고, 작업 간 조정을 통해 효율적으로 작업을 운용할 수 있다. 또 위험과 기회를 공유하여 위협요소를 분산시킬 수 있고 작업품질에 대한 책무성을 공유함으로써 불필요한 문제를 제거하며, 생산과정에 대한 검증으로 품질보장이 가능하다. 단점은 통합된 작업서비스 제공 기업과 소규모 생산자의 협상력의 차이로 인한 불공정거래의 가능성이 존재한다는 점이다.

농가에서 모든 농작업과 유통, 물류까지 담당하는 방식은 농산물 개방시대에 경쟁력 강화에 한계가 있으며, 농촌 노령화에 따른 인력부족으로 더 이상 유지되기도 어렵다. 특히, 경영학의 생산관리기법을 적용해 이전까지 필요하지 않거나 불가능하다고 여겼던 영농작업에 대한 공정분석을 철저히 하고 많은 면에서 표준화가 가능하다. 농업을 제품생산의 공정과 같이 공정별로 분석해 핵심 공정을 분류한 후, 핵심 공정은 내부화하고 나머지 공정은 외부의 전문업체에 맡기면 품질은 향상하고 비용은 절감하는 혁신적 사업모형이 가능하다. 이러한 사업모형은 소비자가 요구하는 고품질의 제품을 생산하고, 청결하면서도 조리가 간편한 제품을 생산할 수 있다.

A조합은 전략적 외주화로 성공한 경우이다. 이 조합은 농작업 공정별로 전문가를 양성하여 작업능률을 향상시켰고, 모든 생산 및 관리를 일원화함으로서 시장의 변화에 따라 생산계획을 수립하고 생산요소를 체계적으로 관리할 수 있었다. 이를 통해 비용을 획기적으로 감소시킬 수 있었다. 이 조합은 가공과 유통을 책임짐으로써 생산자의 수입을 안정화시킬 수 있었다. 이를 바탕으로 농업인은 생산에 집중하여 품질향상에 전력할 수 있도록 하였다.

피터 드러커는 “사업은 고객을 창출하는 것”이라고 말하였다. 그는 고객이 원하는 제품과 서비스를 고객이 지불할 의사가 있는 가격보다 싸게 제공하는 것을 고객창출의 핵심이라고 하였다.

마케팅은 소비자가 원하고 있는 것, 때로는 소비자 스스로도 인식하지 못하고 있는 요구를 발견하고, 이를 만족시키는 제품을 개발하여 시장에 진입시키는 적극적인 활동을 의미한다. 마케팅은 개별 농가가 감당하기 어려운 투자와 전문성을 요구하므로 공동대응하거나 기업화가 필요하다.

마케팅이 적극적으로 표현되는 형태로 소비자관리가 있다. 이는 소비자를 지속적으로 관리하여 충성된 소비자를 확대시키고, 소비자의 요구를 경영에 직접적으로 반영시키는 것을 이른다.

소비자관리는 농기업 경영의 핵심 영역으로 떠오르고 있다. 국산 농산물에 대해 충성도 높은 소비자를 조직화하고 체계적으로 관리하는 것은 수입농산물 개방에 대한 일차적인 대응방안이 될 수 있다. 소비자관리는 조직화가 전략의 핵심인데, 소비자를 묶어 소비자조합으로 발전시키는 방법을 고려할 수 있다. 소비자조합방식의 경우 소비자의 구매계획에 따라 생산량을 결정하고 조합원의 회비로 기본경영비를 충당한다. 조합방식은 소비자의 농업에 대한 이해와 충성도가 뛰어나야 하며, 조직을 지속적으로 관리해야 하고, 지역을 기반으로 해야 한다.

A업체는 충성고객을 멤버십 형태로 관리하는 방법으로 소비자의 조직화에 성공하였다. 이 업체는 인터넷을 통한 직거래 구매고객을 관리하여 지속적으로 구매하도록 유도하고, 사은행사 차원의 농장방문과 생산과정 공개로 소비자의 신뢰도를 높였다. 나아가 유통과정에 소비자를 참여시켰다. 소비자가 직접 품질 및 표시 확인작업을 주도하게 해 경영진에게 품질수준을 알려 주고 회사는 참여자에게 필요한 경비를 지원하였다. 충성고객의 확보는 지속적인 매출 이외에도 소비자의 반응을 마케팅에 연계해 시장확보에 활용될 수 있었다. 인터넷과 전화를 통한 직접판매를 늘려 나가는 동시에 소비자를 회원으로 가입시켜 관리함으로써 소비자 회원조직으로 발전시켜 나갔다

3.2. 사업에 혈액을 공급하는 자금확보와 투자유치

사업체가 성장하기 위해 필요한 첫 번째 요소는 투자유치다. 규모가 확대됨에 따라 회사를 주식회사 형태로 전환하거나 회사채를 발행하는 이유도 투자유치가 용이해지기 때문이다. 전통적인 영농과 근대적인 경영의 근본적인 차이는 투자유치와 관계가 깊다. 전통적인 영농방식은 투자를 유치하여 이익을 창출하는 금융방식에 익숙하지 않다. 또 이를 위한 금융인프라도 부족한 현실이다. 대부분의 농업금융은 농협을 통해 제공되어 왔다. 농업금융의 내용과 형식은 농가의 영농자금 공급에 머물고 있으므로 기업적 성격을 띤 사업체에는 적절하지 않다. 따라서 기업적 성격의 경영체들은 농협보다는 다른 경로를 통해 필요한 자금을 제공받아야 한다. 은행으로부터 대출을 받거나 혹은 개별 투자자로부터 투자를 유치하는 방법이 있다.

은행을 통한 대출은 농기업에게 불리한 구조이다. 농기업은 금융기관의 신용평가에서 신용강등되는 불리함을 안고 있다. 농업은 몇 년 간격으로 기상조건이 악화되거나 병충해 및 주기적인 파동이 발생할 경우 위험요소를 회피할 수 없다. 따라서 융자금을 통한 운영보다는, 위험요소를 회피하는 동시에 이익을 분할하는 투자형태가 더 적절하다고 할 수 있다. 그러나 농업부문에 투자하는 펀드는 거의 없으며, 그나마 첨단 바이오산업과 관련 있는 부분에 투자를 한정하고 있다. 따라서 농기업들은 자금확보 및 투자유치에 근본적인 약점을 지니고 있다. 특히, 규모가 클수록 필요한 자금규모가 늘어나는데, 이를 확보하기 위한 금융인프라가 구축되어 있지 않아 매우 어려운 실정이다. 그리고 계절별로 자재 또는 원료농산물 구입 등 일시적으로 많은 자금이 필요할 때 농협 또는 농신보를 통한 경영자금 확보가 어려워 대형농기업의 부도율이 높다. 농업 CEO들의 설문조사에서도 가장 큰 어려움이 경영자금 확보라고 응답하였고, 사업규모가 클수록 자금확보가 어려운 것으로 나타났다.[4] 경영자들은 이러한 취약한 금융기반 때문에 공격적이기보다 방어적이며 안전 위주의 경영에 치중할 수밖에 없다. 기본적인 투자소요금액은 빠른 속도로 증가하는 데 비해 농업을 통한 소득률은 떨어지는 상황에서 경영자금 확보는 경영능력의 핵심이 되고 있다. 농림부의 계획대로 2010년까지 농업투자 펀드를 1,000억 원으로 확대할 경우 실제 투자효과는 5,000억 원까지 확대될 수 있다.

C업체는 현재까지 은행의 대출을 주로 활용하였지만 외부투자 유치에 많은 관심을 가지고 있다. 그러나 농기업에 투자하는 전문펀드의 부재로 외부투자 유치는 실제 이루어지지 못하였고, 결국 적기 투자에 발목을 잡히기도 하였다. 이 업체는 새로운 자금확보를 위해 소유지분을 분할하고 지분가치를 재평가하여 외부투자자가 투자할 수 있도록 준비를 갖추었다. 또한 조직화된 소비자들의 소액투자방식도 고려하고 있다. 그리고 종업원지주제를 통해 소액투자자를 유치함으로써 경영권을 안정시킬 뿐만 아니라 소비자의 충성도를 확보하고 이익을 소비자에게 환원시키는 방안을 모색하고 있다.

3.3. 사람이 희망이다

농기업의 전문화와 조직화의 핵심은 필요한 숙련기술인력의 확보와 유지이다. 경영목표 달성을 위한 품질향상과 원가절감은 숙련인력의 수준에 따라 결정된다. 따라서 우수한 인력을 확보하고 이들의 능력을 향상시키기 위한 교육에 투자함으로써 작업품질을 제고하고 작업효율성을 높여 경쟁우위를 확보해야 한다. 현실적으로 젊고 우수한 인재를 농기업에서 확보하는 것은 쉽지 않은 문제이다. 전통적인 농업이미지와 전문화되지 않은 작업과 낮은 수입, 불안정한 일자리라는 인식은 젊은이들을 끌어들이지 못하는 원인이다. 현재 20대 후반의

[4] 한국농촌경제연구원(2006).

실질실업률이 10%를 넘지만 농업부문에는 인력유입이 원활하지 않다. 농업의 발전을 위해서는 젊은 인력의 유입이 필수적이며, 이를 위해서는 매력적인 일자리를 제공할 수 있어야 한다. 개별 농가 형태의 경영체를 이끌어 갈 인력유입도 중요하지만 농기업의 형태로 젊은이들에게 일자리를 제공하는 방안도 있다. 외국의 선키스트나 델몬트는 많은 젊은이들이 선호하는 직장이다. 농업분야도 회사단위로 운영하고 분야별로 전문화시킬 경우 우수한 젊은 인력을 충분히 확보할 수 있다. 젊고 능력 있는 사람이 농업에 유입될 수 있는 혁신적인 농기업의 출현으로 괜찮은 일자리를 제공할 수 있을 때 농업의 희망을 확인할 수 있을 것이다.

한편, 시장점유율을 확대하고 소비자의 세부적인 요구를 만족시키기 위해서는 농기업 내에서 단합된 조직행동을 어떻게 이끌어 내고 구성원들의 역량을 얼마나 최대한 활용하느냐이다. 구성원들의 조직행동은 조직의 내적 단합을 이끌어 내고 협력하여 최대한의 성과를 만들어 내기 위한 기본조건이다. 농업은 전통적으로 농가 위주의 자유업으로 이어져 왔기 때문에 조직의 통제에 따르는 조직행동에 익숙하지 않다. 또한 농작업은 제조업과 달리 표준화되어 있지 않아 작업통제가 어려운 측면이 있고 조직화에 한계가 있다.

그러나 소비자의 고급스럽고 까다로운 요구를 충족시키기 위해 생산과정은 더 엄격하게 표준화되고 통제될 필요가 있다. 이러한 문제가 조합 또는 농기업의 결정적인 실패원인이 되곤 한다. 성공적인 조직화를 통해 혁신을 이룬 사업체의 공통적인 특징은 종업원 또는 조직원들이 작업계획에 따라 조직을 구성하고, 품질관리와 통제방식을 효과적으로 내재화하였다는 점이다. 이와 함께 민주적인 리더십을 형성하여 모든 구성원의 역량과 창의력을 효율적으로 활용할 수 있는 체제를 이끌어 내야 한다. 지속적인 교육과 토론문화는 조직원의 단합과 조직행동을 강화하는 가장 중요한 방법이다.

앞서 소개하였던 C조합은 지역모임을 활성화시켰는데, 이는 의사결정과정인 동시에 교육훈련 프로그램이다. 이 조합은 지역모임을 통해 조합원을 단합시키고, 합리적 의사결정을 위한 기본지식과 정확한 양돈기술을 교육시킨다.

D업체는 생산농가의 단합된 행동을 강화하는 조직규칙을 제정하는 등 철저한 규율과 행동을 강조하였다. 철저한 조직행동을 요구하고 조직적 강제성을 강화하였다. 생산된 농산물의 판매, 필요한 자재구입과 사용, 금융거래 등의 행위에 관한 조합원규칙을 제정하였다. 이에 따르지 않을 경우 불이익을 받거나 조직에서 퇴출시키는 강력한 조치를 실행하였다. 또한 필요시에 조직원들이 단체행동을 포함한 다양한 활동에 의무적으로 참여하도록 조직행동을 요구하였다.

조직에서 인적자원 개발은 업무수행에 필요한 지식과 기술을 제공하여 숙련도를 높이고 이를 통해 품질 및 가격혁신을 달성하기 위한 핵심 요소이다. 지속적인 경쟁력 확보는 능력 있는 인력확보와 육성을 통해 가능하다. 우리 나라 사람들은 배움과 자기계발 의지가 강하다. 자기계발 의지를 교육과 실습을 통해 현실화시키고, 이러한 과정을 통해 가장 중요한 가치인 '신뢰'와 '협력'을 통한 공동의 이익을 증대시키는 행동을 강화시킬 수 있다. "요람에서 무덤까지"라는 속담처럼 평생 자기계발을 지속하면서 조직의 발전을 이끄는 노력은 조직이 조직다워지고 그 힘을 발휘하는 기반을 제공한다. 이렇게 형성된 조직의 구조와 문화는 오랜 기간 지속적으로 유지될 수 있다. 하나의 사례로 한국농업CEO연합회는 현대인력개발원과 역경극복과정(break through) 교육을 실시하여, 기업가정신을 바탕으로 위기를 돌파하는 리더십을 개발토록 하였다. 이와 같은 새로운 개념의 전문경영인 교육이 앞으로도 확대될 것이다.

3.4. 지속적인 혁신시스템 구축은 선택이 아닌 필수이다

지속적인 혁신은 생존과 번영의 필수요소이다. 지속적인 혁신의 필요성은 규모가 큰 농기업의 목록을 확인해 보면 알 수 있다. 우수한 농업경영체를 선발한 목록을 보면 20년 전에 우수한 경영체 중 현재까지 우수경영체로 남은 기업은 많지 않다. 그리고 대형농기업의 부도율도 높은 편이다. 농업뿐만 아니라 다른 분야도 마찬가지다. 이러한 현상의 원인에 대해 가장 영향력 있는 설명은 지속적인 혁신능력이 기업의 지속성을 결정한다는 것이다.

기업은 단순히 돈을 벌기 위한 것이나 이익의 극대화만이 목표가 되어서는 안 된다. 기업의 진정한 목표는 지속적인 혁신, 즉 가격 및 품질의 혁신과 이를 뒷받침하는 조직의 혁신이다. 혁신이 진정한 기업의 목표가 되어야 한다. 성공한 기업의 공통점은 이러한 지속적 혁신을 위한 구조를 형성하고 있는 점이다. 특히, 규모가 작은 기업에게 혁신은 생명과도 같은 것이다. 농업부문에서 혁신은 제한된 것처럼 보이나 실제 농업부문은 가장 혁신거리가 많은 부문이다. 단기간에 성공하는 농기업의 비율이 높은 원인은 새로운 수요를 창출할 수 있는 혁신이 농업부문에서 가능하였기 때문이다.

기술혁신 노력이 활발한 기업에게 지원하는 이노비즈제도는 농기업의 혁신을 제도적으로 강화하기 위한 것이다. 이노비즈제도를 농기업의 육성시스템으로 처음 도입한 이유는, 농업발전을 위해서는 농기업의 혁신이 중요하고 이 제도를 통해 농업이 새로운 활로를 찾을 수 있다는 기대 때문이다. 1960년대 농업은 다른 산업과 비교해 볼 때 가장 경쟁력 있고 선진적인 산업이었다. 당시 자전거를 만들기 시작하고 라디오를 조립하던 우리 나라의 기계·전자산업은 40년이 지난 지금 국가를 먹여 살리는 핵심 산업으로 성장하였다. 그 원인은 살아남기 위한 지속적인 혁신노력 때문이다. 농업부문도 식량생산의 패러다임에서 벗어나 혁신을 통한 새로운 부가가치를 창출해야 한다. 가능성은 무궁무진하다. 이를 현실화하기 위해 혁신능력을 강화하는 것이야말로 지속적인 농업발전의 필수요소라고 볼 수 있다.

참고문헌

김영생, 『성공적인 농업 CEO의 경영전략』, 한국농촌경제연구원, 2005.

______, 「인적자본기업 패널」, 학술대회 논문집, 한국직업능력개발원, 2006.

장세진, 『경영전략 사례집』, 2005.

한국농촌경제연구원, 『농자천하지대박』, 2005.

부록

캐나다와 일본의 농가소득안정제도

A. 농가소득안정제도: 캐다나의 경험과 교훈

B. 농가단위 소득지원제도: 일본의 새로운 시도

농가소득안정제도: 캐나다의 경험과 교훈[1]

1. 농가별 소득안정제도가 도입되어야

- DDA 협상결과에 따라 대부분 농산물의 관세가 대폭 낮아지고, 자유무역협정(FTA)도 거대경제권으로 확대될 것으로 전망되어 앞으로 농산물가격이 하락하고 농가소득이 불안정해질 우려가 크다.
- 우리 나라는 현재 쌀과 일부 과수에 대해 소득보전직불제도를 도입하여 농업소득이 안정되도록 하고 있다.
  - ※ 올해부터 쌀은 당년 가격이 기준가격을 하회하는 경우 그 차액의 85%를 정부가 직접 보전하는 제도를 도입하였다.
- 그러나 품목과 연계된 소득보전직불제도는 시행방법에 따라 해당 농산물 생산에 영향을 미쳐 수급을 왜곡시킬 우려가 있다.
- 또한 품목별로 각각 소득보전직불제도를 도입하는 것은 운영상 효율성이 낮고 농가 전체의 소득을 안정시키는 데에도 효과가 떨어진다.
- 이러한 문제를 해결하기 위해 캐나다는 1991년부터 NISA, 2004년부터 CAIS라는 제도를 도입하였고, 일본은 품목횡단적 직접직불제도의 도입을 서두르고 있으며, EU는 2004년부터 품목별 직불제도를 단일직불제로 통합하였다.
- 우리 나라도 조속히 농가단위의 소득안정제도를 도입하여 시장의 수급조정기능을 왜곡시키지 아니하면서 농가소득을 안정시킬 수 있도록 하여야 하며, 이를 위해 캐나다의 제도와 경험을 벤치마킹

[1] 양승룡 교수(고려대)가 작성하여 「시선집중 GS&J」 제4호로 발간된 것을 전재함.

할 필요가 있다.

2. 캐나다의 소득안정계정(NISA)제도

제도의 기본골격

- 농업소득이 일시적으로 감소하는 경우, 이를 보전하여 농가의 소득을 안정시키기 위해 캐나다는 1991년에 소득안정계정(Net Income Stabilization Account: NISA)제도를 도입하였다.
- 농가 또는 법인체는 매년 소득의 일정 부문을 자기의 소득안정계정에 적립하고 정부도 가입자가 적립한 금액에 상응하는 금액을 적립한다.
- 어느 해의 소득이 미리 정해 놓은 기준소득보다 낮아지면 그 차액을 이 적립금에서 인출하여 소득이 기준소득 이하로 하락하지 않도록 한다.

적립금은 소득의 3% 이내에서 결정

- 가입자가 국세청에 농업소득을 신고하고 검증을 받아 인정소득수준(eligible net sales: ENS)을 확정한다.
  - 인정소득이란 농산물 판매, 농작업 수탁 등으로 얻은 총수입에서 투입재의 비용을 공제하여 산출하며, 농가당 25만 달러를 넘을 수 없다.
- 인정소득의 3%에 해당하는 금액을 가입자가 자기계정에 적립하면 동일한 금액을 연방정부와 주정부가 2:1의 비율로 추가적립한다.
  - 가입자가 희망하는 경우 인정소득의 20%까지 초과적립할 수 있으나 정부는 3%까지만 적립한다.

NISA 계정은 2개의 펀드로 구성되고 정부가 금리보조

- NISA 계정은 가입자 적립금부분인 '펀드 1'과 정부 적립금 및 적

그림 A-1 NISA 계정의 구성과 관리

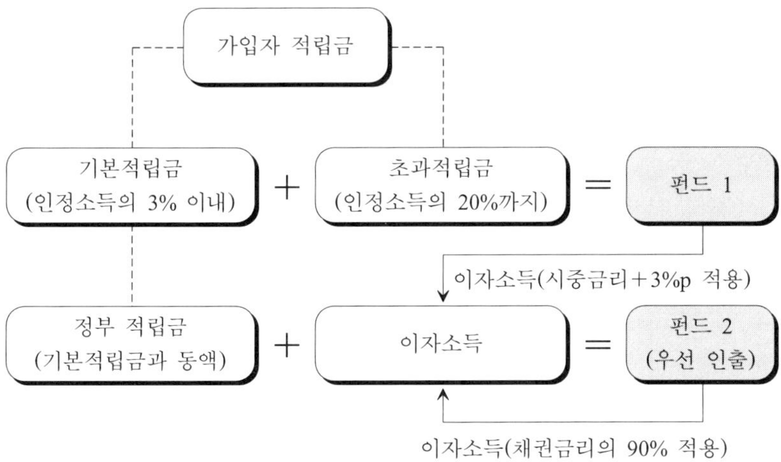

립금에 대한 이자소득으로 이루어진 '펀드 2'로 구성된다.

- 펀드 1은 일반금융기관이 관리하되 시중이자율에 3%p를 가산한 보너스 금리를 적용하여 이자액을 산출한다.
- 펀드 2는 캐나다통합기금(Canada's Consolidated Fund: CRF)이라는 공적 기구에서 관리하며 재무성 채권 이자율의 90%를 적용하여 이자액을 산출한다.
- 농가는 연간 55달러를 관리비용으로 부담하고, 조합이나 법인은 1인당 10달러를 부담하되 펀드 2에서 자동인출된다.

  ※ 가입자의 비용분담액이 전체 비용의 70% 정도를 차지한다.

기준소득 이하로 감소하면 인출

- 어느 해의 소득이 기준소득에 미달하는 경우에 부족분을 NISA 계정에서 인출하여 기준소득을 유지할 수 있도록 한다.
  - 기준소득은 과거 5개년 소득의 평균으로 하되, 가입 초에는 과거

2개년 소득의 평균으로 한다.

- 정부 적립금과 이자소득으로 구성된 펀드 2에서 우선 인출하고, 펀드 2로 부족한 경우 펀드 1에서 인출하여 농가 적립금으로 이루어진 펀드 1을 되도록 보호한다.
- 인출은 펀드 1과 펀드 2의 적립금 범위 내에서 이루어지므로 소득부족액이 그 때까지의 적립금규모를 초과하면 소득부족액을 모두 보전하지 못하게 된다.

3. NISA, 도덕적 해이 유발하고 소득안정기능 한계

- NISA는 가입자의 소득감소를 보전해 주는 소득안정정책이지만, 대부분의 농가들은 이를 정부가 금리를 보조하는 수익성 높은 은퇴, 탈농 대비 저축상품으로 간주하여 운용하는 경향이 있다.
- 소득감소시 가입자의 적립금(펀드 1)보다 정부의 적립금(펀드 2)에서 먼저 인출되기 때문에 생산과 경영노력의 부실로 인한 소득감소를 정부가 보전하여 주는 것이 되어 도덕적 해이를 유발하고 구조조정을 위한 노력을 유인하지 못한다.
- 적립금 범위 내에서 소득이 보전되므로 농가의 소득감소에 효과적으로 대처하지 못하는 경우가 많았다.
  - 총적립금(펀드 1과 펀드 2)이 인출의 상한선이 되며, 더욱이 가입한 지 얼마 안 되는 가입자의 경우 적립금규모가 작으므로 정작 소득이 많이 감소한 경우에 적절한 보전을 받지 못하게 된다.
- 이에 따라 2004년 3월 31일 NISA의 소득보전제도와 작물보험의 일종인 재해보호제도(Disaster Protection Program)를 통합한 CAIS 프로그램이 도입되었다.

4. 새로운 소득안정프로그램(CAIS) 도입

CAIS의 기본골격

- 이 제도도 NISA와 같이 소득이 감소하는 경우 그 감소분을 가입자 적립금과 정부 자금에서 보전하는 제도이나 '가입자의 자유로운 선택과 그에 상응하는 부담'이라는 보험의 성격을 도입하여 효율성을 높였다.
- 가입자가 스스로 보호소득수준을 정하고 보호소득의 일정 비율을 소득보전기금으로 예치하되 보호수준이 높을수록 가입자 부담률이 높아진다.
- 소득이 기준소득 이하로 감소하는 경우 그 차액을 가입자 예치금과 정부 보조금으로 보전하되, 보전수준에 따라 가입자 예치금에서 충당하는 비율이 높아진다.

보호수준이 높을수록 부담률 높아

- 최근 5년간의 인정소득 중 최고와 최저를 뺀 3년간의 평균을 기준소득으로 설정한다.
- 가입자는 보전받을 소득수준을 기준소득의 70~92% 범위 내에서 자유로이 결정하며 이를 보호소득수준이라 한다.
- 가입자는 자기가 선택한 보호수준에 따라 기준소득의 20~50%에 해당하는 금액을 소득보전기금으로 예치한다.
  - 기준소득의 70% 이하 부분에 대해서는 20%, 70~85%부분에 대해서는 30%, 85% 초과부분에 대해서는 50%에 해당하는 금액을 예치한다.
- 10만 달러 소득자가 보호소득수준을 70%인 7만 달러로 설정하면 예치금은 1만 4,000달러가 되고, 92%인 9만 2,000달러로 설정하면 2만 2,000달러가 된다.

표 A-1 가입자의 예치금(기준소득 10만 달러의 경우)

(단위: 달러)

선택 \ 보호수준		70% (최저수준)	92% (최고수준)
보호소득수준		70,000 (10만×0.7)	92,000 (10만×0.92)
1단계	기준소득의 85~100% 부분(15,000)		7,500 (15,000×0.5)
	가입자 부담률 50%		
2단계	기준소득의 70~85% 부분(15,000)		4,500 (15,000×0.3)
	가입자 부담률 30%		
3단계	기준소득의 70% 이하 부분(70,000)	14,000 (70,000×0.2)	14,000 (70,000×0.2)
	가입자 부담률 20%		
예치금 계		14,000	22,000

가입자 예치금과 정부 보조금으로 소득보전

- 특정 연도의 소득이 보호소득수준에 미달하면 그 차액의 일부를 가입자의 예치금에서 인출하고, 나머지 부분은 정부 보조금으로 보전하여 준다.
- 기준소득 10만 달러인 가입자의 소득이 4만 달러로 감소한 경우, 보호수준이 92%였다면 가입자 예치금에서 1만 8,000달러가 인출되고, 정부는 나머지 부족액 3만 4,000달러를 보전하여 보호소득수준인 9만 2,000달러로 소득이 회복된다.
  - 보호수준이 70%였다면 가입자 예치금에서 6,000달러, 정부 보조금에서 2만 4,000달러가 각각 보전되어 총소득이 7만 달러로 유지된다.

표 A-2 소득보전(10만 달러 소득자의 소득이 4만 달러로 하락한 경우)

(단위: 달러)

선택된 보호수준		70% (최저수준)	92% (최고수준)
보호소득(A)		70,000 (10만×0.7)	92,000 (10만×0.92)
생산소득(B)		40,000	40,000
소득부족액(C=A−B)		30,000	52,000
3단계	기준소득의 70% 미달부분(30,000)	6,000 (30,000×0.2)	6,000 (30,000×0.2)
	예치금 부담률 20%		
2단계	기준소득의 85% 미달부분(15,000)		4,500 (15,000×0.3)
	예치금 부담률 30%		
1단계	기준소득의 100% 미달부분(15,000)		7,500 (15,000×0.5)
	예치금 부담률 50%		
인출액 계(D)		6,000	18,000
정부보조(C−D)		24,000	34,000

5. 소득안정제도 도입을 위한 과제

- CAIS는 가입자의 자유로운 선택을 존중하는 일종의 보험방식이기 때문에 시장왜곡효과가 작고 납세자나 비농업부분의 반발을 줄일 수 있어 우리 나라 실정에 맞게 보완하여 도입할 수 있을 것이다.
- 이러한 제도가 도입되면 쌀소득보전직불제 등 기존의 소득보전제도와 농작물 재해보험을 흡수통합할 수 있을 것이나, 쌀소득보전직불제 중 고정직불금은 소득안정보다 환경보전에 정책목표를 두고 있으므로 별도로 운용해야 할 것이다.
- 현재 우리 나라는 농가별 소득정보가 없으므로 자발적 신고에 기초해야 할 것이나 검증에 어려움이 많을 것이며, 여러 가지 부작

용이 우려된다.

- ※ 그러나 품목별 소득보전제도가 가지고 있는 한계와 문제를 해결하려면 이러한 제도의 도입이 불가피하므로 농가의 소득을 파악하고 검증할 수 있는 정보인프라를 정비하면서 비슷한 여건에 있는 일본이 도입하려고 하는 품목횡단적 소득안정제도를 참고할 필요가 있을 것이다.

B 농가단위 소득지원제도: 일본의 새로운 시도[2]

1. 품목별 지원방식에서 농가단위 직접지불로

- 일본은 지금까지 중요 농산물에 대해 품목별로 각각 다른 기준에 의해 소득보전제도를 실시하여 왔으나 다음과 같은 문제에 직면하였다.
  - 쌀은 도작소득기반 확보대책 및 경영안정대책, 소맥은 맥작경영 안정자금, 대두는 대두작경영 안정자금 등의 제도에 의하여 품목별로 소득안정을 도모하고 있다.
- DDA의 결과에 따라 국내보조금의 형식과 규모에 대한 규제가 대폭 강화될 것으로 예상되어 품목별 소득보전제도의 유지가 어렵게 될 우려가 있다.
- 품목별 지원제도는 모든 농가를 동일한 기준에 따라 지원하였으나, 농업구조 개편을 촉진하기 위해서는 경쟁력 있는 경영체를 선택적으로 집중 지원하여 이들에게 농지가 집중되도록 할 필요가 있다.
- 품목별 지원은 생산자의 품목선택에 영향을 주어 수요변화에 대응하여 생산이 조정되는 것을 저해할 우려가 있다.
- 이러한 판단에 따라 품목별 지원제도에서 경영단위로 통합한 농가단위 소득지원제도(품목횡단적 경영안정대책)로 전환함으로써 WTO의 허용정책을 유지하면서 구조개선 가속화와 수요에 대응한 생산촉진을 도모한다는 의도이다.

2 김태곤 박사(한국농촌경제연구원)가 작성하여 「시선집중 GS&J」 제7호로 발간된 것을 전재함.

- 이를 위해 지난 10월 말 도입방안을 확정하였고, 2006년 관련법률 제정과 예산확보를 거쳐 2007년부터 실시한다는 계획이다.

2. 새로운 농가단위 소득지원 구상

농가단위로 두 가지 형태의 지원

- 경영 전체를 대상으로 하되, ① 수출국과의 생산조건 격차를 개선하는 지원(생산조건 격차개선 지원), ② 일시적인 판매수입 변동의 영향을 완화하는 지원(판매수입 변동완화 지원) 등 두 가지 형태의 소득보전제도를 실시한다.
- 생산조건 격차개선 지원이란 국내외 생산비의 격차 일부를 지원하는 것을 의미하고, 판매수입 변동완화 지원은 가격 및 작황변동에 의한 판매수입 감소의 일부를 보전하는 것을 말한다.

일정 조건 이상의 전업적 농가만을 대상

- 구조개혁을 촉진하기 위하여 '일정 규모' 이상의 ① 인정농업인과 ② 마을영농조직만을 대상으로 지원함으로써 구조개혁을 가속화하면서, 장기적으로 일본 농업의 핵심을 담당하는 경영주체를 육성한다.
- 여기서 일정 규모란 ① 인정농업자의 경우 홋카이도는 10ha, 도부현은 4ha, ② 마을영농조직은 20ha 이상으로 하되, 제도시행 후에 구조개혁의 진척상황을 정기적으로 점검하여 조정한다.
  - 마을영농조직의 규모요건에 대해서는 도도부현 지사의 신청에 따라 별도의 기준을 마련할 수 있으나, 마을 전체 농지의 2/3 이상을 이용하는 것을 목표로 하여야 한다.
- 대상농지를 계속농지로 이용하고 국가가 정하는 환경규범을 준수하는 것을 이행요건으로 한다.

5개 농산물만을 대상으로

- 대상농작물은 ① 쌀, ② 맥류, ③ 대두, ④ 사탕무, ⑤ 전분원료용 감자 등 5개 품목으로 하되 쌀은 고관세에 의하여 수입이 되지 않고 있으므로 판매수입 변동완화 지원대상에는 포함되지 않는다.
  - 따라서 쌀은 기존의 도작소득기반 확보대책 및 경영안정대책에 의하여 소득변동이 완화되도록 한다.
- 채소, 과일, 축산 등은 품목적 특성이 강하기 때문에 별도의 품목별 대책을 개선하여 실시한다.

3. 생산조건 격차개선 지원

기준연도 실적과 당년 실적을 동시에 고려

- 생산조건 격차개선 지원은 수출국과의 생산조건에 현서한 격차기

그림 B-1 생산조건 격차개선 지원

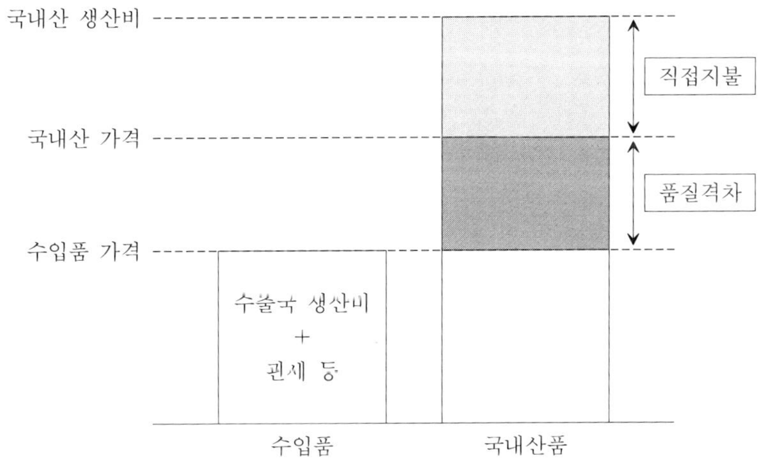

있는 품목에 대하여 수입농산물의 국내판매가격과 국내생산비의 격차를 직접지불로 보전하는 것이다.

- 수입농산물의 국내판매가격과 국내산 가격의 차액은 수입품과 국내산의 품질격차라고 보고, 전업적 농가의 생산비와 국내산 가격의 차액을 생산조건 격차로 간주하여 보전한다.
- 생산조건 격차개선 지원은 허용보조(green box)로 하기 위하여 ① '과거 생산실적에 근거한 지불'을 중심으로 하면서, 부실경작으로 생산성이나 품질하락에 대응하여 ② '매년 생산량·품질에 근거한 지불'을 병행하여 생산성 향상과 품질개선이 이루어지도록 한다.

지급방식에 대한 예시

- 어느 농가가 기준연도에는 25ha를 경작하였으나 현재는 쌀 14ha(과거 3년 평균 10ha), 소맥 8ha(동 5ha), 대두 4ha(동 4ha), 옥수수 4ha(동 6ha) 등 합계 30ha(동 25ha)를 경작한다고 가정한다.
- 기준연도 해당 도도부현의 단위면적당 생산비와 판매수입의 차액을 단위면적당 지원단가로 한다.

  ▪ 단위면적당 지원단가=(기준연도 생산비－기준연도 판매수입)

- 품목별 지원액은 '면적당 지원단가×기준연도 식부면적'으로 계산하고 품목별 지원액을 합산하여 농가 전체의 지급액을 산출한다.

표 B-1 사례 경영체의 경영규모

	쌀	소맥	대두	옥수수	합계
현재 경작면적(ha)	14	8	4	4	30
기준연도 경작면적(ha)	10	5	4	6	25

주: 동일농지에 전작과 후작을 병행하는 경우 경영규모 계산시 2중계산을 할 수 없다. 단지, 전작과 후작을 하는 농가가 다른 경우에는 동일농지이어도 각 농가의 경영규모로 계산할 수 있다.

표 B-2 생산조건 격차개선 지원의 10a당 지원단가 시산

(단위: 엔/10a)

	소 맥	대 두
기준연도 생산비(A)	58,559	54,181
기준연도 판매수입(B)	18,398	23,992
지원단가(A－B)	40,200	30,200
현행 제도하의 지원수준	40,000	27,000

주: 지원단가는 도도부현별 단수와 판매가격을 기준으로 산출한다.

· 소맥: (40,200엔/10a)×5ha＝201만 엔(A)
· 대두: (30,200엔/10a)×4ha＝120만 8,000엔(B)
· 합계: (A＋B)＝321만 8,000엔

- 농가별 생산성 및 품질변화를 반영하여 농가에 대한 실제 지급액을 조정하여야 하나 현재까지 구체적 계산방법은 제시되어 있지 않다.

4. 판매수입 변동완화 지원

판매수입 감소분의 90% 보전

- 판매수입 변동완화 지원은 품목별로 가격 및 작황의 변동으로 당년도 판매수입이 기준연도 수준을 하회하는 경우 그 차액의 일정부분을 직접지불로 보전하여 판매수입 변동을 완화하려는 것이다.
- 대상품목별로 당년도의 판매수입과 기준연도 판매수입의 차액을 농가별로 합산하여 판매수입 감소 총액을 산정하고, 감소액의 90%를 보전하되 적립금의 범위 내에서 보전한다
- 적립금은 대상품목의 판매수입이 10% 감소하는 경우에 대응할 수 있는 금액으로 하되, 정부 3, 생산자 1의 비율로 갹출한다.
- 기준연도 판매수입의 10%를 적립하되 정부가 3/4을 부담

그림 B-2 판매수입 변동완화 지원

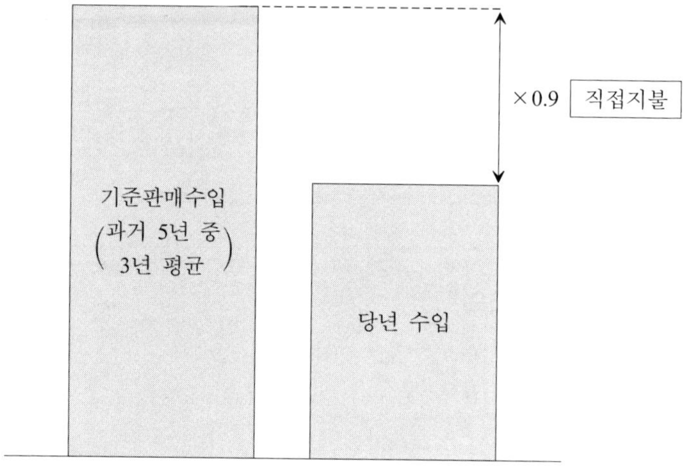

- 기준판매수입은 기준연도 판매가격에 단수를 곱하여 도도부현별로 산출한다.
  - 평균단수는 과거 7년 중 중간 5년 평균으로 하고, 판매가격은 최근 5년 가격 중 중간 3년 평균가격으로 한다.
- 앞에서 예시한 농가가 위치한 도도부현의 기준연도 판매수입은 다음과 같이 가정한다.

· 쌀: 가격 1만 6,000엔/60kg, 단수 525kg/10a→14만 엔/10a
· 소맥: 가격 2,400엔/60kg, 단수 370kg/10a→1만 5,000엔/10a
· 대두: 가격 7,000엔/60kg, 단수 180kg/10a→2만 1,000엔/10a

- 적립금은 '품목별 기준판매수입×10%×90%×식부면적'이며, 이 중에서 생산자가 1/4, 정부가 3/4을 부담하는데, 대상품목이 아닌 옥수수는 제외된다.

· 쌀: (14만 엔/10a)×0.1×0.9×14ha=176만 4,000엔
· 소맥: (1만 5,000엔/10a)×0.1×0.9×8ha=11만 2,000엔
· 대두: (2만 1,000엔/10a)×0.1×0.9×4ha=7만 6,000엔
· 합계=195만 2,000엔

※ 생산자부담금은 3품목의 적립금 합계 195만 2,000엔의 1/4인 48만 8,000엔이 된다.

경영 전체의 손실액

⁕ 쌀·소맥가격 10% 하락, 대두가격 10% 상승, 단수는 불변이라고 가정하면, 농가 전체 판매액 증감(단위면적당 증감액×면적)은 다음과 같다.

표 B-3 품목별 및 경영 전체의 판매증감액

	기준수입 (천 엔/10a)	당년 수입 (천 엔/10a)	차 액 (천 엔/10a)	식부면적 (ha)	증감액 (천 엔)
쌀	140	126	−14	14	−1,960
소맥	15	13	−2	8	−160
대두	21	23	2	4	80
합계	−	−	−	26	−2,040

경영 전체의 보전금액

⁕ 보전금액은 손실액의 90%가 되므로 생산자는 183만 6,000엔(204만 엔×0.9=183만 6,000엔)을 보전받게 되며, 이 중 45만 9,000엔(총보전액의 1/4)은 생산자 적립금에서, 137만 7,000엔(동 3/4)은 정부 적립금에서 부담한 것이 된다.

⁕ 한편, 이 농가는 농가단위 소득지원제도에 가입하여 연초에 48만

8,000엔을 납부하였으므로 납부액과 부담액의 차액 2만 9,000엔(44만 8,000엔－45만 9,000엔)은 차년도 납부액으로 이월된다.

5. 효과와 목적달성에는 한계

- 일본의 농가단위 소득지원제도는 시장개방에 대한 손실보전과 가격변동에 의한 영향완화를 위해 직접지불을 실시하되, 정책대상을 한정하는 '선택과 집중'을 통하여 경영안정 도모, 구조개선 가속화, 농산물 고품질화 등을 실현한다는 의도이다.
- 직불제를 구조개선 가속화나 농산물 품질향상 등에 연계한 것이 미국이나 EU와는 다른 일본 특유의 새로운 시도이다.
- 그러나 채소, 과수, 축산 등은 품목별 대책을 유지하고, 맥류, 대두, 사탕무, 감자 등(쌀은 판매수입 변동완화 지원만 대상)을 대상으로 하고 있으나, 4개 품목은 농업생산액의 8% 미만이므로, 일본농업 전체의 경영안정이나 구조개혁 가속화에 미치는 영향은 아주 제한적이다.
- 생산조건 격차개선 지원 중에서 '과거 생산실적에 근거한 지불' 외에 '매년 생산량·품질에 근거한 지불'은 WTO 규정상 감축대상(amber box)에 해당되어 당초 허용대상으로 하려던 목적에 배치된다.
  - 현행 WTO 규정에 의하면 복수의 부분으로 구성되는 하나의 정책에서 '부분'이 규정위반이면 '제도 전체'가 위반이라는 판정을 내리고 있다.
- 생산조건 격차개선 지원과 판매수입 변동영향 완화 지원만으로는 가격급변시에 세이프티 네트로서 한계가 있으며, 대상품목이 제한되어 경영 전체의 소득안정기능을 충분히 수행하기는 어렵다.
- 전업농에 선택적으로 직불제를 실시하면 농지임대차시장에서 전업농의 지대지불능력이 높아져 전업농으로 농지유동화가 이루어질 것으로 기대하고 있다. 그러나 직접지불을 수급하기 위해 지주가

임대농지를 회수하여 자경하는 등 '역구조개혁'현상이 우려되고 규모화는 되더라도 농지분산을 초래하여 규모확대효과가 감소할 가능성도 높다.

※ 이러한 문제를 해결하는 농지제도의 개선 등이 수반되어야 직불제 실시효과를 높일 수 있다.

저자약력

이정환(李貞煥)

· 서울대학교 농과대학 졸업
· 홋카이도대학 농업경제학 박사
· 도쿄대학 객원연구원(1991)
하바드대학 객원연구원(1992)
한국농촌경제연구원 연구위원(1980~2001)
동 연구원 원장(2002~2005)
한국농업경제학회 회장(2004)
국민경제자문회의 위원(2004~2005)
한·미FTA추진위원회 위원(2006~현재)
· 주요 연구
『농업의 구조전환: 시작과 끝』(1998)
Structural Adjustment in Agriculture in Asia and Pacific(공저, 1999)
『농업 농촌의 비전과 농정』(2003)
「세계화와 한국농업 농촌은 동거할 수 없는가?」(2006)

김한호(金漢鎬)

· 서울대학교 및 대학원 졸업(농경제학전공)
· 미네소타대학교 응용경제학 박사
· 서울대학교 조교수(1996~2000)
서울대학교 부교수(2000~2005)
서울대학교 교수(2005~현재)
오레곤주립대학교 교환교수(2005~2006)
농림부 통상정책자문위원(2006~현재)
농림부 지리적표시제 심의위원(2004~현재)
외교통상부 통상정책자문위원(2002~현재)
· 주요 연구
『새로운 한국 식량산업 정책의 방향』(공저, 2001)
『농산물가격론』(공저, 2003)
Policy Reform & Adjustment in the Agricultural Sectors of Developed Countries(공저, 2006) 외 다수

이명헌(李明憲)

· 서울대학교 경제학과 졸업
· 독일 괴팅엔대학 농업경제학 박사
· 한국조세연구원 연구위원(1999~2003)
인천대학교 교수(2003~현재)
농특위 전문위원(2002~2003)
농특위 분과위원(2006~현재)
· 주요 연구
『관세율 인하의 경제적 효과분석』(공저, 2001)
「농가 경영주 부부의 농외소득활동 여부에 따른 농업노동공급 패턴의 비교」(2006)
「옵션가격결정법을 통한 농업소득안정계정의 가치평가」(공저, 2005)
「소득안정계정의 도입 및 시행방안」(공저, 2004)

임정빈(任廷彬)

· 서울대학교 농업경제학과 졸업
· 미국 메릴랜드대학 농업/자원경제학 박사
· 경상대학교 교수(2002~2006)
한국농촌경제연구원 연구위원(1999~2002)
서울대학교 교수(2006~현재)
농특위 농업통상정책 자문위원(2006~현재)
농림부 OECD농업자문위원(2002~현재)
· 주요 연구
「FTA 추진과 농업부문의 갈등해결 및 피해대책 방향」(2005)
「쌀 재고정책 도입의 시장변수 및 후생분배효과」(2005)
「자유무역협정(FTA) 추진과 농업문제」(2005)
「농산물 관세할당세노의 국제적 이행실태와 WTO 규정」(2005)

서진교(徐溱敎)

· 고려대학교 농업경제학과 졸업
· 미국 메릴랜드대학 농업/자원경제학 박사
· 한국농촌경제연구원 연구위원
(2004~2005)
대외경제정책연구원 연구위원(2006~현재)
KBS객원해설위원(2005~현재)
한국농업정책학회 상임이사(2006~현재)
한국농업경제학회 편집위원(2005~2006)
· 주요 연구
『한·미 FTA 협상 농업분야 쟁점분석과 대응방안』(공저, 2006)
『DDA 주요 의제별 평가와 대응전략』(공저, 2006)
『2005 DDA 농업협상 대응전략』(공저, 2005)
『쌀 재협상 전략수립에 관한 연구』(공저, 2005)

김영생(金永生)

· 서울대학교 대학원 농업교육학 석사
· 미 컬럼비아대학교 박사(HRD)
· 동 대학 연구소 연구원(2000)
한국농촌경제연구원전문연구원
(2005~2006)
한국직업능력개발원 부연구위원
(2006~현재)
사람입국일자리위원회전문위원
(2006~현재)
· 주요 연구
Power and Learning in Organizations: How Power Influence on Learning(2003)
『성공적인 농업CEO의 경영전략』(2005)
『농업경영체 활성화를 위한 제도혁신 방안』(2006)
『고숙련사회와 혁신전략』(공저, 2006)
『지속가능사회 구현을 위한 사람중심경영』(공저, 2007)

황의식(黃義植)

· 서울대학교 농업경제학과 졸업
· 서울대학교 농업경제학 박사
· 한국농촌경제연구원 연구위원(2003~현재)
농림부 농림산업 평가위원(2004~현재)
농특위 전문위원(2006~현재)
· 주요 연구
『조합공동사업법인 발전방향연구』(공저, 2006)
『농업부문 FTA 추진전략 연구 및 DB 구축』(공저, 2006)
『농업부문 FTA 파급영향과 대응전략』(공저, 2006)
『산지유통혁신 전략과 농협의 역할』(2004)
『산지유통혁신을 위한 공동마케팅조직 발전전략』(공저, 2004)
『농업종합자금 성과 평가』(공저, 2004)

강신겸(姜信謙)

· 서울대학교 환경대학원 조경학석사
· 한양대학교 대학원 관광학박사
· 삼성경제연구소 수석연구원(1995~현재)
한국농촌관광학회 이사(1999~현재)
한국농촌관광대학 학장(2004~현재)
문화관광부 정책자문위원(2006~현재)
해양수산부 정책자문위원(2006 현재)
· 주요 연구
『녹색관광』(공역, 1997)
『전환기의 지역경제정책』(공저, 1998)
『현대관광산업론』(공역, 2000)
『그린투어리즘 이론과 실제』(2002)
『지역경제 새싹이 돋는다』(공저, 2003)
『한국의 장소판촉』(공저, 2006)

한국 농업이 가야 할 제3의 길

2007년 3월 12일 초판인쇄
2007년 3월 16일 초판발행

저자와
협의하에
인지생략

편저자 이 정 환

발행인 노 현 철

발행처 도서출판 해남
서울특별시 종로구 교남동 45-1(202호)
전화 739-4822 팩스 720-4823
e-mail haenam30@dreamwiz.com
homepage www.hpub.co.kr
등록 1995. 5. 10 제1-1885호

정 가 15,000원 ISBN 978-89-86703-90-0 93520